本书是上海市哲学社会科学项目"西方美学的演进与存在论之关系研究"（20100BWY004）的最终成果，受到"上海市高原学科建设"的资助。

「存在」之链上的美学

形而上美学的演进史

刘旭光 著

中国社会科学出版社

图书在版编目（CIP）数据

"存在"之链上的美学：形而上美学的演进史/刘旭光著.
—北京：中国社会科学出版社，2018.5
ISBN 978 - 7 - 5203 - 0974 - 5

Ⅰ.①存… Ⅱ.①刘… Ⅲ.①美学史—研究—西方国家 Ⅳ.①B83 - 095

中国版本图书馆 CIP 数据核字（2017）第 221645 号

出 版 人	赵剑英
责任编辑	郭晓鸿
特约编辑	席建海
责任校对	张依婧
责任印制	戴　宽

出　　版	中国社会科学出版社
社　　址	北京鼓楼西大街甲 158 号
邮　　编	100720
网　　址	http://www.csspw.cn
发 行 部	010 - 84083685
门 市 部	010 - 84029450
经　　销	新华书店及其他书店
印　　刷	北京明恒达印务有限公司
装　　订	廊坊市广阳区广增装订厂
版　　次	2018 年 5 月第 1 版
印　　次	2018 年 5 月第 1 次印刷
开　　本	710×1000　1/16
印　　张	25
插　　页	2
字　　数	315 千字
定　　价	108.00 元

凡购买中国社会科学出版社图书，如有质量问题请与本社营销中心联系调换
电话：010 - 84083683
版权所有　侵权必究

前　言

在一个形而上学行将结束的时代，研究形而上的美学，这本身代表着一种立场。

没有人怀疑美学的感性学品格，也没有人怀疑审美首先是感性愉悦，但在美学思想史上，我们首先见到的是美在"美本身"或者"天地有大美而不言"之类的命题。美学从其开始就和宇宙论与存在论结合在一起，这似乎说明，我们需要美学不是为了确证与辩护审美的感性性质，而是要追问：我们的精神应当在何处寻找属于自己的家园？我们的心灵有没有可能超越于感官之外而获得自由的精神愉悦？这个问题决定着，我们是不是应当以形而上学式的方式追问审美的意义与价值。

在这个反形而上学的和宣称形而上学已经终结的时代，在日常生活审美化和美学研究走向文化研究的时代，为什么还要追问这样的问题？而且，当美学在努力建立自己的学科性的时候，让它回到它想要摆脱的东西，是不是值得？理论的使命是指引和对抗现实，也许关于形而上学的所有预言都是正确的，但问题是，在美学领域中，形而上学真的会隐身而去吗？在抛弃一种思想之前，应当首先厘清这种思想对于现实的意义和它对于未来的理论建设与实践的价值，因此我们必须厘清：美学在何种程度上依赖形而上学，形而上学对于当下和未来的美学理论与时代审美精神还有什么样的作用。

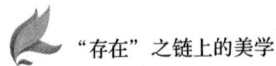"存在"之链上的美学

在这个追求感官享乐与物质消费的时代,从形而上的维度研究美学,也是一种兴寄吧!我们用黑格尔《美学》的结束语作为前言的结束语,是静下心来再阅读这些话的时候了:

这样我们就达到了我们的终点,我们用哲学的方法把艺术的美和形象的每一个本质性的特征编成了一种花环。编织这种花环是一个最有价值的事,它使美学成为一门完整的科学。艺术并不是单纯的娱乐、效用或游戏的勾当,而是要把精神从有限世界的内容和形式的束缚中解放出来,要使绝对真理显现和寄托于感性现象,总之,要展现真理。这种真理不是自然史(自然科学)所能穷其意蕴的,是只有在世界史里才能展现出来的。这种真理的展现可以形成世界史的最美好的文献,也可以提供最珍贵的报酬,来酬劳追求真理的辛勤劳动。①

---

① [德]黑格尔:《美学》第三卷下,朱光潜译,商务印书馆1982年版,第335页。

目　录

导　论　形而上学与美学的发展 …………………………………… 1

第一章　"存在论"的地位与起源、与美学之关系及其
　　　　译名问题 ……………………………………………… 17

第二章　巴门尼德的"是"论——形而上美学的本源 ………… 26

第三章　柏拉图的相论与形而上美学体系的确立 ……………… 45

第四章　本在论（ousia）——亚里士多德的存在论及其
　　　　美学体系 ………………………………………………… 73

第五章　上帝与实体——中世纪的"存在"问题与其
　　　　美学问题 ………………………………………………… 97

第六章　实存与实体——存在论在近代的发展与美学的
　　　　认识论转向 ……………………………………………… 139

第七章 "我"与此在（Dasein）——康德的存在论对于
　　　　 美学的意义 ………………………………………… 172

第八章 黑格尔的存在论与其美学体系 …………………… 194

第九章 意志形而上学——叔本华、尼采的存在论与美学 …… 220

第十章 从辩证唯物论到实践存在论：马克思主义的
　　　　 存在观及其对美学的影响 ………………………… 280

第十一章 现象学的存在论及其美学影响 ………………… 320

第十二章 海德格尔的"此在"与"大道"：形而上
　　　　　 美学的复活 ………………………………………… 346

结　语　保卫美，保卫美学 ………………………………… 377

参考文献 ……………………………………………………… 386

跋 ……………………………………………………………… 394

导　论

形而上学与美学的发展

纵览东西方美学史，我们会发现美学具有这样一种性质：它既能从抽象的本体论/存在论的角度研究美与艺术的本质问题，也能从具体的美的事物、美的艺术的角度研究美的规律问题、艺术的创造与欣赏问题。它是一门顶天立地的学科，既有抽象思辨的一面，也有经验观察的一面。美学的这一特性决定了美学学科的发展本身是多维的，是诸多层面的统一，也决定了美学本身是一门开放性的学科。这种开放性体现在，它允许人们从各个学科、从人类存在的各个方面探讨美、艺术与审美心理的问题，也允许人们在人类生活的各个方面进行审美活动。正是美学的这种开放性和多维性，决定了美学自身的繁复与多样化，这种多样化在现代社会达到了登峰造极的地步，以至在人类社会活动的每一方面——衣、食、住、行、科学、艺术、宗教等，都能够产生一种美学，都能够和审美活动联系起来。毫无疑问，这是一种繁荣，是人类审美精神的昂扬状态。如果说美学本身是一棵硕果累累的大树，这种繁荣就是果实与花叶，那么支撑着这一繁荣的根与树干又是什么呢？

所有的美学，无论它是对某种创造或操作活动的规律性总结，还是对某种审美感受的解释性分析，之所以都能被称为"美学"，是因为它们都是在一个向度内展开自身的，这个向度就是"审美"。而审美活动预先设定了有一种精神愉悦的归宿，有一个审美判断借以成立的尺度，有一个"目的"作为观念性的预设，使得审美可以成为一种"判断"。这种观念性的预设，被我们称为"美"。作为一种观念性的存在，美何以能够渗透到人类生活的每一个方面？它在人类精神中居于何种地位？它在整个人类文明体系中的存在意义是什么？以及，它何以能够承担起它的历史使命？回答这些问题是一门学科的任务，这就是最一般意义上的"美学"。为了把它和诸多技术性与经验性的美学区分开来，我们称之为"形而上美学"。

形而上美学这一术语由"形而上"与"美学"两个部分构成，形而上学构成了美学的规定性。这个规定性是在两个层面上展开的：一是方法，二是目的。以此为起点，我们来探索形而上学对于美学的方法论意义与形而上美学的目的论价值。

形而上学的方法曾经是最古老与最传统的美学研究方法，从柏拉图开始就以明确的形而上学的方法意识追问美学问题。什么是形而上学？或者，什么样的思考是形而上学式的？按照亚士多德的表述，"世间若有一个不动变本体，则这一门必然优先，而成为第一哲学，既然这里所研究的是最基本的事物，正是在这意义上，这门学术就应是普遍性的。而研究 ousia（本体）之所以为 ousia——包括其怎是以及作为 ousia 而具有的诸性质者，便属之于这一门学术"①。这个追问世间之不动的，也就是最终的 ousia（本体）的学科，就是形而上学，按海德格尔的表述："形而上学是包含人类认识所把握的东西之最基本根据的科学"，"是关

---

① ［古希腊］亚里士多德：《形而上学》，吴寿彭译，商务印书馆1997年版，1026^{b}30。由于亚里士多德著作中译版本较多，为了便于索引，给出原著标注。

导论　形而上学与美学的发展

于作为存在者的根本知识和总体知识"。①

亚里士多德与海德格尔的这一表述至少揭示了形而上学的两个特征：一是探索人类知识的最基本根据；二是关于世界的根本性与总体性知识。在这两个特征背后隐藏着我们称之为形而上学式的思想方法："形而上学就是一种超出存在者之外的追问，以求回过头来获得对存在者之为存在者以及存在者整体的理解。"② 这种所谓的对整体的理解，实际上包含着对事物的意义、结构和最终根据的探索。这种探索是单向度的，它力图穿透整个现象界，从而把世界整体归结为几个自明的或自证的先验前提，并把这几个先验前提确立为理解整个世界的先验原理，以它们为解释和评判诸存在者的最后根据。这实际上是一种融透视、归纳、演绎于一体的理解世界的方法和思维的方式，我们称之为形而上学的思维方式。

海德格尔将这种方式称之为形而上学的"存在-神-逻辑学"机制。这一机制把形而上学可分为两个层面：第一个层面是存在之逻辑学，它关注"普遍的和第一性的存在者之为存在者"③。这要求人类深入到存在者内部去，从而获得存在者之本质，这就是我们所说的穿透过程。这个过程决定了形而上学的第二个层面：神之逻辑学，它追求"最高的和终极的存在者之为存在者"④，就是对第一因的追求，也就是我们所说的对先验前提的确立。这两个层面是统一的，第二个层面是第一个层面的结果，反过来又决定着第一个层面的方向。这两个层面尽管自柏拉图、亚里士多德的形而上学体系开始，到笛卡尔、康德、黑格尔、尼采、海德格尔等人以不同形态并从不同角度进行过诠释，其间普遍的和

---

① ［德］海德格尔：《形而上学导论》，熊伟译，商务印书馆1996年版，第84页。
② ［德］海德格尔：《路标》，孙周兴译，商务印书馆2000年版，第137页。
③ ［德］海德格尔：《海德格尔选集》，孙周兴编译，上海三联书店1996年版，第833页。
④ 同上。

· 3 ·

"存在"之链上的美学

第一性的存在者之为存在者经历了由理念到实体,由实体到上帝,由上帝到主体,由主体到强力意志等的转变,但这两个层面一直是它的基本运作机制。一旦我们把事物放入这一机制中进行反思,那么就是在以形而上学的方法展开对事物的研究,而美从柏拉图时代开始,就是以这种思维方式被追问与反思的。

在"存在-神-逻辑学"的思维机制中,形而上学的一个标志是追问一物之"是什么",也就是追问使事物如此这般存在的它"之后"的原因;另一个标志是从最终因(之后再没有原因者)也就是"绝对"与"终极"的角度,反观事物的存在,以达到绝对和具体存在者的统一性,即具体事物如何成为终极之物的显现。这种追问方式在美学中的体现是:这个东西是美的,为什么?美是什么?

美学研究能否摆脱这两个问题,决定着美学能否摆脱形而上学的束缚。自柏拉图提出"美本身",自亚里士多德追问事物是其所是的原因,这种形而上学式的思维方式就成了美学学科的基础性方法论,并最终奠定了美学的学科体系,而这个体系正是建立在"存在-逻辑学"与"神-逻辑学"这两个层面的形而上学路径之中。

从"存在-逻辑学"的角度来说,穿透性的本质主义的追问是美学的基本追问方式,它指向对一物为什么是"美的"之原因的探索。某种东西是"美的"这一判断是通向对"美"之思索的开端,从一事物自身的存在去追问这一事物的"美",把美归结为与事物自身的存在相同一的"本质"(柏拉图),或者事物自身的某种属性(亚里士多德)。这就在"美"与"存在"之间系上了一条纽带。美学的前提是承认有美的事物存在,而这一存在是要以理性的方式给出理由的,这个理由由两方面构成:一是本质,二是特征。柏拉图把运用同一称谓的多种判断——或者是冠以同一名称,或者能够用同一个名称称呼的多种东西的存在,作

导论　形而上学与美学的发展

为确定的事实确认之后,"多种东西的存在"就被给予了一个本质。在美学领域内,诸多美的事物被认为具有同一个本质,这个本质被作为"美本身"并且成为美学的基本目标,这个美本身与美的事物的存在是直接同一的。美没有被认为是一个存在者对于主体的意义,也没有被视为一个存在者相对于主体而言的属性,而是被执着地认为:事物之所以美的原因在其自身。

这种思维引起了在审美活动的领域中进行抽象的兴趣和在审美领域内的理性崇拜。黑格尔对柏拉图的美学进行了六经注我式的解释,他说:

> 美的事物本质上是精神性的。(一)它仅仅是感性的东西,而是从属于共相、真理的形式的现实性。不过(二)这共相也没有保持普遍性的形式,而共相是内容,其形式乃是感性的形态——一种美的特性。在科学里面共相又复有普遍性或概念的形式。但是美表现为一个现实的事物,或者在语言里表现为表象,在这种表象的形态下,那现实的事物便存在于心灵中。美的本性、本质等等以及美的内容只有通过理性才可以被认识。——美的内容与哲学的内容是同一的;美,就其本质来说,只有理性才可以下判断。因为理性在美里面是以物质的形态表现出来的,所以美便是一种知识;正因为如此柏拉图才把美的真正表现认作是精神性的(在这种美的表现里理性是在精神的形态中),认作是在知识里。①

在这种理论视野中,美的事物作为自身的存在,一方面有一个本性或者本体,另一方面这个本体又不能以某种方法对我们直接呈现:只有

---

① [德]黑格尔:《哲学史讲演录》第二卷,贺麟、王太庆译,商务印书馆1996年版,第267—268页。

· 5 ·

借助于理性的抽象能力，我们才能在诸多美的事物中提炼出本体性的"美本身"。这种提炼过程，就是对美的现象的超越。

在此，形而上学作为一种方法，为美学提供了这样一个理论维度："美—存在—理性"。在"美—存在"这个环节，美作为一个自在存在，它的存在方式与存在状态成为一个问题。形而上学的存在论关于"什么是存在"的追问及其解答，在美学领域内同样成为最高、最核心的问题，而形而上学对什么是"存在"的解答，也成为理解"美的存在"的一个坐标系。而在"存在—理性"这个维度中，美本身只能是被理性从诸多美的事物中抽象出（美学理论）或者辨认出（审美）的东西。理性的逻辑性和逻辑带来的统一性变成了我们构建美自身的存在方式与存在状态的基本工具，美学因此完成了自己的体系。

根据"存在"判断在形而上学中的基础性位置，当我们以形而上学的方法进行美学研究时，也必须把形而上学的体系性带入美学中来。在美学中，我们首先要面对的问题是："美存在不存在？"对这个问题做肯定性回答是整个美学的前提，真正的问题是："存在"是什么意思？说美或美的事物存在，这一判断的根据是什么？如果说美存在是因为有一个美本身或者美的实体存在，这就引出了一连串的问题：这个"本身"有何特性，如何显现自身（美的存在论与艺术本体论）；这一本身如何被认识（审美认识论）；这一本身通过何种方法才能被揭示出来（美学方法论）。

在美学的"存在—逻辑学"维度中，形而上学强有力地塑造着美学的逻辑结构，更为重要的是，形而上学的存在论（ontology）既决定着人们对美的存在论的认识，也把存在自身作为精神愉悦的最高境界而引入美学。康德有一句话："在晴朗之夜，仰望星空，就会获得一种愉快，这种愉快只有高尚的心灵才能体会出来，在万籁无声和感官安静的时候，不朽的精神的潜在认识能力就会以一种神秘的语言，向我们暗示一些尚未展开的概念，这概念只能意会不能言传。"① 形而上的美学由于追问或者说迷恋这种只有高尚心灵才能领会到的愉悦而超越于一般感性愉悦之外，它把心灵引向最高存在，引向圆满，引向中国人所说的"天地境界"。海德格尔认为："美既不能在艺术的问题中讨论，也不能在真理的问题中讨论。毋宁说，美只能在人与存在者本身的关系这个原初问题范围内讨论。"② 也就是只能从存在论/本体论的角度反思美的本质。这是欧洲形而上美学的传统。这一传统之所以伟大，在于它让美超越于一切表面的、日常的和短暂的现象，让美总是从最基础的也是最高的范畴那里得到自身的本质和规定性，从而把美与超越、永恒、绝对联系在一起。隐藏在这一传统背后的是这样一些伟大名字：赫拉克利特、柏拉图、托马斯·阿奎那、黑格尔、尼采。构成这一传统的是这样一列范畴：数、理念、上帝、此在、绝对精神、强力意志。这一伟大传统的最新成员，是海德格尔的"大道"（Ereignis）。

因此，美学因把"美"超越于一般的感性事物之上而把自己的根基奠定在宇宙论和本体论之中，它因追寻世界的存在与世界的美而显得庄严与深邃。

在形而上学的"神—逻辑学"这个层面上，形而上学对终极因、最高存在的设定，也就是对所谓"绝对"的设定，使得形而上学不得不面对这样一个问题：作为事物背后的原因的东西，如何让自身显现出来？对这个问题的回答，使得美学成为形而上学需要的东西，而不是形而上

---

① ［德］康德：《宇宙发展史概论》，全增嘏译，王福山校，上海译文出版社2001年版，第142页。
② Martin Heidegger, *Nietzsche Volume I*: The Will to Power as Art, trans D. F. Krell, Routledge & Kegan Paul London and Henley 1981, p. 108. 以下简称《尼采》，引文部分参考了秦伟、余虹的译本《海德格尔论艺术》与孙周兴译的商务印书馆2002年版《尼采》，第187页。

学的结果。必须让非感性的东西呈现出感性的面貌来，否则非感性的"绝对"没有办法现身在场，而美学的感性学本源使得它必须解释非感性的东西如何感性化，并努力完成这一感性化。从这个意义上讲，美学与艺术是形而上学的庇护所。

这个如神一般的"绝对"，有时被称作"上帝"，有时被称作"绝对精神"，有时被称为"道"，有时被称为"佛性"，作为世界的原因和世界的本质，超越于整个经验世界之上，以其光照耀着世界而又内在于世界。形而上学在导出这个绝对而且让这个绝对贯彻于整个世界的存在时，就完成了对整个世界的图式化描述。在这个世界图景中，只能被精神把握的绝对和纯然的经验物，被描述为一个分有的过程或者绝对自身的运动过程。而当"绝对"以经验物的方式现身在场时，它获得了自己的感性形式并放射出只有自己才可投射出的光。这一感性形式由于其内在的充实与外在的光辉而被描述为经验事物所能达到的最高圆满状态。这就把神性的绝对存在和现实的经验统一为一个逻辑整体，从而为"绝对"找到了感性的显现方式。

在这个思维方式中，形而上学为美学确立起了"经验物－艺术作品——绝对存在"这样一个艺术的本体论维度，与"绝对存在——光——美"这样一个美的存在论视野。

欧洲形而上美学的传统总是从这样一个角度赋予美崇高意义，即"作为世界的本源和本质，这些最高范畴以感性形式显现于诸存在者之中，就如神立身于凡人中时有光环显示他是神而非凡人一般，这些感性显现的范畴也有自己的光环，这一光环叫作'美'"[1]。在这个传统中，对形而上学之最高范畴的膜拜在现实生活中变成了对"美"的膜拜，美

---

[1] 刘旭光：《存在之光——海德格尔美论研究》，《上海师范大学学报》（哲学社会科学版）2004年第4期。

不仅仅是为了愉悦，它成了一项崇高的事业，成了人类追寻的最高价值，成为社会发展的基本动力和社会秩序的基本原则之一。

形而上学在建立起绝对存在的超越性时，美和艺术获得了同样的超越维度，美和艺术由于这种绝对存在的神性而获得了神圣与尊严。形而上学的庄严与美学的神圣之间建立起了一种既相互支撑又相互庇护的关系。美学需要形而上学，否则无法建立起自己的体系，无法让自身成为人类精神的殿堂不可或缺的部分，无法把心灵从感性愉悦与世俗享乐中引向那高尚的精神殿堂；形而上学也需要美学，否则它不能把自己贯彻到经验世界中来。在形而上的美学中，艺术和美让绝对存在现身在场，因此形而上学家们就不得不以美学家的面貌向世人说话。

形而上学是对最高存在的设定，是对世界之统一性的探索，被它设定之物对于其他存在者来说，已经不仅仅是抽象与被抽象的关系：最高存在或者世界的终极原因是作为其他存在者的理想与最高价值而被设定的，就像柏拉图的理念，既是事物的本体，也是事物的理想。因此，当形而上学试图确立起一个最高存在的时候，我们可以把形而上学理解为一种价值取向。这种价值取向体现为对终极价值的确立与对整个价值体系之层次的划分。

形而上学是一门严肃与崇高的学科，它试图以观念的方式为人类社会整体乃至整个自然存在确立一种秩序，并借助这种秩序将宇宙和人生统一为一个整体。为实现这个目的，它必须设立统一性的根基。对这一根基的设立往往表现为对最高存在的确立。这种最高存在应当体现出以下四点：一是完满，二是永恒，三是自明，四是无限。

所谓完满，首先是指最高存在的普遍性，它是世界统一性的根基，也是世界统一性的实现。完满是最高存在的根本性质，如巴门尼德把存在比喻为一个球，神学把上帝的圆满性作为论证上帝存在的前提。"圆满"也构成了从"最高存在"的角度评判其他存在者的尺度和为其他存在者的发展设定的理想。事物的圆满状态也就是事物的理想状态,这种状态构成了事物的"美本身",也是事物的美的理想。其次,这个完满体现为普遍有效性,即此一最高价值对所有存在者都适用,所有存在者都可以纳入它的价值体系中,万物就是它在不同层次上的体现。这构成了审美超越性的理论根基和美学的基本追求。美学总是想在各式各样的美的事物中找到共同的原因,再从这个共同的原因出发去解释事物之所以美的原因,美因此作为理性的产物而追求事物的真理性,这必然导向以真为美的审美理想。

所谓永恒,是指绝对存在一旦被设定,就不生不灭,亘古不变。它不处在时间的洪流之中,这是普遍性的根基,是统一性的保证。它在自身的体系内是静止的。就整个体系而言,它是永恒的,不含有变化。形而上学对于永恒的设定在美学领域中建构着艺术的理想和美的内涵,艺术和美作为经验世界的多样性和流变性的对立面而出现:美是那永恒之物;艺术是为了捕捉永恒与创造永恒。美和艺术因此成为人们思考和追求永恒的一种手段,而不是娱乐的工具。永恒的情感、永恒的价值、永恒的理想、永恒的人性……一切人类期盼的永恒之物在艺术与美学之中成为审美反思的对象,并在艺术与美的事物之中获得自身的表现形式。赞美这些永恒之物,表现这些永恒之物,反思这些永恒之物,这构成了形而上视域内艺术与美的内涵,也使得艺术与美获得了与哲学同等的地位。

所谓自明与无限,是形而上学对最高存在的理论设定:它是绝对的,它无须证明,它自己就是自己的原因。因而,它只规定而不被规定,它是无限的。形而上学以此来确立自身的权威性,也以此为解释世界的自明的起点。当美学把这样一种无限的自明之物引入自身之时,那

导论　形而上学与美学的发展

就意味着，一旦它设定某物或某种性质是自明的和不可被规定的，那么它就确立了解释"美"与创造"美"的基点，如生命美学对生命的无限与自明的设定，神学美学对上帝的设定。

形而上学的追求正是以这样的方式控制着我们的审美追求，美学以这样的方式听从着形而上学的召唤，也以这样的方式建立着自身的追求。是服从于感性的短暂、麻醉、刺激、纷乱和宣泄，还是服从于对永恒的探索与追求，满足于理性的明晰，满足于对神圣之物的敬畏？对这个问题的回答决定着我们还要不要从形而上的角度研究美学的基本问题。

作为一种最高价值取向，当我们从最高价值的角度理解某一事物在这个价值体系中的意义与地位时，也将其视为一种形而上学方式。这种方式体现为追问事物存在的终极意义、事物在世界的整个价值体系中的地位。这种追问对于美学来说是决定性的，如果一门学科在人类的价值体系中不能居于崇高地位，那么它必然会沦为无足轻重。而划定这个价值体系的，正是形而上学。

在人类精神中什么是最可宝贵的？毫无疑问——真、善、美。这个经常被人问到的问题是一个形而上学问题，而这个回答也是一个形而上学式的回答，因为问题一开始就要求回答者深入繁复多样的人类精神世界背后去，提炼出它的根本内核，而"真、善、美"这个回答，一下子就为人类多样的生活实践指定了根本方向和终极目的。这一问一答正是形而上学机制的体现。承认美在人类价值体系中有其崇高地位，这是各个民族的共识。那么，美为什么能被赋予如此崇高的地位？它的意义究竟在哪里？这是只有从形而上美学角度才能回答的问题。

美学的任务是对人类的所有审美活动进行反思，并追问其原因。它包括对美和艺术的本质的探索、对审美认识的研究、对审美心理的揭示、对审美教育的规划、对艺术创造的指导、对自然美的反思。一句

· 11 ·

话，它涵盖一切人类审美行为，包括一切人类对美的探索与反思活动。对于形而上美学而言，由于方法和出发点的不同，它注定要承担起最为艰巨的任务，必须为美在人类价值体系中的崇高地位辩护，并捍卫这种崇高地位。它必须指出：什么是美？它必须在最不可言说的美的领域内和最无可争辩的趣味领域内严肃地指出：审美活动和其他一切人类活动最根本的差异是什么。这注定是一场艰苦的探索，是人类的求知精神和他们的近乎本能一般的审美活动之间的西绪弗斯式的较量。这是一个可以"悬置"但不能取消的问题，因为一旦放弃了对这个问题的追问，也就是放弃了对美的崇高性的反思，放弃了对美的价值的反思。对"美是什么"的追问，实际上是人类为自己的审美行为找根据，为自身的存在找根据。停止了对"美是什么"的形而上学式的追问，也就是停止了对自身存在的反思。

我们必须从形而上学的角度解释美的意义。这个解释包括两个方面的任务：一是阐明美在人类社会生活中的意义；二是阐明美在人类精神生活中的意义。这两方面是统一的，是互为因果的。人类既然把真善美视为自身追求的最高价值，那么它必然对人生、对社会有其无可替代的原因。这个原因是什么呢？美给人生带来了什么，又给社会带来了什么？或者说，在构建人的生活世界和精神世界的时候，美起到了什么样的作用？任何价值与崇高地位都是通过自身的贡献争得的，因此我们必须弄清楚美的贡献——它的意义，究竟何在。

以形而上学式的方式对美的意义的揭示体现在以下五个美学命题中。

第一，亚里士多德的命题——"美与善是事物所由以认识并由以动变的本原"[①]。如果世界是一个过程，那它就是一个趋向于美和善的过

---

① [古希腊] 亚里士多德：《形而上学》，吴寿彭译，商务印书馆1997年版，1013b。

程。追求美和追求善推动着人类进步，这是对美的意义的最崇高的设定。哥白尼之所以要以日心说代替地心说，是因为地心说给出的宇宙图式不美。形而上学的完满观在这背后指引着我们的审美，也指引着我们探索世界的方向。希腊人对美的膜拜实质上是人类追求圆满与美好的先声。

第二，黑格尔的命题——美是理念的感性显现。近代美学是作为认识论的一个部分而兴起的，它建立在对感性的怀疑与对这种怀疑的让步之上。认识论打断了美与真理之间的联系，使得美成为低于理性的愉悦，艺术成为制造这种愉悦的工具。而黑格尔的命题中所说的"显现"（schein）是"现外形"与"放光辉"的意思，它与存在（sein①）有着内在的联系，是展现出的存在，是绝对精神，也就是"真理"的外在存在。因此，"美是理念的感性显现"这个命题揭示的正是存在与美或艺术的同一关系：美是真理显现的方式，审美活动是把精神从有限世界解放出来的过程。这构成了我们追求美与创造美的最基本的理由。

第三，我们可以从马克思的思想中推演出来的命题——美是人的本质力量对象化的确证。人是世界的美，审美就是对人的存在的欣赏与反思，美和艺术由于确证着人的存在而成为内在于人的东西。人按照美的规律创造，审美与艺术活动是人的自由自觉的活动，美因此是我们创造的法则，也是我们生活的法则。

第四，尼采的命题——艺术是生命的伟大兴奋剂。"艺术，无非就是艺术！它乃是使生命成为可能的壮举，是生命的诱惑者，是生命的伟大兴奋剂。艺术是对抗一切要否定生命的意志的唯一最佳对抗力，是反基督教的，反佛教的，尤其是反虚无主义的。艺术是对认识者的拯

---

① 请注意二者字源上的相似性。

救——即拯救那个见到、想见到生命的恐怖和可疑性格的人，那个悲剧式的认识者。艺术是对行为者的拯救，也就是对那个不仅见到而且正在体验、想体验生命的恐怖和可疑性格的人的拯救。艺术是对受苦人的拯救——是通向痛苦和被希望、被神化、被圣化状态之路，痛苦变成伟大兴奋剂的一种形式。"① 这是尼采赋予艺术的历史意义，艺术成了尼采开出的对抗现代性的药方。现代性在尼采看来就是对生命的阉割，是衰弱，是病态，是营养不良，而尼采认为"艺术的根本仍然在于使生命变得完美，在于制造完美性和充实感；艺术在本质上是对生命的肯定和祝福，使生命神圣化"②。这是艺术的形而上学，是从宏观的角度阐释的艺术与生命的关系，是艺术的终极价值。

第五，海德格尔的命题——美是存在之光。海德格尔说："美是作为无蔽的真理的一种现身方式"③；"就美最真实的本质而言，它是在感性王国中最闪亮光辉的东西，在某种意义上，它作为这种闪光而同时使存在光耀（照亮存在）。存在是那种人们一开始就在其根本上对其抱有喜爱的东西；正是在走向存在的路上，人被解放了。"④ 这是美的存在的本体论意义，也是它的存在对于世界的根本意义。后来，伽达默尔有一个更易理解的解说："美的东西只是作为光，作为光辉在美的东西上显现出来。美使自己显露出来。实际上，光的一般存在方式就是这样在自身中把自己反映出来。光并不是它所照耀东西的亮度，相反，它使他物成为可见，从而自己也就成为可见的，而且它也唯有通过使他物成为可见的途径才能使自己成为可见。"⑤

---

① ［德］尼采：《权力意志》，张念东、凌素心译，商务印书馆1998年版，第443页。
② 同上书，第543页。
③ ［德］海德格尔：《海德格尔选集》孙周兴编译，上海三联书店1996年版，第276页。
④ Martin Heidegger, *Nietzsche Volume I : The Will to Power as Art*, trans D. F. Krell Routledge & Kegan Paul London and Henley 1981, p. 191.
⑤ ［德］伽达默尔：《真理与方法》，洪汉鼎译，上海译文出版社1999年版，第615页。

导论　形而上学与美学的发展

全部形而上美学的内容就是证明并阐释这五个命题。这五个命题包含着我们对世界和对人生的终极思考，也展示着艺术与美的终极价值。在这个反形而上学的时代里，重要的已经不是形而上美学有没有意义，而是我们对人生的终极价值与对世界的理想的追问是不是还有意义。

如果我们不认同形而上学式的思维，拒绝把美学体系化，拒绝让美学成为一门追求最高价值的学问，也否认美的形而上价值，这也意味着形而上美学的终结。尽管形而上美学因其思辨性与抽象性而与现实的审美实践缺乏直接的关系，人们由此而以否定它来捍卫审美活动的感性性质与愉悦性，然而形而上美学以其超越性和理想性，将人类的审美愉悦引向精神领域，以对抗感性的享乐性质。舍勒说，人在宇宙中的地位和人与动物的区别就在于人的精神性，而"'精神'本质的基本规定便是它的存在无限制、自由……"① 形而上美学作为一种美学，它的追求与意义就在于：它试图把审美从感性提高到精神，让感性享受让位于精神愉悦。因此，只要人类还坚持自己的精神性，只要人类还追求与反思"美"，形而上美学就必然有其存在的价值；只要世界还不完善，人的生活还不完善，我们就有必要从形而上学的角度提出新的审美理想。康德在《道德形上学的基本原则》一书中曾说："在目的的王国中，一切事物或有价值（value），或有尊严（dignity）。凡是有价值的东西都可以用一个等价物来替代它；而相反，那超越于全部价值之上，因而便缺乏一个等价物可以替代的东西，便不仅有相对之价值，即价格，还更有一种内在的价值，即尊严。"② 美不仅有价值，还有尊严，这决定了形而上美学的职责——在不断的否定中，阐释并且守卫美的意义与尊严。

---

① ［德］舍勒：《舍勒选集》，刘小枫选编，上海三联书店1999年版，第1330—1331页。
② ［德］卡西尔：《卢梭·康德·歌德》，刘东译，生活·读书·新知三联书店2002年版，第13页。

本书对于形而上美学的研究，不是描述性的，而是前提性的。对形而上美学的真正描述，只有在本书的任务完成之后，才有可能。形而上学有其自身的演进史，这就意味着建立在形而上学之上的形而上美学也有其演进史。描述形而上学的演进史注定是本书无法承担的浩繁之事，但如果没有这样一种描述，对形而上美学的整体描述也就无从谈起，因此本书以形而上学的核心——存在论——为描述的对象，删繁就简，以存在论的演进史来映射形而上学的演进史，进而从存在论演进史的角度研究西方美学的历史发展，研究形而上学的发展变化如何决定着存在论的变化，而存在论的变化又如何影响着美学的形态、方法、结论和时代的审美追求。本书既要对西方美学的历史发展有一个线性的描述，也要对西方存在论的发展有逻辑化的描述，并要在二者间找到或者创建联系。就美学而言，本书要捕捉的是不同时代之美学的基本问题的变化及其原因，美学形态之变化及其原因；就存在论而言，要勾勒出存在论发展的基本脉络并把它落实到具体的逻辑环节上，使它成为一个逻辑链条。本书要建构出的是存在之链及其上面的美学之链，这两个链条的结合部分，就是形而上美学的建基之处。

第一章

"存在论"的地位与起源、与美学之关系及其译名问题

研究"存在论",最易掌控的切入点,或许是对"存在"这个范畴的研究。存在论就是关于"存在"的理论。这句话从大的方面,可以理解为对世界之"在",宇宙之"在"的研究;从小的方面来说,就是对"存在"这个范畴的研究。宇宙之大可存而不论,但理性在一个问题上的追寻与执着是可以描述的,因而研究"存在"的范畴史,或许可以成为切入"存在论"的方便法门。

"存在"范畴在西方哲学体系中处于这样一种地位:一方面,它是形而上学的最高范畴,另一方面,它也是形而上学的最基础的范畴。但它的内涵或者说规定性,却不是范畴自身决定的。就哲学的结构而言,哲学就是由全体哲学范畴构成的一个体系。体系意味着在这个体系内的任何一个范畴的具体内容和意义,都来自该范畴在整个体系中所处的地位。也就是说,一个范畴的意义来自该范畴与其他范畴之间的关联。范畴的命名是历史的,它包含着历史的偶然性,但范畴间的关联是历史性的,具有逻辑上的必然性。这也就决定了,各个范畴之间有一个逻辑层次上的区分,而这个区分决定着一个范畴在整个体系中的地位与意义。

因而，描述存在范畴的历史，还需要描述这个范畴在所处的体系中的地位。

18世纪的德国哲学家沃尔夫对哲学作了一次分类，他把哲学分类如下：

（一）理论哲学：（1）逻辑学

（2）形而上学：甲，存在论；乙，宇宙论；丙，理性灵魂学；丁，自然神学

（二）实践哲学：（1）自然法

（2）道德学

（3）国际法或政治学

（4）经济学

黑格尔高度赞扬了这种分法，认为他"给哲学作了有系统的、适当的分门别类，这种分类直到现代还被大家认为是一种权威"[①]。对哲学的这种分类从现代的眼光看当然是不适宜的，因为这个分类中的大部分都已随实证科学的发展弃哲学而去，但这个分类的层次结构为我们指出了"存在"范畴在整个哲学中的地位。沃尔夫认为，理论哲学高于实践哲学，就理论哲学内部来看，逻辑是被作为方法的，那么理论哲学的真正内容就是形而上学；而在形而上学中处于最高位置的是存在论，存在论的核心是"存在"范畴。如果说整个哲学是一顶王冠，那么"存在"范畴则是王冠上的明珠。

从另一个角度讲，就哲学的范畴而言，最高的也就是最基础的，一个范畴之所以"高"是因为其他范畴都建基于其上，都从它派生出来，

---

① ［德］黑格尔：《哲学史讲演录》第四卷，贺麟、王太庆译，商务印书馆1997年版，第188页。

第一章 "存在论"的地位与起源、与美学之关系及其译名问题

"存在"范畴就是这样一个本源性范畴。这一点在黑格尔哲学中表现得尤为明显。黑格尔赞扬了沃尔夫的分类,继承了这一分类的基本精神,同时进行改进。这种改进体现在:黑格尔并不认为方法与内容是可以分离的,逻辑既是方法,也是事物存在的本然状况,因此他的《逻辑学》既是方法论又是存在论,而《逻辑学》的起点是——"存在"范畴。

作为最高的和最初的范畴,"存在"范畴之内涵的每一个变化,都会引起整个哲学形态的变化。从这个意义上讲,形而上学的历史,就是"存在"范畴的发展史,"存在"范畴之内涵的每一次变化,都会引起哲学基本问题的变化。那么,"存在"范畴的意义究竟发生过哪些变化,美学作为一个与形而上学有着紧密联系的学科,存在范畴意义的变化对美学而言又意味着什么?

从美学史的角度来看,由于希腊人对于"美"(kalos,或译为"完善")的宗教式崇敬与追求,使得西方人一开始就是从最高存在的角度理解美的本质,这就促成了美学与形而上学的结合。这一结合体现为:形而上学的时代性结论往往成为美学的时代性起点,并以这一结论为自身的内核。因此,只要通过对形而上学历史的勾勒,甚至通过对形而上学最高范畴的排列,我们就能为哲学美学的发展画出基本轨迹。而形而上学的时代性结论从某种意义上说就是对"存在"范畴之内涵与意义的确立与发展。那么,这种确立与发展对于建基于其上的哲学美学有什么样的影响与意义呢?这是一个需要结合存在范畴的历史与哲学美学的历史而进行梳理与廓清的问题,也是美学的存在论根基问题。

每一个西方哲学的范畴要进入汉语都要面对译名问题,这会产生许多由语言自身的特性带来的问题,但没有哪一个范畴如"存在"范畴引起如此多的争议。我们所说的"存在"范畴,在英文中是"being",希腊文"on"和"ousia"等,拉丁文"ens",德语"das Sein"。如果按照

字面的意思直译，"being"作为系动词"is"的动名词形式，就应当译为"是"，但在汉语中习惯于用"存在"一词来译。1949 年以前"being"多译为"有"，由于在马克思与恩格斯的著作，如《反杜林论》和《费尔巴哈论》中将它译为"存在"，所以成了习惯性的译法。尽管有些学者反对这一译法，但这一译法基本上被认可了，这种认可实际上是出于无可奈何。《存在与时间》一书的翻译者陈嘉映这样道出了这种无可奈何：

> 所谓本体论的那些深不可测的问题，在很大程度上，就从西语系词的种种意味生出来，若不把 das Sein 译为"是"，本体论讨论就会走样。然而，中文里没有手段把"是"这样的词变成一个抽象名词，硬用"是"来翻译 das Sein，字面上先堵上了。Das Ontologisch – sein des Dasien ist……能译作"此是之是论之是是……"之类吗？这不是我有意刁钻挑出来的例子，熟悉《存在与时间》的读者都知道这样的句子在在皆是。本来，像"sein"这样的词，不可能有唯一的，只能说译作什么好些。即使译作"是"，义理上也不能保全，因为"是"并非随处和 sien 相对应……单说技术性的困难，就会迫使我们退而求其次，选用"存在"来翻译名词性的 sein。[①]

但无可奈何并不是采用"存在"这一译名的全部原因，争论最初源于对古希腊哲学家巴门尼德的著作残篇的阐释与翻译，因为他第一个将 esti（它是）和 on（巴门尼德当时用的是更早期的写法 eon）当作哲学的最高范畴，他被认为是"存在"范畴首创者。

---

① ［德］海德格尔：《存在与时间》，陈嘉映、王庆节译，生活·读书·新知三联书店 1999 年版，第 495 页。

第一章 "存在论"的地位与起源、与美学之关系及其译名问题

把范畴所带的意蕴对译名的要求放到一边，先考虑这样一个问题：翻译一个基础性范畴的时候，是就这一范畴的最初意蕴来确定译名，还是就这一范畴的全部发展史来选择译名？如果我们承认这一范畴有其发展的话。在这里我们并不是从"上升"的角度使用"发展"一词，因为一个范畴意义的变化，有时候可能是由于逻辑的上升，有时候可能仅仅是误读，或曰："命运使然。"

如果从第一种观点看，即根据最初的意义来确定译名，这种做法，得——在于将一个范畴的源初意义传达给读者，从而让读者一开始就以一种高屋建瓴的态势鸟瞰整个范畴发展史，有利于让读者领会一个范畴的深刻意蕴。但这种做法也有所失，失——在于忽视了整个范畴的流变过程，忽视了源初意蕴和当下意义之间的距离。另一方面，哲学是一门时代性的人文学科，哲学史就是哲学的问题史，不同的时代有不同的问题，不同的问题体现在新范畴的产生和对原有意蕴的改造上，因而我们总是在一个范畴的当下意义上使用该范畴，所以任何译名都应当从范畴的当下意义着眼。任何对本源的追求都是以当下为目的的，因此仅只从本源意义的角度选择译名，有刻舟求剑的味道。而且，愈是本源的就愈是多义的和不可翻译的，译名的选择必须尊重本民族语言的传统和思维习惯，至少让人们在一开始有一个可参照的切入点。任何翻译都是再诠释，百分之百地忠实原意是不可能的。译名本身是一个"符号"，定义和加注是必要的和可行的。这一点在"存在"这一译名上尤其如此，关于这一点我们稍后再作阐释。

可行的应当是第二条道路，即从一个范畴的发展史来确定译名，就"存在"范畴而言，无论是肯定还是否定，我们实际上是从德国古典哲学的角度使用这一范畴的。这并不是说"存在"范畴的意蕴就是德国古典哲学给它规定的那个范围，而是说，我们是以德国古典哲学为立足点

回溯或者发展"存在"范畴的意义。而从德国古典哲学乃至马克思主义哲学的角度把 being 译为"存在"是可行的，因为汉语的"存在"一词之意味与德国古典哲学中所用的"das sein"在那个哲学语境中是可以互译的，而且在语法上也是符合汉语的表达方式的。

但是，在某一语境下的"可译"往往有误导的嫌疑，也就是以范畴演变史上的某一个环节取代整个历史链条。这才是"being"一词之翻译困难的根本原因所在；一个范畴之意蕴有其内在演变，而译名作为符号只能有一个，并且这一译名往往是以演变的某一环节为根据的，因此，任何译名都避免不了以偏概全，这实际上是单一的能指和多样的所指之间的矛盾。因此，真正的问题在于清理"存在"范畴的内涵，译名的争端起于意义的演化，把握演化的脉络才是理解范畴并且确定译名的关键。为了行文的方便，我们权且把"being"及其族类词译为"存在"，并不是因为它比"是"更好，只是因为它更实际一些。当然，这只是采用"存在"这一译名的一个原因，我们把"being"一词的译名定为"存在"的另一方面原因是基于学理上的考虑。从学术界现在的主流观点来看，主张把"being"译为"是"的居多，这一主张有语言和学理上的根基，这一根基我们将在本书的第二章（巴门尼德的"是"论）中做详细的介绍。

亚里士多德曾经说："古今来人们开始哲理探索，都应起于对自然万物的惊异；他们先是惊异于种种迷惑的现象，逐渐积累一点一滴的解释，对一些较大的问题，例如日月与星的运行以及宇宙之创生，做成说明。"① 的确，"惊异"为对世界进行哲学哲理的思考提供了原动力。"仰观宇宙之大，俯察品类之盛"，人类在对自然的观察中，在对自然的

---

① ［古希腊］亚里士多德：《形而上学》，吴寿彭译，商务印书馆1997年版，第5页。

经验中，产生了形而上学的冲动，也就是开始对自然界中万事万物的存在与变化产生惊异，从而开始追问"世界是什么"。这意味着人们开始试图在无限多样的存在者中去寻找世界的统一性，也就是世界的本原。最初，人们假定有那样一种东西——万物产生于它而又复归于它，它是万物的"始基"（或译为"本原"）。始基这个词在希腊文中是"arche"。它意指事物的开始、发端和源头，并支配和决定着事物的运动变化，亚里士多德说："它是事物的元素，事物的倾向和选择，事物的本质，事物的目的因——因为'善'和'美'是许多事物的知识和运动的起点。"①

人们像相信神一样相信这种始基的观念，并且试图在自身的经验范围内找到一种这样的始基性物质，如泰勒斯宣称这一物质是"水"。尽管这种最早的哲学思考还停留在经验范围内，但这种对宇宙之本原的一元论式思考已经包含了对世界统一性的追求，而且，在这种思考中也包含了对"变动"与"生成"之本源的思考——因为无论是水还是气，都具有经验上的可变性、流动性和自身进行运动的能力、活力。以这种具有自身运动能力的物质为世界的"始基"，在后世称为"物活论"。这样一种"始基"的观念可以说是希腊人的第一个哲学概念。

那么，这样一种"始基"本身具有一种什么样的性质才能成其为"始基"呢？仅仅规定它们具有活力是不够的，因为它不能解释：一种有限的经验物究竟如何构成了无限的而且是永远处在生成变化中的世界？也就是说，有限的"始基"性物质在永无休止的连续不断的生成变化中一定会消磨殆尽，那么世界的无限性是由谁构成的？在这种思考中

---

① ［古希腊］亚里士多德：《形而上学》，吴寿彭译，商务印书馆1997年版，1013a23。对这个词亚里士多德在其《形而上学》第五卷，也就是所谓的"哲学辞典"中又详细介绍了其六个含义。

产生了"无限"这个概念,明确提出这个概念的是阿那克西曼德。这个概念的提出是出于这样一种思考:某物具备了什么样的性质才能成其为"始基"?"始基"应当是永恒的,是超越于经验世界中的种种变化的,它既是世界统一性的体现,又是万物变化之源。阿那克西曼德认为,这种作为"始基"的宇宙物必定是——"无限"。"无限"这个词希腊文的英文音译是"apeiron",中文称之为"阿派朗",在构词中它由一个表示否定的前缀 a 加上表示"限制""界限""规定"的词 peras 构成;在某些情况下我们译为"无定形体"。这个"无限"就是指"始基"的不生,不灭,不竭,不坏。① "无定形体"是指"始基"没有固定的感性形态。

如果要坚持世界的一元论,就必须坚持"始基"的无限性。这就是说,"始基"的性质应当是包罗一切,既是"一"也是"全",既不可被再规定又是经验物的总和,既是永恒不变的又是万变的根源——万物从之出,而又回归到它。它不是有固定形态的感性物体,但又是一种物质,是"一般的物质、普遍的物质"②,是一个"无定形体"。在阿派朗中既包含着对世界之"始基"的进一步探索,也包含着对事物的多样、变易之原因的思考,是物活论的抽象化表述。

但是,用阿派朗来规定"始基"还只是一种纯粹的否定性规定,从肯定的一面来说,它究竟是什么呢?阿那克西曼德的学生阿那克西米尼根据"阿派朗"的内涵提出它就是"气",因为气既是无限的又是不定

---

① 一般来说人们把阿派朗理解为某种具有始基性质的物质,或者具有中间性质(比火密,比水稀)的物体,或是某种无规定性的物质。在此笔者采取了叶秀山先生的观点,即认为阿派朗是对始基的说明,是始基的性质,而不是始基(详见《哲学研究》1978 年 11 期)。这就能说明,为什么亚里士多德不把阿派朗列入自然哲学的始基中,也能说明为什么在阿那克西曼德之后人们会说某种具体的经验物,如气或火是世界的始基。

② [德]黑格尔:《哲学史讲演录》第一卷,贺麟、王太庆译,商务印书馆 1997 年版,第 195 页。

形的,以它为"始基"既可以解释世界的统一性,也可以解释万物的生灭变化。对"始基"的思考传到伊奥尼亚学派的赫拉克利特之手时,他认为世界的"始基"是"火",是一团遵循着宇宙之尺度①(logos)的永恒活火。但问题是,赫拉克利特理解的"始基""不是历经各种变化而不消灭的物质或实体,而恰恰是在永恒飞逝、永恒飘动中的流变过程本身,恰恰是与流变和消亡相对应的飞翔和消逝。"② 这样一来,"始基"就不再是某种物质或实体了,更进一步说,"始基"就不"存在"了。针对这个问题,巴门尼德提出了他的"存在"学说。而这个学说被认为是存在论的起源。

---

① 在这里显现出了赫拉克利特的始基不是无定形的,而是有定形的。
② [德]文德尔班:《哲学史教程》上卷,罗达仁译,商务印书馆1987年版,第55页。

第二章

巴门尼德的"是"论——形而上美学的本源

  巴门尼德的"存在"范畴是针对赫拉克利特的学说提出的。"存在"范畴的起源是希腊人对世界统一性的追求。这种追求在爱利亚学派诞生之后,上升到了一个更高的层次,因为从爱利亚学派开始,对世界的具象性推测,把整个世界归之于一个或几个经验物的自然哲学开始被超越了。自然哲学对世界统一性的追求因其以个别经验物来表述"阿派朗",以具体指称抽象,所以是不能令人满意的。"始基"只能以抽象的方式被表述,而抽象的方式就意味着用概念来表述。爱利亚学派就是这样一种表述的开始,尽管这种表述还没有完全摆脱具象性的思维。希腊哲学到此"开始"了一个方向性的转变,由自然哲学向"ontology"(存在论)的转变。这一转变的起点,是"存在"范畴的提出,这一概念的提出也成了西方形而上学的逻辑起点。
  爱利亚学派之思想的起点是对"一"的独特认识,亚里士多德作了如下归纳:

    还有些人却认为万物只是"一",虽然在他们说法的优劣或者和自然事实是否一致上,彼此并不一样。讨论他们和我们当前对原

第二章 巴门尼德的"是"论——形而上美学的本源

因(始基)的研究并不合适,因为他们并不像有些自然哲学家那样肯定存在是"一",它又是从作为质料的"一"中产生的,他们说的是另外一种意思;别的那些自然哲学家要加上变化,宇宙是在变化中生成的;而这些思想家却说宇宙是不变的。可是这些是对我们当前的研究密切相关的:巴门尼德看来是牢牢抓住作为逻各斯的"一",而麦梭里说的是作为质料的"一",因此前者说它是有限的,后者说它是无限的。而塞诺芬尼是第一个说出"一"的,但他没有做出清楚的说明……①

这个"另外一种意思"意指什么呢?

塞诺芬尼(又译作"色诺芬")第一个提出了"一",而这个"一"又和神纠缠在一起。塞诺芬尼的全部理论的核心集中在他的残篇(23)—(26)中:"有一个神,它是人和神中最伟大的;它无论在形体上或心灵上都不是凡人(DK21b23)。神是作为一个整体在看,在知,在听(24)。神永远在同一个地方,根本不动;一会儿在这里,一会儿在那里对他是不相宜的(25)。神用不着花力气,而是经他的心灵的思想使万物活动(26)。"②

塞诺芬尼思想表面上是一神论,但其实质,是一种寻求更高统一性的尝试,是对"始基"的神秘表达。希腊人把自己在社会生产实践中取得的每一个进步都归于一位神,如火的使用、培栽、酿酒等,同时把整个自然存在归之于诸多神。当塞诺芬尼说有一个不动不灭,单一整全的神时,他开始把宇宙当作一个整体来看待,并试图从作为社会、自然原因的诸神背后寻求更加普遍的原因。他的结论是"神",虽然仍然用了

---

① [古希腊]亚里士多德:《形而上学》,986b8—30。译文采用汪子嵩译本。
② 转引自汪子嵩等《希腊哲学史》第一卷,人民出版社1997年版,第556页。

"神"这一拟人化的意象,但它本质上是抽象的,因为除了"神"这一意象对它的限制外,它是无限的。对于从多神到一神这一过程,恩格斯说:"由于自然力被人格化,最初的神产生了。随着宗教的向前发展,这些神越来越具有了超世界的形象,直到最后,则于智力发展中自然发生的抽象化过程——几乎可以说是蒸馏过程,在人们头脑中,从或多或少有限的和互相限制的许多神中产生了一神教的唯一的神的观念。"① 恩格斯想表明,自然在抽象思维的发展过程中被蒸馏为"一神"。现在,离哲学的真正诞生只有一步了,那就是把"神"这个最后的意象也抽象掉,完成这一步的是巴门尼德。

巴门尼德用一个抽象的概念"存在"取代了"神",但麻烦的是,思想一开始就陷入了和语言的冲突之中,因为被我们权且译为"存在"的词,在希腊语原文中是系词"eimi",以及其现在时主动语态第三人称单数 estin;其中,性动名词 eon,或加冠词 To eon;还有其不定式 einai。它们相当于汉语中的系动词"是"。

在汉语语法中,系词不能脱离表语和宾语而单独使用,也不能作为主语,而"存在"一词却可作为主语和谓语、宾语,唯独不能作系词,二者的区别是明显的。为了避免以辞害意,我们暂停使用"存在"这一译名,而是以汉语系动词"是"来直译巴门尼德的"eimi"。这样既有助于我们从汉语的思维习惯中跳出,也有助于我们去理解"存在"范畴在其本源处的意蕴。

巴门尼德在他的残篇中向我们提出一个范畴"是"。巴门尼德的前提是,首先承认有这样一个"是",它是毋庸置疑的。因此,巴门尼德只描述这个"是"的特征,而不是追问这个"是"是什么,也不论证有

---

① 《马克思恩格斯选集》第4卷,中共中央马克思恩格斯列宁斯大林著作编译局译,人民出版社2001年版,第220页。

第二章 巴门尼德的"是"论——形而上美学的本源

没有这个"是"。这一描述集中在了他的著作残篇 8 之中:"还只剩下一条途径可以说,即:'是'。在这条途径上有许多标志表明:因为它不是产生出来的,也不会消灭,所以它是完整的、唯一的、不动的、没有终结的。它即非曾是,亦非将是,因为它即当下而是,是全体的,一和连续的。"①

巴门尼德在描述什么?被他描述的这个"是"究竟是什么意思?

有一种回答认为,巴门尼德所说的"是"是系词抽象化的结果,是把系动词"是"本身绝对化的结果。陈康先生举了一个例子形象地说明这一绝对化过程:"这字所表示的意义可以从以下见出:设以'甲'代表'每一个','甲'是'子'、'甲'是'丑'、'甲'是'寅'……'存在'只是'子'、'丑'、'寅'……中之一,譬如'寅'。'甲是'绝不是'甲是寅'……它也不同于'甲是子'、'甲是丑'……中的任何一个。'是'和'是子'、'是丑'、'是寅'……的分别,乃是前者是未分化了的,后者是分化了的。"②这样一种把系词绝对化的结果是,系动词"是"与主语相脱离,和表语式的宾语相脱离,摆脱了语法束缚而独立了出来,成为一个独立的范畴。但这样一种解释似乎把巴门尼德所说的"是"过于抽象化了,和巴门尼德对"是"所作的描述不相一致,不能解释为什么巴门尼德会对"是"做一个近乎具象性的解释。

那么我们回过头来看一看从语义的角度"是"具体表示什么意思。汪子嵩等在《希腊哲学史》第一卷作过词源和语义上的解释,他认为"是"这个词,也就是巴门尼德所用的 eimi,它的本意"有显现、呈现的意思,包含后来'存在'的意思"③。也就是说,"是"原来是一个实

---

① 转引自俞宣孟《本体论研究》,上海人民出版社 2005 年版,第 545 页。
② [古希腊] 柏拉图:《巴门尼得斯篇》,陈康译,商务印书馆 1982 年版,第 107—108 页。
③ 汪子嵩等:《希腊哲学史》第一卷,人民出版社 1997 年版,第 610 页。海德格尔在《形而上学导论》第二章第二节中讲 being 的字源时也持这样的看法。

义词。俞宣孟先生说:"系词之被用之系词,是因为它本来是一个实义词,它的三种主要意义——生命、显现、在场,具有对于所提到的东西的首肯、确认的意思,无论所提到的是人还是物。对物的首肯方式是指出它的显现、在场,对人的首肯方式除了上述表达外,还特别指出他是生命(活的,从自身中出来并活动和维系在自身中)。"①

汪子嵩、王太庆先生的结论与之相似,只是更广一些。他们说:"由此我们可以试图说明的'是'的意思:第一,作为某个东西而存在('存在'是'是'所包含的一种意义);第二,依靠自己的能力起这样的作用;第三,显现、呈现为这个样子。"②

以上的结论明显有海德格尔的影响(参见海德格尔《形而上学导论》,熊伟译,商务本,第71—72页)。通过这种字源学的再阐释,系动词"是"转化为实义动词"显现",从而有可能将这一动词转化为动名词形式。这样,它就可以做主语和谓词了。

现在的问题是,在理解巴门尼德的"是"的时候,究竟是应将系词抽象化还是将系词实义化?这应当从巴门尼德著作的根本目的来探究。亚里士多德说巴门尼德的思想有"另外一种意思",说他是牢牢抓住作为"逻各斯"的"一",这很值得玩味。从巴门尼德思想的现有残篇看来,巴门尼德的思想和自然哲学家是有不同的,他不是寻找某种"始基",而是力求指出一条通向真理之路。如何认识世界,如何从千变万化的大千世界中抽象出其统一性,面对这个问题的时候巴门尼德并不停留于将世界统一于一物,而是进一步地想到:"人们苟有所思,必有实指的事物存在于思想之中,'无是物'就无可认识,无可思索;所以宇

---

① 俞宣孟:《本体论研究》,上海人民出版社2005年版,第534页。
② 见汪子嵩、王太庆《关于"存在"和"是"》一文,《复旦学报》2000年第1期。

第二章 巴门尼德的"是"论——形而上美学的本源

宙间应无'非是',而成物之各是其是者必归于一是。"① 也就是说,要把整个世界作为统一体来进行理性认识,那么它的前提应当是这个世界"是",而不是非"是"。这就是巴门尼德的那句名言:"一条路是,［它］是,［它］不可能不是,这是确信的道路(因为它通向真理);另一条路是［它］不是,［它］必然不是,我告诉你,这是完全走不通的死路,因为你认识不了不是的东西,这是做不到的,也不能说出它来。"② 将这句话中的"是"转换为"显现",那么意思就成为,世界(或许可以说——始基)只有显现出来,呈现出自身,只有当它存在着,才能被我们所认识。以此为基础,我们就可以理解巴门尼德的这句名言:"思想和'是'是同一的。"

从以上的论述中,似乎可以得出结论说:巴门尼德所用的 eimi 及其变格翻译成"是"是恰当的,因为如果我们从"显现"的角度来理解 eimi,那么,完全可能从巴门尼德的思想中发现一种新的思想因素,它同以往的思想方式不同的地方在于:以往的哲学(自然哲学)总是把"始基"当作某种经验物,某种感性存在的无定形体,而巴门尼德则开始追问"始基"的显现问题,把"始基"的"是"理解为一个"始基"显现自身的过程,并将这个显现过程和人对"始基"的理性把握结合起来,即把"是"的过程和"思"的过程统一起来。

但是,如果单纯地从"显现"的角度理解"eimi",把诸存在者的存在都理解为"显现",那么,这里就出现了一种绝对化倾向。"eimi"作为系动词,它联系着主语名词和谓词,正如我们在具体用系词时总是说:某物是……它是不能脱离具体存在者而独立使用的。换言之,它是对某物的某种确证、确认,而这一确认本身我们可以理解为某物呈现出

---

① 见吴寿彭译《形而上学》一书的译后记,汉译商务本《形而上学》,第380—381页。
② 译文引自汪子嵩、王太庆《关于"存在"和"是"》一文,《复旦学报》2000年第1期。

或显现出某种属性。如果把"显现"绝对化，把它和对具体事物的确认相分离，那么，这是不符合巴门尼德思想的针对性的。

巴门尼德提出"是"的学说，是针对赫拉克利特的。赫拉克利特认为万物都处在不断的流变之中，任何东西都既"是"又"不是"，如同"活的火"，它在任何一个时间地点上都既"是"又不"是"。这样一种"万物皆流"的观点在本质上取消了事物的确定性。这样一来，就不可能认识事物，不可能获得真理。基于此，巴门尼德才提出了"是"，而不是"不是"。也就是说，出于对真理的追求，"是"一方面指事物首先要呈现自身，显现自身；另一方面，它要求被思考的对象必须是确定的存在者。因此，当巴门尼德用"是"这个概念的时候，这个概念至少暗含两种意思：第一，事物自身显现出自身；第二，事物是在场的持存[①]，即显现之后有其稳定性。就第一层意思而言，如果将其绝对化，将"显现"认定为绝对的、永恒的，那么，这就是赫拉克利特的主张：事物"存在又不存在"。事物存在着，这我们不得不承认，但事物总是在变，总在永恒的显现、永恒消失的运动之中消逝，因而又"不存在"。这是巴门尼德不能同意的，所以他说"是，不可能不是"，即一个东西不可能存在而又不存在。在此，巴门尼德显然是不承认将"显现"绝对化的。

那么，他是不是完全倾向于第二层含义呢？如果将"eimi"的"持

---

① 杨适先生在《对巴门尼德残篇的解读意见》一文中提出：单词句 eimi 从语义上说可以有两种解读法：（1）作为没有补语的句子讲，eimi 是存在动词，这句话就是"（某、一）事物是如此"。但是请注意：这个存在是从概词 es - 来的，表示的是静态的持存，同 bhu 表示的那个动态的存在成为对照。因此，这个句子更恰当的是"（某、一）事物持存着"。（2）作为隐藏补语的句子讲，eimi 是系词，这句话就是"（某、一）事物是如此"。杨先生认为这两种用法不仅兼容而且相通。"因为肯定事物持存的稳定不变，正是我们能肯定事物是如何如何的前提；而我们能说事物是如何如何，也就证明了事物有其持存的稳定不变性"（见《复旦学报》2002年第1期）。这一看法深刻而圆通。

存"这一内涵绝对化,那么我们将面对这样的问题:凡持存者必定是在时空中的存在,是实体性,也就是物质性的,这种时空存在必定是变动的,因为物有其多样性,它们的生成和流变是现实的,不可否认的。这样我们就无法面对巴门尼德提出的"是"的标记:第一,它是不生成也不消灭的;第二,它是"一",是连续不可分的;第三,它是不动的;第四,它是完整的,形如球体;第五,只有它是可以被思想的。① 把"eimi"考证为"显现"显然是受到了海德格尔对 physis/logos 的阐释的影响,受到了海德格尔的真理观、存在观的影响。但海德格尔这样做,是为了给自身的理论找根据。为了确立所谓"思"的本然状态,海德格尔几乎把柏拉图之前的重要希腊哲学家的思想都阐释为对"存在"的原始经验,阐释为对存在者之存在的解说:这样一来大家说的都是同一回事了。比如,他说:"人们总把形成(becoming)的学说划归赫拉克利特而认为是和巴门尼德尖锐对立的!其实,赫拉克利特是和巴门尼德说同一回事。"② 这是一种先立其意,后辨其辞的做法,是主题先行式的解释,当然也有道理。但是,哲学家们说的真是一回事吗?哲学在发展,思维在发展,哲学史的任务不是笼统地说"大家说的是一回事",而是理出每一个人和其他人所说的不同之处。

在此,我们遇到了理解巴门尼德思想最困难的地方:如果我们把他的"是"理解为绝对的"显现",那么我们就把他和赫拉克利特混而为一,抹杀了他的理论的针对性。连带的问题是,如何将显现与上文所提到的"是"的标志联系起来;为什么要把这个纯粹的显现理解为"一"?如果把"是"理解为实体,那么我们就无法将这种时空中有限的实体

---

① 关于以上几点的原文及论证,详见《希腊哲学史》,第604—603页。
② [德]海德格尔:《形而上学导论》,熊伟、王庆节译,商务印书馆1996年版,第98页。在137页也有同样的内容。

（存在者）与不生、不灭、不动、不可分的、完满的"一"联系在一起。那么，要符合他给出的"是"的标记，就必须把它理解为至大而无外的宇宙体，但结果就会像文德尔班的《哲学史教程》中指出的那样："当宇宙实体或世界本原（始基）的概念在巴门尼德那里拔高到登峰造极的地步，拔高到存在的概念时，似乎要把个别事物同这个概念统一起来，其可能性是如此之小，以至于事物的现实性被否定了，这个统一的存在永远是唯一的存在。原来为了阐明世界而形成的这个概念，其内部已发展到如此地步，如果坚持它就一定要否定它原来要企图阐明的东西。在这个意义上，爱利亚学说就是无宇宙论：万物的多样性已沉没在这全一之中；只有后者才'存在'，而前者只是欺骗和假象。"①

如果巴门尼德所说的"存在"（"是"）真如文德尔班理解的是一种作为"始基"的宇宙物的话，那么他的指责是有道理的，而且这一指责并不仅仅是针对巴门尼德的，这一指责适用于全部"始基"学说。但问题是，连亚里士多德都不认为"是"是"始基"，认为巴门尼德有"别的意思"。那么，巴门尼德到底在说什么呢？一方面，不能把"是"理解为纯粹的显现；另一方面，也不能理解为"始基"。这是一个两难境地，要摆脱这一两难境地，就必须回到巴门尼德的文本中去。

陈村富先生在《希腊哲学史》中注意到了这样一个问题："近代西方学者激烈争论巴门尼德的'存在'的主语问题，这是从语法关系中提出来的问题……当巴门尼德用 estin（it is）表述存在时，人们问这个'it'是指什么？即'存在'的主语是什么？"② 有人认为是"存在"（第尔斯、康福德），有人认为是"没有任何特殊规定的，充满空间的总体"（策勒），也有人认为这是个无人称句（像 it rains 这样的句子）。对

---

① ［德］文德尔班：《哲学史教程》上卷，罗达仁译，商务印书馆1987年版，第57—58页。
② 汪子嵩等：《希腊哲学史》第一卷，人民出版社1997年版，第606页。

第二章 巴门尼德的"是"论——形而上美学的本源

此问题陈先生认为这是一个虚假的问题，因为参与争论的人把范畴的含义与其语法意义混淆了，"对于作为表述'存在'的 estin，其中的 It is 本身就是一个整体，它们合起来才表述'存在'这个范畴，根本不存在指什么的问题"①。

但问题就出在这里：巴门尼德残篇中大量出现的 estin 这个词在希腊语中只有在后接不定式时才是没有逻辑主语的，但在这种情况下意思就转变为"it is possible to⋯"，在这个词作联系动词时是有逻辑主语的。还得结合残篇的语境来寻找逻辑主语，不能说没有逻辑主语。笔者认为这个逻辑主语不是别的，就是巴门尼德所说的"一"。

尽管巴门尼德的思想和探索始基的思想相比，确实是如亚里士多德所说，有一些不一样，但或许我们把巴门尼德与希腊人对"始基"的探索隔得太远了。不能说巴门尼德的思想与探索"始基"无关，一些早期的希腊哲学专家曾认为在巴门尼德所处的时代，人们还不知道物体和非物体的区别，如策勒。柏奈特认为，巴门尼德所说的 eimi 还不是抽象的概念，而是具体的存在物，所以他认为应当把 eimi 译为 what is，而不是更加抽象的 being。文德尔班也认为，巴门尼德的"是"就是"实体性，即物质性"②。这样一来，这个"是"和希腊人的"始基"又有多大距离呢？

距离在于，巴门尼德的"是"确实有"始基"的意味，但巴门尼德的研究没有停留在"始基"上，而是对"始基"作了更进一步的抽象，进而研究"始基"如何显现的问题。这一抽象的结果，是将"始基"进一步抽象为"一"，把"始基"从经验物中解放出来。

塞诺芬尼的"一神说"认为，诸神是世界之诸多现象的原因，而一

---

① 汪子嵩等：《希腊哲学史》第一卷，人民出版社 1997 年版，第 606 页。
② [德]文德尔班：《哲学史教程》上卷，罗达仁译，商务印书馆 1987 年版，第 57 页。

· 35 ·

神是诸神的原因。"一神说"包含着对作为整体的世界之原因的概括。巴门尼德把"神"抽象掉而只剩"一"。这个"一",它是对"始基"的进一步的"抽象"。对于巴门尼德来说,"始基"的存在是不可怀疑的,承认"始基""在"是通向真理的唯一道路,是认识世界的前提。而"始基"作为世界的统一性,不应当是某种经验物,而应当超越于所有经验物。这种超越规定了"始基"只能是"元一",而不能再有其他规定性。但这个"一"也不是黑格尔所说"是纯粹的抽象","始基"在巴门尼德这里摆脱了经验物的具体形象,但并没有摆脱经验物的实在性。换言之,巴门尼德所做的就是给"始基"换了个名字,将之命名为"一",不是将"始基"纯粹概念化。这个"一"就是"it",也就是 estin 的逻辑主语。

现在让我们回过头来看一看巴门尼德的"是"究竟在说什么。我们已经从字源的角度将"是"理解为"显现",现在又将这个"显现"的逻辑主语认定为"一",这样一来,巴门尼德所说的 estin 就是指"一之显现"。前面我们说过巴门尼德思想的本旨是探寻真理之路。"一"作为概念性的"始基",作为世界的统一性,我们可以推演出它就是真理的本质,就是"不可动摇的圆满的真理"①。这样一来,"一之显现"就等同于"真理显现"。

前面我们将"是"释义为"显现",现在将"显现"的逻辑主语确定为真理,为"一",如此则"estin"的意义显示为:真理之显现,或"一"之显现。这样一来,巴门尼德的"'是',不可能不是"这个句子就可解释为"真理显现,不可不显现"。按此解释,则作为真理本质的"一"与其自身的显现是一体的,是不可分割的,并不存在绝对的不显

---

① 见《巴门尼德残篇》之序诗,转引自汪子嵩等《希腊哲学史》第一卷,人民出版社1997年版,第589页。

现的"一";唯当真理(或者说"一")呈现出自身,才能被我们把握,它不可能不显现,因为如果这样,我们就不可能领会真理,思考真理。从这个意义上讲,作为真理本质的"一","一"的显现和我们对真理的领悟与思考,是三位一体,不能分割的。依此观点再来看巴门尼德所说的"是"的五个标志,我们就可以把它们表述为:第一,真理之显现是永恒的,不生成也不消灭;第二,真理之显现是"一",是连续不可分的;第三,真理之显现是不动的;第四,真理之显现是完满的,无处不在的,故形如球体;第五,只有真理之显现可以被思想,被表述,只有真理之显现才有真实的名称。

让我们逐一来看:

第一个标志,是对"一"之显现的绝对性的强调。"一"本身是抽象的结果,它是对在"生成"与"消灭"中的世界诸存在者之抽象,因而当然是不生成也不消灭的,而"一"及其显现是一体的。也就是说,显现是"一"的唯一规定性,或者显现即"一",故而可以说"一"之显现是不生不灭的。

第二条标志强调"一"之显现的连续性和不可分割,是一个整体。"一"作为最高抽象,如果是不连续的或可分的,那么它还没有达到对整体世界统一性的概括,而"一"即"一之显现","一"的无限性体现为"一之显现"的无限性,故此,真理之显现是"一",是连续不可分的。

第三条标志说真理之显现是不动的。或者我们会问,显现本身是动词,怎么能说是不动的?应当这样理解:"一"之显现是均一的,没有变化的,由于"一"的不生不灭与不可分割性,故而"一之显现"就必然体现为匀一与无限。

第四条标志可以看作前三条的综合,"一"作为一切真理之本质,一切原因之原因,它具有最高的普遍性,因而它和它的显现(从表述上我们不得不用"一"和"一的显现"这种易引起歧义的说法。巴门尼德用了一个词来表示"一"及其显现,而汉语却不得不分开说。这会让人觉得此二者是两分的,但实际上二者一体的,是"estin")是完整的。这第四个标志就是巴门尼德追求的"不可动摇的圆满的真理"。

第五个标志是我们将"estin"理解为真理之显现的学理依据。作为世界统一性的"一",作为圆满的真理,怎样才能被认识被领会?在巴门尼德看来,要领会和认识真理,首先要有一个前提,即"真理显现,不是不显现",如果真理不显现自身,那么真理的领会和认识就是不可能的;如果真理既显现又不显现,这将引起混乱,所以,真理必然是绝对的显现。以此为基础,巴门尼德推出:"所谓思想就是关于'是'的思想,因为你绝不可能找到一种不表述的思想。"[①] 这就是那个伟大的命题:"是与思想是统一的。"

现在我们回过头来谈谈译名问题,将"eimi"及其变格统一译为"是",这一译名重点突出了"纯粹的显现"这层意义,这一译名的好处在于传达出了"显现"的绝对性,它不带宾语,也无须主语,是无所依傍的、绝对的"过程"。这是以汉字"是"这一词传达"eimi"之原始意义的传神所在。但这一译法也有不妥之处,因为它把绝对的"是"和相对的"是"割裂开了。绝对的"是"是从诸多的系词"是"中抽象出来的,作为纯粹的显现,它既不带宾语,也无须依傍于主语,这一译法就"being"绝对意义而言,是准确的。但这一译法忽略了"是"总是某物,或者"所是"的"是"。正如巴门尼德在残篇中所说的:"没有'是'在其中得到表达的所是,你便找不到思想。离开所是则无物是,亦不能是。"此译文以抛开所是而单纯地从中抽象出"是",不把

---

① 汪子嵩等:《希腊哲学史》第一卷,人民出版社 1997 年版,第 674 页。

estin 当作"it is"而只看作单纯的"is"。笔者认为，这种做法是不符合巴门尼德"离开所是则无物是，亦不能"这一思想的，而且，将系动词绝对化、抽象化，进而赋予其实词意味，这里猜测的成分多而学理的依据少，而且没有结合巴门尼德哲学的针对性。这一点体现在把"是"绝对化，包含把巴门尼德"赫拉克利特化"的倾向。将"是"与"所是"彻底割裂，这正是用"是"翻译"eimi"及其变格的问题所在。

再看原有的译名"存在"。这一译名的问题是明显的。汉语在使用"存在"这一词时，总是指时空存在，是具体事物的存在，因此，这一术语在汉语中缺乏抽象性，它总是和具体的意象结合在一起的，而"eimi"都是由系动词抽象出的，且系动词本身就是从实义动词抽象出来的。因此用"存在"译"eimi"，则 eimi 包含的"绝对的显现"这层意义传达不出来，而且，容易导致汉语读者将其视为具体的某物。这一译法也有好的一面：在西方语言中，系动词"是"有时态、人称语态的变化，还可以以动名词的形式充当名词；但在汉语中系动词"是"不能单独作名词，而且缺乏语法上的独立性，它只能充当主语和谓词之间的联系纽带。西方语言中系动词则有比较大的独立性，我们经常能见到这样的句子："God is""I am"等。这些句子中系动词用汉语"是"来直译是不恰当的，它不符合汉语的表达习惯，汉语系词必须带谓词，因为西语中的系动词除了语法意义外，还有"显现"、在场的实用意义，而汉语的"是"缺乏这一实词意义，用"是"来传达"显现"这层意思，是缘木求鱼。这时候用"存在"一词来翻译"eimi"，则其包含的显现、在场的实词意义，就比较恰当。

正如我们刚才提到的，"存在"一词缺乏抽象性，和"是"相比，只是一种特殊的、分化的，或者说具体化了的"是"，用它来译"eimi"及其变体也不是很恰当。但是我们旧就主张用"存在"一词来译 eimi/

being。除了上文提到的实词意义外，"存在"一词最突出的优点是它符合汉语的表达习惯，至少能够让译文通顺。这一点正是"是"缺乏的。而且，汉语有这样一种特点：任何一个单词都无固定词性，它的词性取决于它在句子里的位置，取决于它的功能，因而"存在"一词可以充当动词、名词乃至形容词，这是"是"不能比的。它能够传达"是"不能传达的"being"这种动名词（on）意义。从解释学的角度来说，尽管"存在"一词本身缺乏抽象性，但是我们可以对之进行抽象性的阐释（况且由于其在哲学文本中普遍出现，它已经被抽象化），可以赋予它"显现"这层意义，把它描述为一个过程。比如，在对海德格尔著作的翻译中用了"存—在"这种形式，就可以基本传达出 eimi/being 的原始意义，而无须强迫中国人接受不符合汉语表达的"是"。

采用"存在"这个译名的一个重要的原因是，"是"只能传达这一范畴的源初意义，只是这个范畴的一个历史阶段，而从这个范畴的历史发展来看，从这个范畴后来的实体化、本体化来看，用"存在"一词更尊重这一范畴的历史发展。这一点将在"存在"范畴的历史展开中体现出来。

巴门尼德提出的存在范畴是对哲学的巨大贡献，为西方哲学确立了存在论的中心。巴门尼德之前的早期希腊自然哲学对始基的探索具有明显的经验观察性质，而巴门尼德的研究则把这种探索进一步抽象化，并且将之推进到了人的认识问题。巴门尼德首次作了两个世界的区分：不真实的感性世界与真实的"存在"世界。前者是我们经验到的感性世界，是人们的"意见"，也就是感性认识的世界，它是变幻不居的、虚假的世界；后者是只有通过思想与理性才能认识的世界，它是真理的世界，是真实世界。这种区分对于西方哲学而言，是一个决定性的事件，在这个事件中出现了存在与世界的对立，出现了理性认识与感性认识，

第二章 巴门尼德的"是"论——形而上美学的本源

也就是意见之路与真理之路的对立,这样一种对立构成了西方哲学的真正起点。在这个对立的基础上,哲学的主要任务被确立了下来,如:两个世界的关系问题;两种认识(感性与理性)的关系问题;后世所谓的"本体论"问题,也就是什么是"存在"的问题;真理问题等。

自巴门尼德以后,存在问题成为希腊哲学乃至整个西方哲学的中心问题,因为"在后来的每一个世纪中,哲学家们都关心巴门尼德的存在论题"[①]。可以说,巴门尼德的"存在"确立了西方哲学的起点和中心。另外,巴门尼德为哲学确立了形而上学的方法。他的存在论赖以建立的前提是一个独断——"一显现,不可能不显现",但他并没有停留于此,而是以这个独断为起点进行理性推论,从概念本身中推导出概念的性质。巴门尼德是第一个正式从前提推出结论而不是独断地宣布的哲学家。这在哲学上是一个了不起的进步,是思辨哲学迈出的第一步。后来,这种方法在柏拉图的《巴门尼德篇》中,在中世纪基督教哲学中,甚至在黑格尔那里,都是最主要的方法。

如果对存在的理解还只是在最抽象层面上的诗性阐发,如果存在范畴还不能借助概念表达其内涵,我们就不能指望它能与具体事物的存在结合起来。就美学而言,对存在本身的思考还没有展开的时候,美的存在还不是问题。因而我们可以发现,古希腊的伟大艺术始终缺乏一种与之相应的理论反思,也就是从认识与观念的角度展开的理论概括,那是一个有艺术而没有艺术理论的时代。如何解释这个现象?

我们并不认为古希腊人在艺术领域内处于一种"知的澄明"之中而不需要美学,而是认为他们缺乏反思美与艺术的必要的工具——概念及其体系。黑格尔曾经在什么地方说过古希腊哲学是"美的哲学"(也可

---

① W. C. F. Williams, *What is existence*. Oxford: Clarendon Press, 1981, p.16.

译作"感性的哲学")。他的意思是说,古希腊人只能以感性的形式进行理性思考,如以火、水、圆球等一个或者几个具体事物的意象作为思考的工具;然而,美学作为对感性事物的反思不能以感性的形式展开。那么,美学产生的必要条件是什么呢?在回答这个问题前我们首先得了解美学是一门什么样的学科,或者说,这门学科的根本目的是什么。

我们知道,美学这门学科是在18世纪由德国哲学家鲍姆嘉通命名的一门古老的学科。就从被命名的时间来看,它是年轻的,但就其研究的问题与研究的方法来看,它是古老的。按鲍姆嘉通的本意,这门学科是研究审美认识的学科,但实际上它一开始就和美的艺术审美活动结合在一起,是对美、艺术和审美活动的各个环节进行研究的学科。这种研究是以这样的方式进行的:首先,它要划定自己的对象,然后对对象进行解剖式的分析,而这个分析的过程,也就是不断进行判断的过程。比如,面对一个事物,我们首先对其进行判断:美还是不美,或者是不是艺术作品。其次,我们会分析它为什么美,会分析艺术作品的结构。这就是说,美学是从人的感受状态的角度对美的反思,是这样一种"知识",一种"相关于感知、感觉和感受的人类行为的知识,以及规定这三者的知识"[①]。既然美学是知识,是反思,那么它必然是以概念的方式展开的,但现成的"概念"体系还没有诞生,因而在柏拉图之前不可能有在主客二分的思维模式下以主体的感受状态为核心的"美学"。不能否认,在柏拉图之前就有对美和艺术的零星的思考,但这种思考从形而上学的角度来说更多的是一种具象性的猜测,还不成其为"知识",更不成其为美学,因此美学诞生的条件还不具备。对美和艺术的反思应当开始于这样一个时刻——具体事物的存在能够以观念的形式被表达。换

[①] Martin Heidegger, *Nietzsche Vol I*, trans D. F. Krell Routledge & Kegan Paul London and Henley, 1981, p. 78.

第二章 巴门尼德的"是"论——形而上美学的本源

言之，是存在者的存在被具体地分析而不是存在本身被抽象地表述的时候，因此，美学的诞生是和"拯救现象"① 的努力结合在一起的，是在存在者的存在被揭示时才会有的。尽管此前仍有一些朴素的美学假说，但它们是猜测，而不是反思。因此我们认为在巴门尼德的存在观上，在"存在"还没有转换为具体的概念之时，还缺乏对美进行反思的基本思维工具。尽管如此，我们仍然能够看到这样一种研究美的问题的理论趋势：思想的总体倾向是从存在论的角度探索世界的统一性。在这种探索过程中，存在论和宇宙论是统一在一起的，而希腊人最早对 kalos（后来译为"美"，但这个词的源初意义为"完善"或者"圆满"）的探索完全来自一种宇宙论上的感受，是对世界整体的一种感受。他们在宇宙当中感受到一种完善与圆满，这个圆满状态的理论化表达就是巴门尼德对于"一"的描述。而后，通过对圆满的原因进行的分析，宇宙内在的规律性，可以被数学化方式表达的内在和谐，成为精神愉悦的本源。希腊人似乎天性上就易于从这种宇宙的和谐与完满感中得到愉悦。这就使得希腊人对美的性质的考察一开始就把自己的根基扎在存在论与宇宙论之中，对世界之统一性的思考必定要贯穿美的领域，这奠定了美学的形而上学倾向。在巴门尼德及其之前的早期古典主义时期之中，我们可以看到这样一种朦胧而具有形而上学倾向的美的理论。比如，毕达哥拉斯对美的宇宙论式理解，赫拉克利特也把和谐与美归于宇宙的合乎规律性的安排。

这就是美学在希腊前古典时期的基本状态。人类的思维主要是在宏观的哲学格局中进行的，美学的发展还不可能，它只能作为人的其他追求，也就是宇宙论与存在论的附庸而被提出。但是，从存在论的

---

① 这一术语的含义我们将在下文中再做解释。

角度对世界统一性的思考，从宇宙论的角度对世界整体性的感知，使得他们可以在存在论奠定的圆满状态上获得精神愉悦，并把对圆满包含的和谐、比例、中和、均衡等感受作为精神愉悦，或者说美感的原因。从这种存在论的状态，我们也可以看到，从巴门尼德之存在论中体现出的对世界之认识的粗浅的整体思辨性，使得对某个学科的专门研究还没有被提到思想的主要位置上，单独对美与艺术的追问与反思还不可能。

第三章

柏拉图的相论与形而上美学体系的确立

　　巴门尼德的"存在"和"一"的思想是对始基的抽象，但又没有摆脱"始基"的实在性，所以在他的思想中存在着抽象和具体之间的矛盾，即世界的统一性要求摆脱任何对它的规定，但同时始基的观念又要求保留自身的实在性。所以，巴门尼德关于"存在"和"一"的思想让人觉得不可捉摸，甚至荒谬。他的存在范畴首先是对整个世界之统一性的抽象，但这一范畴本身的意义还没有展开，因此他的思想在当时引起了普遍的误解。柏拉图在《巴门尼德篇》中说当时有人嘲笑巴门尼德，认为像他那样肯定"一"就会"推出许多可笑的和矛盾的结果"①。亚里士多德在《论生成与毁灭》中也说："虽然这些意见是用论辩讨论逻辑地得出来的，但若是信以为真，以为事实真的如此，那简直是发疯了。事实上，除非是神经不太正常的人，离开感觉太远，才会将火焰和冰块看作'一'。"② 从某种意义上说，巴门尼德的思想是不合时宜的。人们习惯于从具体事物出发，以感性认识为对世界进行概括的出发点，

---

① 见诸种中译本的柏拉图《巴门尼德篇》128D，译文有综合。
② 见诸种中译本的亚里士多德《论生成与毁灭》325a17—21，译文有综合。

所以当巴门尼德提出一个超越于具体感性事物之上的"一"时，人们一时不能理解。

但是，巴门尼德理论的针对性还是被公元前5世纪的自然哲学家们接受了。巴门尼德的存在范畴构建起了一个永恒不变、不生不灭的本源性世界，这个世界作为"一"，是真理的本质所在，而承认有这样一个世界，则是通向真理的道路。这条道路被后来的哲学家们继承。按照巴门尼德存在范畴的精神实质，他们把世界分为两个部分：他们一方面赞成爱利亚学派，主张现存物的质的不可变性，坚持"存在"是构成同样事物、产生同样事物的永恒不变的本质，反对赫拉克利特的"变"的绝对性；另一方面，他们反对爱利亚学派所说的"一"的静止与单一，赞成赫拉克利特所说的生成和变化的现实性。这实际上就是存在之世界与流变世界的分立。在此基础上，他们形成了共同的观点："现存事物有多样性，本质不变，但它们却使个别事物的变化和多样性可被理解。"[1]这实际上是对巴门尼德理论的发展：作为真理之本质的"一"必然要显现自身。在承认"一"的绝对性和"显现"的绝对性的前提下，我们一定会追问："一"显现为什么？——显现为具体事物。

具体事物总是处在流变之中的。可是，根据爱利亚学派的原则，凡存在的东西没有产生也没有消亡，因为存在的东西和"一"是同一的。那么，不变的"一"和流变的具体事物怎样统一起来？自然哲学家们的办法是将巴门尼德的"一"打碎，使其成为有限或者无限多的"元素"（恩培多克勒、阿那克萨哥拉），或者"原子"（基伯留），让它们承担"一"及其显现的绝对性，而让元素或原子间的结合或分离承担具体事物的流变。这一承担的负面影响是，作为一之显现的抽象的"存在"概

---

[1] [德]文德尔班：《哲学史教程》上卷，罗达仁译，商务印书馆1987年版，第59页。

念，由于元素和原子的实体性，也获得了实体的意义。人们不允许巴门尼德的"存在"概念停留在极端抽象的层次上，因为既然"一"显现为具体事物而具体事物是实在的，那么"一"也应当是实在的。在这种实体化思维的影响下，"存在"的"显现"意味被淡化甚至遗忘了。与此同时，毕达哥拉斯在"数"身上发现了与"一"相同的性质，"数"是超验的永恒存在，经验世界只是与"数"相对的流变世界，是对"数"的摹写或模拟。在这种背景下，产生了柏拉图的"相论"。

"相"这个词是对希腊文 idea/eidos 的翻译，这两个词本身有好几种意思。[①] 通行的译法是把它译为"理念"，我们主张将其译为"相"：一是因为这个词在柏拉图时代还没有"理"的意思，也还不是主观的"念"；二是因为"显现"这层意思在柏拉图这里仍然还有。海德格尔认为"eidos"这个词的意思"是指在看得见的东西身上所看到的，是指有点东西呈现出来的外貌。被呈现出来的东西总之都是外观，是迎面而来的东西之相"[②]。按照海德格尔的观点，"一件事物的外观就是这件事物赖以显现自身于我们面前的样子，表现自身并即如此处于我们面前的样子，赖这个样子，并即以这个样子在场，也就是希腊意义的在"[③]。而汉语中"相"这个词能够很好地表达这层意思。

前面我们将巴门尼德的"存在"之含义阐释为"一之显现"，而柏拉图提出的"相"作为显现出的外貌，秉承了巴门尼德的思路，但是，柏拉图的任务是解释具体事物存在的原因，解释事物为什么具有如此这般的外貌。通过对同类事物的抽象，"相"作为显现出的外貌被固定化

[①] 汪子嵩等根据《希英大字典》对两词的意义进行了整理，详见《希腊哲学史》第二卷，人民出版社 1993 年版，第 654—655 页

[②] ［德］海德格尔：《形而上学导论》，熊伟、王庆节译，商务印书馆 1996 年版，第180 页。

[③] 同上。

了，这一固定化的结果是事物显现出的外貌被当作事物的原因。这就是柏拉图的那个命题:"事物之所以存在，其原因就在于他有了使之具有某种特性的实在(相)。相就是事物存在的原因。"(《斐多篇》107^A，柏拉图著作的译文较多，为方便查阅各种版本，给出原著编号)。

"相"的提出，一方面受到了巴门尼德追求事物永恒不变的本质这一思想的影响，另一方面，苏格拉底的有关学说起到了显著的作用。亚里士多德曾说:"苏格拉底自己忙于伦理问题的研究，无视作为整体的自然界，而是在这些伦理问题中寻求共相，第一次把思想的注意力集中到定义上去，柏拉图接受了苏格拉底的这种学说。"① 但"苏格拉底并未使得共相或定义和个别事物分离开成为独立的东西；但是他们(指柏拉图及其学派)给了普遍或定义以独立存在，这就是他们称为'相'的那种东西"②。

"相"论在本质上是规定事物之存在的，是为事物的存在寻求根据。巴门尼德的"存在"，也就是"一之显现"，被分割成了各种各样的"相"。或者说，巴门尼德的"一"在柏拉图这里具体化为各个事物的"相"。作为世界之统一性和事物的永恒本质的"一"，被分裂为同类事物的"相"，而这个"相"继承了"一"的不生不灭和永恒不变而成为"真实的存在"，这就造成了"相"和可感世界的分离。在柏拉图看来，可知的"相"的世界和可感的个体事物处于对立之中。虽然二者都是客观的，但是可感世界处于运动、变化和生灭中，它们不是实在的，仅仅是感性的认识对象。所以和巴门尼德一样，柏拉图认为由它们只能产生意见而不能产生知识；而"相"的世界则像巴门尼德所说的"一"一样，是"永恒的，无始无终，不生不灭，不增不减的"(《会饮篇》

---

① [古希腊]亚里士多德:《形而上学》，吴寿彭译，商务印书馆1997年版，987^{B1-3}。
② 同上书，1078^{B17-31}。

211^a),是真正的实在,也是真实的存在,是一个"ousia"。"ousia"这个词我们知道是亚里士多德存在论的主导词,但柏拉图已经开始使用这个词[1],并且以之为相的本质属性。这个词在柏拉图这里就是指真实的存在,指实在。比如,在《斐多篇》65^{d-e}中柏拉图说,公正自身、美自身、善自身等所谓的"自身",不仅存在而且是只能用理性才能把握的"ousia"。也就是说,作为事物的"自身"的"相",是某种实在。

相是感性事物存在的根据与本质。比如在《大希庇阿斯篇》中,柏拉图认为美本身是贯穿在一切美的事物中的共相,是它们的本质,美的事物之所以美是因为具备了这种客观的共性的美本身。他问:"是否有一个美本身存在,才叫那些东西美呢?"[2] 答案是肯定的,而且,作为事物之本身的"相"与事物是分离的。通过下面这句话我们可以看清这一点:"我问的是美本身,这美本身把它的物质传给一件东西,才使那件东西成其为美……"(《大希庇阿斯》289^D)。美本身不是某种具体事物具有的,把它传给某种东西,某种东西才成为美的东西。这种观念在《斐多篇》中提出了"分有"以后完全体现了出来。"相"和感性具体的事物分属于两个彼此分离和对立的世界,二者之间是分有和被分有的关系。他说:"假如在美本身之外还有其他美的东西,那么这些美的东西之所以是美的,就只能是它们分有了美本身。"(《斐多篇》,100^c)通过这种分有说,"相"被确立为事物存在的根据,"一个东西之所以存在,除掉是由于分有它所分有的特殊的本体外,还会由于什么别的途径,因此你认为二之所存在,并没有别的原因,而只是分有了二的本体,而凡事物要成为二,就必须分有二,要成为一,就必须分有一。"(《斐多篇》,101^c)

---

[1] 比如《曼诺篇》72^{c-d},《斐多篇》65^d,《斐德罗篇》245^{e}等处。
[2] 《大希庇阿斯》288A,朱光潜《柏拉图文艺对话集》,商务印书馆2013年版,第181页。

"存在"之链上的美学

通过"相"这个概念,"存在与流变这两个世界的关系第一次充分地规定出来了:一切变化和生成都是为了相而存在,相是现象的目的因"①。相的世界作为真实世界,是真正存在的世界。这时,存在的本质就是"相"。存在作为一之显现,它的绝对性在柏拉图的相论中传承了下来,唯一不同的是,作为最高统一的"一之显现"被打碎为具体事物的"类"和"种",而这"类"和"种"就是"相"。

柏拉图"相论"的提出和发展是整个欧洲思想史上最困难、最复杂,也是影响最大、成果最丰富的过程之一。这种"相论"是建立在巴门尼德的"存在观"之上的,是对巴门尼德存在观的发展,但它并没有克服巴门尼德存在论之中的矛盾。

巴门尼德把存在者的"存在"揭示为"一之显现",毕达哥拉斯在存在物之后发现了永恒不变的"数",并且把存在者的存在揭示为对"数"的摹写。巴门尼德的"存在"和毕达哥拉斯的"数"都是极端抽象却又包含着某种实在性的概念,用这种抽象的概念去解释什么是存在者的存在,也就是具体事物的存在问题时,如果把各种各样的感性事物都解释为"一之显现"或"数",本质上是对事物存在的多样性的消解,也不符合古希腊从具体事物出发的自然哲学观。这一隐含在巴门尼德"存在论"中的具体和抽象之间的对立引起了巨大的争论。在《智者篇》中柏拉图表述了这一争论:"关于存在的争论简直就像巨人和诸神之间的战争。有一派哲学家把存在等同于可见的、有形的物体,根本否认看不见的无形物体的存在。他们顽固地坚持只有手可以触摸到的木头、石块才是真正的存在。他们显然也承认动物是有灵魂的,灵魂可以是公正的,有智慧的,但是他们绝不承认灵魂、道德品质是无形体的。他们的

---

① [德]文德尔班:《哲学史教程》上卷,罗达仁译,商务印书馆1987年版,第175页。

反对派则竭力主张由理智和无形体的理念构成的本质才是真正的存在，而那些有形体的物体则是生灭和运动。他们两派大动干戈，争论不休，主要分歧就在这里。"①

实际上，争论的根本原因在于，巴门尼德把整个世界抽象为"一之显现"，把真理之路规定为"一"显现，而不是不显现，这样一种最高抽象无法对现实存在者的存在做出解释和判定。针对这个问题，智者学派提出了挑战，他们抓住了"非存在"问题对存在观念进行质疑。巴门尼德认为"一"必然是显现的，如果"一"不显现，那么我们的认识就没有了对象，能被我们认识的总是显现出来的，因而，只有"存在"，也就是"一之显现"是可以言说的，"非存在"，也就是不显现，是不可言说的。对于"非存在"的这种特性，柏拉图作了如下描述："'非存在'显然不适于用于任何存在物，因此也就能用于甲物、乙物或更多的事物。讲'非存在'实际上是什么也没说。'非存在'是绝对的'无'。一切事物都属于存在。数也属于存在。我们不能用任何事物表述'非存在'，也不能用数来表述'非存在'。但我们在日常言谈中提及'非存在'时，常把数加于其上，用表述单数的'是'或表述复数的'是'来指称它。这是很不合理的。'非存在'既无法思想，也无法言说，又无法描述。'非存在'的这种特性迫使反驳者无法开口，只要一提非存在就会陷入自相矛盾。"②

智者学派正是抓住了这一点。他们提出，虚假的东西如果存在，那么"非存在"也必然存在，这就冲击了巴门尼德的真理之路，这条道路规定"非存在"不存在。比如说幻象，幻象是真实东西的模仿，但不是真实的东西本身。柏拉图敏锐地发现了问题："幻象虽然不是真实的存

---

① 陈村富等：《古希腊名著精要》，浙江人民出版社1989年版，第91页。
② 同上书，第89页。

在，但它毕竟存在着，从而迫使我们承认'非存在'也是一种'存在'。我们说智者制造虚假的意见和命题，即说他们制造非存在就包含着自相矛盾。智者不会怜悯我们。他们一定会强迫我们不断地把存在加于'非存在'之上。为了自己，我们只能违反祖师爷巴门尼德的哲学，尽力证明'非存在'也是一种'存在'，'存在'也是一种非存在。"① 如何才能反驳智者的诘难呢？

柏拉图意识到在巴门尼德的存在论基础上建立起来的"相论"并不能回答这个问题，因为虽然规定了相的世界是真实存在而流变的世界不是真实存在，虽然规定了流变世界是对"相"的摹写，但流变的世界毕竟存在着，就像幻象一样，这实际上是承认了"非存在"存在。如果说巴门尼德的存在观实际上解消了可感世界的现实性，那么柏拉图的"相论"并没有为可感世界的现实性做出辩护，而是更明确地指出感性事物是不真实的，是幻象。为可感世界的现实性辩护，这在古希腊被称为"拯救现象"，只要存在着现实事物（和始基与"一"相比，现实就是"现象"）与始基之间的对立，存在着"存在"，也就是"一"与现实事物之间的对立，这就需要对现实事物的现实性做出解释。尽管"分有说"表面上看来是为现实事物找根据，但它的前提是否认现实事物有实在性：和"相"相比，现实事物就是幻象，如果说幻象不存在的话，那么现实事物也就不存在了。问题出在哪呢？柏拉图认为巴门尼德的"存在"范畴本身有问题。

柏拉图对巴门尼德存在论的批评和修正主要集中在《巴门尼德篇》和《智者篇》这两篇重要对话中，在《蒂迈欧篇》中也提出了一些新见解。

在《巴门尼德篇》中，柏拉图借少年苏格拉底与老年巴门尼德之对

---

① 陈村富等：《古希腊名著精要》，浙江人民出版社1989年版，第89页。

话，对他以前的"相论"作了深刻的反省，并将这种"相论"本身存在的问题归之于巴门尼德的"一"。

少年苏格拉底的"相论"由以下几点组成：第一，"相"和同名的个别事物相对立；第二，"相"和个别事物分离；第三，个别事物分有"相"；第四，"相"是物体化、实在化的；第五，"相"具有目的论背景。关于前三点，基本上是学界共识，第四点实际上是第二点的另一个方面，将"相"与个别事物分离而又承认相存在，实际上说是把"相"物体化、实在化了。第五点需要特别注意，"相"是事物存在的原因和目的，而不是事物的本质。

在这五点中，前三点是全部"相论"的根基。流变的世界，具体感性的世界是不真实的，而作为"一之显现"的存在是真实的，是真理的本质，这是巴门尼德的观点。这一观点在柏拉图这里被继承了下来并将这一对立转化为相和具体事物之间的对立。这种对立必然引起二者的分离。那么，漂浮在具体事物之外的"相"如何担当作为事物的存在论基础的任务？这就是所谓的"拯救现象"问题，即为作为现象的具体事物找根据，为此，柏拉图提出了"分有"说。但这种学说是有问题的，借巴门尼德之口柏拉图指出：事物要么分有整个"相"，要么分有"相"的一部分，但这两点都是不正确的。事物如果分有整个"相"，那么，每一个同类事物都会有同一个"相"，① 这就破坏了"相"的唯一性；如果只分有"相"的一部分，那么就破坏了"相"的整体性（详见《巴门尼德篇》131^{A-E}）。这显然违背了"相"基本规定性，这样一来分有说就不成立了。在此基础上，"分离说"也动摇了，因为一旦分有说不成立，那么"相"和具体事物之间的对立就绝对化了，无法再将二者

---

① 这就是说，如果每张桌子都是分有了整个桌子的"相"，那么有多少个桌子就有多少个桌子的"相"。

联系起来，分离的目的本来是为了"拯救现象"，但当分离不能够拯救现象时，这种分离也就没有意义了。分有说和分离说的破产就意味着拯救现象的努力失败了。

为什么会失败，"相论"之不成立的根本原因在哪里？柏拉图认为是"存在"范畴有问题。他借巴门尼德之口展开了对"存在"范畴的反思："让我从我自己，从我自己的假设开始，作一个关于'一'自身的假设：'如若一存在或一不存在，应当产生什么结果'？"（《巴门尼德篇》137^B）。前面我们认为巴门尼德之存在范畴的内涵是"一之显现"，在从逻辑上对这个范畴进行推论时，我们将绝对的"一"和显现的"一"统一起来，但这种统一源自巴门尼德所说的真理之路的要求，即巴门尼德所说的"一显现，不可能不显现"，但是巴门尼德并没有进一步对显现问题进行更深入的思考，这个工作是由柏拉图来完成的。柏拉图以绝对的"一"和显现的"一"这种区分为出发点，围绕着"一"的各种展开情况，就如果"一"显现和如果"一"不显现两种情况各做出了四种假设。[①]

如果"一"显现为自身，即"一"只是"一"，它是孤立而封闭的，根据柏拉图从 137^c 到 139^b 的推论，在这种情况下，"一"不是整体，也没有部分；既无首也无尾，更无中间；无界无状；不在任何处所中；无运动变化。这样一来，"它既不被命名，也不被言论，也不被意测；也不被认识，万有中也无任何的感觉"[②]。这就是说，如果"一"是唯一的，那么"一"实际上就不显现，不存在了。

如果假定"一"显现为多，即只要"存在"是"一"之显现，和

[①] 此一部分内容详见于［古希腊］柏拉图《巴门尼德篇》，陈康译，商务印书馆1982年版，137B。

[②] ［古希腊］柏拉图：《巴门尼德篇》，陈康译，商务印书馆1982年版，第161页。

显现结合的"一"就必然是无限的多（142^c—143^a），就必然是无数"相"的结合。也就是说，只有在"相"的结合中"一"才显现（143^a—144^e），因而就会得出与第一个假设完全相反的结论——"一"由于和无数的"相"相结合，"一"可以获得所有的性质。① 这两个假设是巴门尼德全部八个假设的根基，其余六个假设是对这两个假设的反驳或补充。在这八个假设中作为结论的部分应当是第二个假设，既然"一"显现为"多"就有了"一"和"其他者"的对立，而其他者作为具体的事物，还在于"相"的聚合。也就是说，相的结合构成了事物的存在。这样一来少年苏格拉底之相论（实际上正是柏拉图本人的早期相论）的问题就被解决了，具体事物对相的"分有"转变为具体事物身上的相的"结合"问题。

在这样一种相论的基础上，柏拉图清算了巴门尼德的"存在"范畴，并提出了自己的存在观。柏拉图对存在范畴的深入反思集中体现在《智者篇》中，这种反思以"非存在"开始。

"非存在"的问题是巴门尼德存在观的死穴和禁区。巴门尼德认为一旦陷入"非存在"之中，就是进入了谬误之路，因为我们可以轻易地推断出："对精光的'非存在'本身，无论是说、是想、甚至一转喉之间，都是无当的；反过来，它是无可想、无可名、无可说、无意义。"② 但是幻象的存在问题一下了把存在与非存在搅到了一起，幻象虽不真实却存在，而存在作为真理的本质，是不能允许虚假地分有它的。正是在这一点上，柏拉图看出如果要把问题深入下去，就"不得不大胆攻击家父（巴门尼德）的话"。

---

① 这些"相"或者说"一"获得的性质，详见 145^a—155^d
② ［古希腊］柏拉图：《泰阿泰德 智术之师》，严群译，商务印书馆 1963 年版，第164页。以下关于《智者篇》的引文，全部来自该译本。

攻击的第一步，是指责巴门尼德和其他一些骤然断定"存在"的数目与性质的人是轻率的，这实际上是对伊奥尼亚学派（存在是"多"）和爱利亚学派（存在是"一"）这两种存在观的总体性批评。赫拉克利特认为"存在又是多又是一，因相拒相亲而结为一体。分就是合，合在分中，分在合中"（《智者篇》242^e）。恩培多克勒认为"整个之中，分与合、一与多，互相更代，有时受爱的影响，相亲而成一，有时因斗争性发作，交恶而成多"（《智者篇》242^e）。这两种观点就是存在是多的观点。柏拉图借客人之口提出质疑："来，凡主张一切是热与冷或任何两个类似的东西的诸君，你们说这两个东西共同存在，也个别存在，对它们加上了什么？我们对你们这'存在'一词，应当作何了解？"（《智者篇》243^e）。紧接着他指出，如果多中的任何一个都存在或只说多中的某一个是存在，其结果总是一个存在，不能是两个，这就是存在非多。

那么存在是"一"吗？这是爱利亚学派的观点，柏拉图这样反驳道："说只有一存在，却又把某物叫存在，这样一来，同一东西（存在）就有了两个名称"（《智者篇》244^{a-c}）。就是说存在者的存在和作为"一"的存在同名而异出，结论是："承认有二名，而认为除一之外，别无存在——这是可笑之至。"由此得出结论：存在非一。

既然存在非一非多，如果我们把"一"视为全体存在者的总和，那么"存在"和"一"是不是就成为同一的了？这种看法也遭到了柏拉图的驳斥："有部分的东西，其部分与部分之间不免有统一性，在此情况下的各部分之总和，或其所形成的整体，也就是一了。"（《智者篇》245^a）然而，"真正的一是绝对不可分为部分的。"（《智者篇》245^a）

因此，"存在"和"一"不可能是同一的。柏拉图问道："存在有了统一性我们才说它是一和整体呢？或者我们根本就不说存在是整体？"

(《智者篇》245^b）之所以这样问，是因为"存在有了某种统一性，显然不就等于一，一切不只是一。其次'存在'若因有了统一性而不算整体，同时却有个整体本身，那么存在就是自身有其亏于其为存在了。"（《智者篇》245^{b-c}）因此，绝对的作为整体的"一"并不是"存在"，存在与整体各有各的特性。这就是说"一"是"非存在"。

这样一来，巴门尼德关于"存在"的几个规定都瓦解了。与之相伴，存在作为"一之显现"由于"一"的瓦解而瓦解了。巴门尼德存在观中不可怀疑的逻辑前提——"一显现，而不是不显现"，由于"一"的瓦解而只剩下显现。问题是，谁显现？也就是问，谁存在？对这个问题的回答无非两种：一是认为"只有块然挺然可捉摸者才算存在，给物体和存在下同一的定义"；另一种是"力主理性上无体的型式（即'相'）是真的存在。"（《智者篇》245^e）前一种的问题在于，只承认感性有形的物体存在，是不是说非感性的，如美德、正义、智慧等就不存在？这显然是希腊人不能同意的；后一种的问题在于，不承认感性的现实事物是真实的存在，这显然有悖常识。既然柏拉图认为这两种存在观都站不住脚，那么就需要一种能够涵盖二者，解决二者之问题的新的存在观："我说，凡有任何一种能力影响任何性质的其他东西，影响之力虽微，影响之效虽未，影响之时虽不过一度，已经可算真实的存在了。所以我替存在下一个界说，就是：存在非它，能力而已。"（《智者篇》247^e）这是一种全新的存在观，这就是柏拉图所谓的"圆满的存在"。

这个"圆满"体现在哪里？借助这种新的存在观，柏拉图解决了以上二种存在观不能解决的问题，并且把巴门尼德的存在范畴颠覆了。存在观由最抽象意义上的"一之显现"，转变为最现实意义上的事物之能力，或者说，柏拉图重新规定了或具体化了"是"，也就是显现的内涵。

这一点体现在他对自己的"分有"说的修订上。什么是分有？分有是"事物与事物，由于一种能力，彼此相接而起影响的施与受。"（《智者篇》248^b）（严群在此把"分有"一词更正确地译为"与有"）。事物正是在相互影响中体现出它的存在，也正是在这种影响中显现自身。"一之显现"这个巴门尼德的存在观无论"一"还是显现都是抽象的，如果说他对一之特性还有所揭示的话，那么他对显现则没有作相应的说明。在此，柏拉图沿着巴门尼德的命题前进了一步：存在是一之显现，而显现就是影响，是事物借自身之能力对他物的影响。这就是柏拉图的命题：存在非它，能力而已。这一命题摆脱了从静止的方面、从抽象的世界统一性方面理解存在这一范畴的意义与内涵的爱利亚学派的基本原则，它以对具体之事物的范型的追问为桥梁，彻底改变了追问存在问题的思路：由追问存在是什么转为事物如何样才算得上存在。这一转变实质上是开始从存在的意义角度理解存在的本质，这一本质在柏拉图看来，就是事物"施"与"受"的能力。

一旦承认存在就是能力，而能力作为影响，就必然是"施"与"受"的统一。柏拉图这样表述了这种统一："能知若是有其所施的影响，反过来，被知必是有其所受的影响。根据这理由，存在即被知的能力所知，那么，被知到什么程度，便也被动到什么程度，因为受了知能所施的影响。"（《智者篇》248^e）这实际上说明，只要把存在规定为能力，就必然能推导出某种统一。这样一来，柏拉图前期"相"论的弊端，也就是他在《巴门尼德篇》前半部分中提出的问题——第一，极端相反的"相"是否相互分离而不相互结合；第二，极端相反的性质怎样在个别事物里相互结合；第三，"同名"的"相"和个别事物对立的问题；第四，"相"和个别事物分离的问题；第五，个别事物分有"相"的问题——这些问题得到了较为圆满的回答。由于存在被规定为能力,而能力总是体现在交互影响之中,因此事物的存在总是在一种动的过程之中体现出来。这就从根本上否定了"相论"从孤立静止的角度思考事物的存在问题,正是这种思考存在问题的方法铸成了分有问题与分离问题的出现。

由于存在体现为影响,体现为事物间的互动,因而柏拉图认定"动与被动者是存在"(《智者篇》249^b)。但是,一旦承认一切全在变动不居之中,那样一来,"没有了住留,还能有同样性质、同样形态、同样关系的任何东西吗?"(《智者篇》249^c)答案是否定的,这实质上说明了动静这一对相反的范畴在事物的相互作用之中是统一的,因而只要有相互影响,只要事物存在着,就必定包含着动静这一对范畴。柏拉图认为只要承认这一点,那么以往关于存在的学说就全部瓦解了:"一承认这点,似乎一切马上天翻地覆——所有的学说,如一切皆动说,万有阒然如一说,乃至凡主张存在是在若干形式上始终如故的,这一切都站不住了。因为它们都把存在加于事物上,有的说万物存在于动中,有的说万物存在于静里。……凡主张一切有时合、有时分的,不论无穷的事物合于一、一分出无穷的事物,或者一切分成有限的原素、有限的原素构成一切——这些现象的发生,认为相间的也好、连续的也好,总而言之,没有混合参错,他们所说的便一律落空。"(《智者篇》,252^{a-b})

承认万物相互"与有",相互影响的能力,这是"存在非它,能力而已"这一命题的核心内涵。但是这种"与有"也不是无条件的,这就需要从概念上对事物进行区分,看看哪些事物在什么条件下能够和哪些事物相"与有",而进行这样的区分是一门学问——辩证法。"会辩证法的人充分辨识:有贯穿于各自分立的众物之中的一型,有彼此互异而被外来一型所包含的众型;也有会合众整体于一而贯穿乎其中的一型,和界限划清完全分立的众型。这就是懂得按类划分——各类在什么情况下能参合、在什么情况下不能参合。"①（《智者篇》253ᵉ）为进行这样的区分，柏拉图提出了几个最具普遍性的范畴，也就是他所说的"通种"：存在，动、静、同、异。正是在"通种"之间相互结合的意义上，非存在存在（《智者篇》256ᵉ—257ᵇ），也就是"异"这个"通种"能够与"存在"这个通种结合。这样一来，巴门尼德之存在论的内在矛盾被化解了。

巴门尼德的近乎实体性质的"存在"被转变为一种从意义角度理解的关系学说，我们还不能够直接说在这里柏拉图的"存在"是一个"范畴"，是一个概念性的东西，因为它还不具备概念的抽象性，而且，他本身是从具体事物之间相互影响的角度理解"存在"一词的，存在在这里是指具体事物的存在，并非是一个表达世界统一性的范畴。"存在"也不能算是"相"，"相"在柏拉图看来是实体性的，至少是实存的，而此处的"存在"作为能力，显然不是实存的。因此我们认为柏拉图的通种，正处在一个具体事物与抽象概念之间的临界状态。哲学史家文德尔班发现了其中的问题，他说："在《智者篇》中就出现过要建立只有五种最一般概念的、值得怀疑的尝试。不过这种尝试，虽然趋向于亚里士多德的范畴论，但实际上仍停留在两个世界的基本区别中，并在柏拉图学说里找不到进一步的发展，也未留下任何影响。"② 在此文德尔班看到了一种新尝试，却没有对之作一个肯定的评价。

---

① 在此，柏拉图的论证有一个跳跃：他对"存在"范畴的界定是着眼于具体事物的，而他在此处提出了贯穿于众物之中的"相"，对于"物"和"相"之间的关系，缺乏深入阐释。我们只能在此进行这样一种推论：既然存在被规定为施受影响的能力，那么这种能力在显现自身的过程中体现为何种样态，也就是说有什么样的具体影响。这似乎就是"贯穿于具体事物之中的相"。这种最初的相的"样态—影响"首先是动、静。然后是从动、静与存在的差异中推出的同、异。

② ［德］文德尔班：《哲学史教程》上卷，罗达仁译，商务印书馆1987年版，第167页。

基于以下理由，我们不同意文德尔班的看法：第一，我们完全可以把亚里士多德的范畴论看作《智者篇》的历史影响（这一点我们将在亚士多德的存在论中再作分析）；第二，说"仍然停留在两个世界的基本区别中"是有问题的，在此我们已经看不到"相"的永恒世界了；第三，进一步的发展还是有的，这一点在《蒂迈欧篇》中可以体现出来。

立足于"存在非它，能力而已"这个命题，我们再来看一看柏拉图在更晚一些的《蒂迈欧篇》中对存在的界说，在其中，我们已经能看到亚里士多德的影子了。"从不可分的和永远自身同一的存在，也从可分的亦即有形体的存在，神创造了第三种存在作为联合二者的中介，它具有自身同一的性质和他物或对方的性质，于是神就把它造成不可分的和可分的东西之共同的中介。"① 这句话黑格尔认为是整篇对话中最著名、最深刻的一段，因为按黑格尔的看法，这里出现了"概念"。这个作为第三种存在的中介，我们完全可以把它看作《智者篇》中之"通种"的进一步的规定，而且在《智者篇》中开创出的新的存在观也有进一步的体现。他在《蒂迈欧篇》50^b—53^c中提出有三种存在：第一种是永恒不变的、不可见的存在（如真、善、美等概念）；第二种是可见的，变化的存在；第三种存在是空间。第一种存在是永恒不变的、不可见、不可感的，只通过理智的沉思来把握；第二种可以通过感官来把握；第三种可以通过一种奇特的推理来把握。虽然这里的确体现出两个世界的对立，但柏拉图这里所说的"存在"实际上就是《智者篇》中所说的有能力影响它者的事物，是存在者之存在，而不是抽象的存在本身了。

这样一来，我们就把柏拉图的存在观归纳为这样一个过程，是一个从早期的相论，到中期对相论与巴门尼德的批判，特别是在这一批判基

---

① 转引自［德］黑格尔《哲学史讲演录》第二卷，贺麟、王太庆译，商务印书馆2013年版，第232页。

础上建立的"能力论"、通种论，再到晚期的具有综合意味的"实在论"。在这一过程中，我们能够看到柏拉图对先贤，特别是巴门尼德存在观的继承与扬弃，也能看到柏拉图的存在观对亚里士多德存在观的启迪与影响。可以这样说，柏拉图的存在观的发展，就是古希腊存在论的秘密所在，是理解古希腊存在论的钥匙。

柏拉图的相论，特别是在《巴门尼德篇》中少年苏格拉底阐发的以"相论"为核心的存在论，也就是柏拉图的早期理念论，对于美学而言是决定性的和本源性的，无论怎样强调它对美学的重要性都不为过：它为美学的诞生提供了最初的基础，而且为美学的发展指定了方向。早期柏拉图将"相"作为存在之根据或者真实存在，以此为"拯救现象"的努力，这种努力在美学中反映为：美的事物是一种现象，而现象是不真实的，是处在幻化之中的，如果我们承认有美存在，我们就必须找出虚假现象背后的真实本源，也是美之所以存在的根据——美本身。从这个意义上讲，美学的第一步是柏拉图迈出的，他第一个从哲学的高度追问：美是什么？从这个问题起，人们开始投身于美的原因的探索，开始寻找那个使美成其为美的"什么"。"美是什么"这个问题和美的原因在于美的"相"这一回答就构成了美学的第一步。这个问题决定了在形而上学终结之前的美学的根本任务是寻找"美"的原因，并且是从存在论的角度追问这一原因。这个回答决定了后世的美学家们思考问题的方向——到美的背后去寻找美之存在的根据，这就是美学领域内形而上学方式的确立。

柏拉图的美学思想建立在其相论之上，具体说来是相论的两个方面：一是"美之相"，也就是在美的本质问题上的一元论的"美本身"——有一个绝对的唯一的美；二是美之相与具体的美的现象的二元论上对立关系——具体的审美现象与艺术都是在这一对立中被思考。

首先是关于美之"相"。柏拉图的美学并不出于一种有意识的理论自觉,而来自他的存在论思考,因为柏拉图关于美的理论并不是以回答什么是美为目标,而是在探索"相"的时候恰巧以"美"和"美的事物"为例证进行思考的,这就使得美学一开始就和存在论产生了天然的联系。这种联系最初体现在《大希庇阿斯篇》中。在《大希庇阿斯篇》中柏拉图反驳了流行的关于美是什么的看法,如"美就是有用的""美就是恰当的""美就是视觉和听觉所产生的快感""美就是有益的快感"等看法,却没有提出自己的肯定性的看法,但他的否定实质上也向我们暗示了这样一个结论:如果美不是有形的事物,不是恰当,不是某种引起快感的东西。那么,美就是某种就其内容来说更为广泛的东西,即只能是某种作为一般的存在物——"美本身"。

"美本身"这个观点,也就是美的"相",在《会饮篇》中得到了更为直接的表述。《会饮篇》要研究的基本问题是关于作为事物之本身的"相"如何被认识。在对这个问题的研究中,柏拉图以如何认识"美本身"为例证来说明"相"的性质。这个研究对美学的确立及其发展意义深远,它决定了美学中的两个重要问题:第一,美有其"本身"之"相";第二,如何认识美本身,也就是如何认识美。柏拉图认为要认识美本身,首先要爱一个美的物体,从爱这个美的物体到爱别的美的物体,发现这个物体的美也就是别的那些物体的美。再由此出发,进一步爱美的灵魂,又发现了同样的美。再进一步,认识美的法则、美的知识或关于美的事物的知识的对象,又发现它们有共同的美的形式。到此地步还没有认识那个"美自身"。要认识"美自身",还需要再进一步,经过飞跃,才能认识那个纯粹的美。这就是建立在"相论"之上的对于美的认识,它由两个方法构成:一个方法是 synoptic,也就是将分散的事物摆在一起看,在诸多美的事物中找到共同的美,同时指不同层次的事物中共同的美，而不同的事物有一个层次区分，如柏拉图认为灵魂的层次比事物的层次要高，而行为和制度的层次比灵魂要高，纯粹学识的层次比行为制度高。各层次之间是一个上升的过程。另一个方法是"突然的飞跃"，在不同事物与不同层次的事物之中都有美的灵魂或美的知识，但美之相只能有一个，因此还需要一个向上的引导与飞跃。这就是建立在相论之上的认识美的过程，其中有归纳，有随着"相"的层次的上升而上升，也有某种说不清的飞跃——这种飞跃构成对美之相的最终把握。

那么这个美自身，也就是美的"相"又有什么样的性质呢？这个美本身在柏拉图看来是奇妙的，"这种美是永恒的，无始无终，不生不灭，不增不减。它不是在此点美，在另一点丑；在此时美，在另一时不美；在此方面美，在另一方面丑；它也不是随人而异，对某些人美，对另一些人就丑。还不仅此，这种美并不是表现于某一个面孔，某一双手，或是身体的某一其他部分，它也不是存在于某一篇文章，某一种学问，或是任何某一个别物体，例如动物、大地或天空之类；它（绝对美）只是永恒的自存自在，以形式的整一永与它自身同一，一切美的事物都以它为源泉，有了它那一切美的事物才成其为美，但是那些美的事物时而生，时而灭，而它却毫不因之有所增减"[①]。

这种永恒不变的美的"相"或者本体，就是少年苏格拉底之"相"在美的领域内的再现，但这一再现带来的不仅仅是概念，而是对美的存在论奠基。关于《大希庇阿斯篇》中与《会饮篇》中美的相论产生的存在论意义，黑格尔有一段虽然有"六经注我"之嫌，但也非常精彩的论述，不妨转录如下：

[①] 《柏拉图文艺对话集》，朱光潜译，人民文学出版社1963年版，第272页。

第三章　柏拉图的相论与形而上美学体系的确立

关于这点，柏拉图也同样抓住了唯一的真的思想，认为美的本质是理智的、是理性的理念。当他谈到精神的美时，我们应该这样去理解他，即：美之为美即是感性的美，并不是在人所不知的无何有之乡；不过在感性上美的东西，也正是精神性的。美的理念一般也是这样的情形。正如现象界的事物的本质和真理是理念，同样现象界的美的事物的真理也是这个理念。对于肉体的关系，就其为各种欲望间的关系，或者舒适的事物或有用的事物间的关系而言，并不是美的关系；这仅是感性的关系，或个别与个别之间的关系。而美的本质只是在感性形态下作为一个事物而出现的简单的理性的理念，这个美的事物除了理念外没有别的内容。美的事物本质上是精神性的。（一）它不仅仅是感性的东西，而是从属于共相、真理的形式的现实性。（二）不过这共相也没有保持普遍性的形式，而共相是内容，其形式乃是感性的形态——一种美的特性。在科学里面共相又复有普遍性或概念的形式。但是美表现为一个现实的事物，或者在语言里表现为表象，在这种表象的形态下，那现实的事物便存在于心灵中。美的本性、本质等等以及美的内容只有通过理性才可以被认识。——美的内容与哲学的内容是同一的；美，就其本质来说，只有理性才可以下判断。因为理性在美里面是以物质的形态表现出来的，所以美便是一种知识；正因为如此柏拉图才把美的真正表现认作是精神性的（在这种美的表现里理性是在精神的形态中），认作是在知识里。[①]

此外，奠基也意味着：有许多东西将从这一根基处生发出来，我们

---

① ［德］黑格尔：《哲学史讲演录》第二卷，贺麟、王太庆译，商务印书馆 2013 年版，第 267—268 页。

已经看到了由此生发出来的美的存在论与审美认识论，更为重要的是柏拉图以他的相论为出发点，以"相"与"现象"的二元对立为基点，来反思审美活动与艺术。相论的目的是要拯救现象，是要为现象寻找根据，这就出现了一个如何看待现象的问题，这个问题引入美学领域内是如何看待审美对象的问题，这本质上也是一个现象与"相"是什么关系的问题。这个问题在美学中体现为美或者艺术的真理性问题。

问题是这样提出的："相"是事物存在的依据，也就是真理的依据，是本质，它是不可见的，是内在的；一切可见的实在都是现象，作为现象的实在之所以能存在是因为它"与有"（通常译作"分有"，但严群先生的这个译法更恰当一些）了"相"，"相"本身是圆满的，而与有了它的现象就不如它圆满。以此类推，对现实的模仿和对现实的反映就更加不圆满，它们是虚幻的，不真实的。这就将世界划分为这样一个图式：最高的是"相"，第二是实在的现实世界，第三是这些实际事物与事实的影子与反映。这个判断转化到美学上就是：美的事物之所以美是因为它"与有"了美本身，美本身是圆满的，而美的事物并不具有这种圆满性，而对美的事物的模仿即艺术就更加等而下之。这样一种世界图式与美的等级深刻地体现出了柏拉图的形而上学原则——从作为世界本原的"相"出发推论构成世界的诸存在者的性质，这就形成了这样一种信念："在我们所喜爱的任何事物中，只有一种'相'，这种'相'是稳定的、实在的和真实的。这种'相'与事物的真实是一致的。另有一点也是十分清楚的，即离最高等级越远，统一性、实在性、真实性就越缺乏。而哲学王的智慧，就在于理解和思考统一性、真实性和实在性。手工匠和各种忙于事务的人，则同第二等级的事物发生联系。他们制作床、椅、船、衣服，从事战争，管理政治和法律。诗人和画家属第三个等级，他们只是塑造第二等级事物的形象。毫无疑义，可以塑造的形象，其数量是无穷无尽的，而且这些形象相互之间没有任何坚实的逻辑联系。"① 这个信念——诗人与真理隔着三层——集中地体现在《理想国》第十卷中，这个信念坚持说艺术的本质在于模仿，并由于模仿而不具有真理性。说艺术的本质在于模仿，这是希腊时期文化的特征，希腊人的艺术泛指所有生产性的技艺，而技艺无非是对某个实物的模仿或某个观念的模仿，因而说艺术的本质在于模仿并没有什么大不了，但一旦这一模仿说与"相"结合起来，那么"模仿"这个词就具有了贬义，特别是在艺术领域。由于艺术与"相"隔了三层，因而艺术并不具有真理性。他认定："装饰和绘画及所有只是为了我们的愉悦而用绘画和音乐手段创造的、可以恰当地归为一类的东西……被有些人称作游戏……所以这样一个名称将被恰当地用于这类活动的全部种类之中去；因为它们其中没有一种是用于任何严肃的目的的，它们全部是为了游戏。"② 这种观点取消了艺术的严肃性，而艺术不严肃的根源在于这样一种判断："绘画和艺术品都深刻地远离现实，而我们天性中的易受艺术影响的和与其打交道的因素同样是远离理智的。这样建立在没有真实的或可靠基础之上的一种联系的产物必定像其父母一样低劣。这不仅适合于视觉艺术，也适合于那诉诸耳朵的、我们称它作诗歌的艺术。"③ 这就是说，艺术不严肃的原因在于远离现实并且远离理智，即缺乏真理性，在此基础上，柏拉图提出了对艺术、对诗人的著名判决——不得进入理想国（详见《理想国》第十卷）。

---

① ［美］吉尔伯特、［德］库恩：《美学史》上卷，夏乾丰译，上海译文出版社1989年版，第39—40页。
② ［古希腊］亚里士多德：《政法篇》，288c，转引自塔塔科维兹《古代美学》，杨力等译，中国社会科学出版社1990年版，第178页。
③ 译文转引自［波兰］塔塔科维兹《古代美学》，杨力等译，中国社会科学出版社1990年版，第178页。也可见朱光潜译《柏拉图文艺对话录》，人民文学出版社1963年版，第81页。

"存在"之链上的美学

这种判决或许有某种实际的针对性①，但说到底，这种判决的根据是他的相论，在相与现象的二元对立中，柏拉图站在"相"的立场上否定了"现象"，从而否定了艺术的真理性。对于柏拉图的这种否定，如果从积极的角度来看，我们可以说这里出现了西方文明史上对于艺术之本质最早的界定，出现了对于艺术的价值与意义的最初思考。这些否定性的批判也正是肯定性的确立，后来的美学也正是这样发展的，人们继承了柏拉图对艺术之本质的确立，也有人继承了他对这一本质在价值上的否定。

但我们也要注意到，随着柏拉图之存在论的发展，他的美的存在论也体现出了某种变化。比如，在《斐利布篇》中有这样一段话：

> 我所说的形式美，指的不是多数人所了解的关于动物或绘画的美，而是直线和圆以及用尺、规和矩来用直线和圆所形成的平面形和立体形；现在你也许懂得了。我说，这些形状的美不像别的事物是相对的，而是按照它们的本质就永远是绝对美的；它们所特有的快感和挠痒所产生的那种快感是毫不相同的。有些颜色也具有这种美和这种情感……我的意思是指有些声音柔和而清楚，产生一种单整的纯粹的音调，它们的美就不是相对的，不是从对其他事物的关系来的，而是绝对的，是从它们的本质来的。它们所产生的快感也是它们所特有的。②

在这段话中他承认了事物之形态的美具有绝对性。也就是说，事物的属性也可以成为美的原因，这显然和建立在相论之上的美学思想是矛

---

① 关于柏拉图从模仿角度对艺术进行指责的具体针对性，可以参看吉尔伯特与库恩的《美学史》第41—48页的内容。
② 《柏拉图文艺对话集》，朱光潜译，人民文学出版社1963年版，第298页。相关的译文也可见鲍桑葵《美学史》（张今译本），广西师范大学出版社2001年版，第47页。

· 68 ·

盾的，合理的解释只能是，这种美学观是建立在《智者篇》与《巴门尼德篇》中的存在论之上的。

在《巴门尼德篇》中柏拉图清算了巴门尼德的"存在是一"这一命题包含的矛盾，这不单推翻了巴门尼德的存在论，连少年苏格拉底的相论也一并被放弃，取而代之的是"通种论"。通种论向我们揭示了这样一个观念：具体事物之具体性，在于"相"的聚合。也就是说，相的结合构成了事物的存在。这样一来少年苏格拉底之相论（实际上正是柏拉图本人的早期相论）的问题就被解决了：事物的存在不是来自事物之"相"，而是其自身之属性（通种）之结合，具体事物对"相"的"与有"转变为体现在具体事物身上的"相"的"结合"问题。这一点在《智者篇》中提出的那个命题——存在非它，能力而已——中得到了更加明确的表述。在这个命题中事物之能力，也就是属性，对于事物之存在的意义得到了肯定。也就是说，事物的存在不是由单一的"相"决定的，而是事物之诸多属性的统一，而这些属性作为"相"本身具有其自身的价值。当这种观点引入对美的事物的思考时，就是我们在上面那段话中指示的意义——美在于事物的属性，这种属性的美具有绝对性。

从概念之结合的角度研究存在问题带来了一种方法论上的新变化，柏拉图在《斐德若篇》中说："无论什么事物，你若想穷尽它的本质，是否要用这样的方法？头一层，对于我们自己想精通又要教旁人精通的事物，先要研究它是纯一的还是杂多的；其次，如果这事物是纯一的，就要研究它的自然本质，它和其他事物发生何样主动和被动的关系，向哪些事物发出何样影响，从哪些事物受到何样影响；如果这事物是杂多的，就要把杂多的分析成为若干纯一的，再看每一个纯一的原素有何样自然本质，向哪些事物发生何样影响，从哪些事物受到何样影响，如上文关于纯一事物所说的一样办。"① 这种思想方法纯是"存在非它,能力而已"这一命题的推论,我们可以称之为"分析法"。它也说明了部分与整体之间的关系,承认部分对于整体的意义。如果把这种思想方法引入对美与艺术的思考,那么我们也可以说美是各部分的整一,是有机整体。在《斐德若篇》中,柏拉图就认为悲剧是一个有机整体,在另一处,他承认美是真与比例的统一。② 这种思想就像通种论一样,在柏拉图这里并没有被展开,从有机统一的观点研究美与艺术将在存在论的下一个阶段,也就是在亚里士多德阶段成为美学的主要观点。

柏拉图这种从存在论的角度探索美的问题的方法构成了美学这座大厦中的擎天柱,它不但给予了美存在论上的根据,而且至少蕴含了两层意思:第一层,审美本身是一种认识,认识的目标是美本身,且不论这种认识能不能实现,至少它暗示了,美学中也存在真理问题。这样就把审美从所有纯粹个体性的体验、趣味、爱好中超拔出来,使审美成为一种追求普遍性的行为,从而把美与最高存在联系在一起。这也决定了审美中的真理问题依然是认识与对象本身的相符合的问题。第二层意思是:它把这样一个问题带上前来:对这种美本身的认识何以可能,要实现对美本身的认识,主体应当具有什么样的状况,审美对象又应当具有什么样的状况。

就第一层意思而言,如果审美之中真的有真理问题,那么我们的首要任务就是认清对象。绝对美作为美的相,它是这样一种存在:首先,它是非感性的,感性事物只是它的摹本。其次,它具有概念具有的普遍性,它是一个范式。绝对美的这种存在方式中暗含着一种对立,即美本

---

① 《斐德若篇》268[D],转引自《柏拉图文艺对话录》,第161页。
② 见[波兰]塔塔科维兹《古代美学》,杨力等译,中国社会科学出版社1990年,第171页中的那段原文。

身的非感性存在及其普遍性与美的事物的感性存在及其特殊性之间的对立。这种对立尖锐到了这个地步，以致对立双方都有充足的理由把对立驳得体无完肤。这种对立实质上就是美的存在论危机之根源，自此以后的全部美学史，就是这一对立深化和明晰化的过程。"美本身""绝对美""美的相"这三个同一的范畴在美学史上一再被重复：在中世纪，它们以上帝的面貌出现，上帝成为美的最终因；启蒙时代它以理性的面貌出现，美只不过是分享了理性的光芒，后来又以理念的面貌出现，美成为理念运动的一个环节；在 20 世纪，现象学再把存在与美结合在一起。

以上三个同一的范畴作为美的本体，似乎有力地回答了审美认识的普遍性与真理性问题，但是又带来了另一个问题：作为感性存在的艺术与美是怎么表现出本体这种非感性存在的呢？柏拉图说这来自模仿，美的事物是对美的"相"的模仿，但问题是：我怎么能够模仿我看不到的东西呢？只有一种可能，就是美的"相"本身是一个实存，只要它是实存的，我们总会有办法捕捉到，这就是柏拉图美学的唯名论倾向。但是依照这种思路获得的美的本质及其普遍性，实际上是在美的事物之外寻找美的原因。这决定了审美认识是感性认识之后的再认识。是对外在于美的事物之外的美的原因的再认识，这种再认识使得审美认识获得了真理性，但这种再认识也背离了审美的感性根基，使得经验主义者和怀疑论者可以根据审美经验的个体性和情感性，质疑"美本身""美的相"的存在。

有什么样的存在论，就有什么样的认识论。柏拉图的美学存在论，也就是绝对美的思想，迫使他回答：我怎么能够模仿我看不到的东西。既然"绝对美"是非感性存在而现实的美是绝对美的摹本，那么这种模仿是如何实现的？这是一个审美认识论问题，它包含艺术家如何认识到绝对美并使自己的作品分享绝对美的问题，也包含读者如何从艺术中体悟到美的问题。在抛弃了人的感性认识的可靠性并且不承认人的理性认识能够达到绝对世界的情况下，审美认识论成了柏拉图的一个大难题。他解决这个问题的办法是直接在绝对美和艺术家、读者之间架一座桥，从而避免了在绝对美与现实美，现实美与艺术家和读者，艺术家与读者之间的鸿沟上的跋涉之苦，这个桥梁就是"迷狂说"。

在柏拉图看来，艺术家之所以能创造出"绝对美"的摹本，是因为他在迷狂状态下的神灵附体，是神借他之手创造出绝对美的摹本；读者之所以能在艺术作品中领会到美，也是因为他陷入迷狂状态，有神灵附着在他体内，从而使他实现审美认识。这是一种多少有些荒谬的看法，他回避了问题的复杂性，没有就审美认识的各个环节做深入的探讨，而是把它归之于神匆匆了事。一旦审美认识必须借助某种不可言说的心理状况或不可证实的思维机制的话，那么审美认识的根基不过是一些不可验证的猜测。这些猜测使得从绝对美到艺术家到作品到读者之间的关系剪不断，理还乱，审美认识的真理性被那种不可言说的神秘消解了；美的源泉成了一些超验的东西。美和艺术的真理性以及它们存在的权利都没有在这种存在论中得到肯定，美的超验性与欣赏这个世界固有的美、与欣赏艺术的美格格不入，这在一个艺术高度繁荣的时代是不能容忍的。

造成这种理论困境的根源在于他的以"相论"为中心的存在论，化解这种困境的契机也包含在他的相论的发展，这就是他的通种论以及分析方法的确立，但说到底，这些问题只有在一个新的存在论基础上才能解决。

第四章

本在论（ousia）——亚里士多德的存在论及其美学体系

在柏拉图存在观念的发展中，我们看到了从早期的"相论"到中期对"相论"与巴门尼德存在观念的批判，再到更晚一些的《智者篇》与《蒂迈欧篇》中体现出的以具体事物为出发点研究存在问题的新思路。如果再把这个过程与巴门尼德的存在论结合起来看，那么我们就会发现，对存在问题的思考正在从对始基的抽象逐步转向对具体事物的关注。"一"的观念包含的内在矛盾被揭示出来以后，把"存在"等同于"一"的观念崩解了，存在问题由对始基的抽象转变为对具体事物之存在的研究。在这一转变中，起决定性作用的动力是在巴门尼德那里体现出的对"确定性"的追求，这种确定性体现在研究对象的具体化之中："相"是存在的具体化，"通种论"是对"相论"的具体化。在亚里士多德这里我们将看到，在"确定性"的推动下，存在问题进一步具体化为"本在"（ousia）的问题。

在研究亚里士多德的存在观之前，有必要从方法论的高度先看一看亚里士多德研究存在问题的思想方法的原则，也就是研究存在问题的出发点。这个出发点是下面这两条原则：其一，同一事物不能同时既存在又不存在；其二，无穷后退不可能。① 前一个原则一般是被看作逻辑上的矛盾律，但实际上这条原则等同于巴门尼德所说的"存在（是），不可能不存在（是）"。这条原则体现了对确定性的追求，亚里士多德本人称其为"最为确实的原则"。这条原则实际上是一个存在论上的公设，是对赫拉克利特认为的变化着的事物既存在又不存在这种观点的反驳。这个公设认为：有一个确定并且确实的存在。这在亚里士多德看来是研究存在问题的基本起点。我们将看到这条公设贯穿在亚里士多德对存在问题的研究之中。第二条原则实际上是说，追寻事物原因的过程必定要停止在某个开端或者终点。这条原则和第一条原则是统一的，这条原则表面上看是在强调世界的有限性，但实际上是说，只要是确定的必定是有限的，或者说，只有有限的才是确定的。这条原则表明——事物向上有其最后因，向下或者说向内有其不可再追问的始基或者基质。下面我们将看到，亚里士多德对存在问题的思索基本上是在这两条原则的指引下进行的，这两条原则要求"存在"一词必须有其确定的意义，要求它指向某种事物之所以为事物的最为确定的——"本在"（ousia）。

亚里士多德的范畴论是其思考存在问题的起点，而这个起点实际上是对柏拉图中期存在观的继承。亚里士多德秉承了柏拉图对"一"的观念的扬弃和《智者篇》中体现出的以具体事物为出发点研讨存在问题的思路，也继承了柏拉图的永恒不变的"相"，但又排除了它的超验性，而把《智者篇》中的原则贯彻了下去：认为"相"不脱离具体事物，而在事物以内；不是超验的，而是内在的，是事物具体的存在状况，是它们的"施"与"受"的能力；"相"不是别的，就是具体事物的移动、

---

① 这两个原则详见亚里士多德的《形而上学》$1005^b 19-20$，即第四卷；第二条原则见第二卷第二章。以下凡该书引文，都以夹注形式给出原书编号，不再给出中文著作页码。为了便于叙述，其中的译名"本体"，本书都用原词 ousia 取代。其中译文均见亚里士多德《形而上学》，吴寿彭译，商务印书馆1959年版，1997年印刷。

第四章 本在论（ousia）——亚里士多德的存在论及其美学体系

变化、生长或发展。这就是说，柏拉图的作为实在的"相"在亚里士多德这里转变为"范畴"，范畴不是实在，而是对事物之存在状态的抽象。因此，感官世界与所谓实在世界的对立被取消了，由超验的"相"构成的永恒世界被认为是对现实世界的抽象，因而问题被倒了过来：现象界不是对"相世界"的模仿，而"相世界"倒是现象界的影子。而这种作为现象之影子的"相"，就成了"范畴"。这是亚里士多德在《范畴篇》中揭示的"范畴"的意义与本质。

既然范畴就是事物的存在状态的体现，那么，支撑着这种状态的基质何在？范畴只是对事物之存在状态的抽象，那么事物的"本身"是什么？再进一步讲，作为一个整体的万事万物又是什么？问题再一次不可避免地回到了"存在"问题，必须回答存在着的万事万物的最高原因，也就是"存在"本身是何样的。亚里士多德认为，回答这个问题是一门学术的任务。

关于"存在"（on）一词，亚里士多德曾对其做了一个辨析，从而对存在范畴做了一个正本清源的工作。在希腊文中"存在"一词首先是作为系词使用的，它是从系词中抽象出来的，而不单纯是一个哲学术语，这就需要把这个词的哲学意义与日常意义区分开。那么，其哲学上的意义与其日常意义有何不同呢？在哲学上它有何特指？[①]

亚里士多德首先排除了"存在/是"（on）的一些日常意义；他说："事物被称为'存在'分为（甲）属性之存在，（乙）本性（绝对）之存在"（1017^a）。第一种，作为属性的存在，也就是作为系词的"是"，此处直译为"是"较好，在此它作为系词表示种属关系，如说"这个人是文明的"。第二种"是"的应用，就是我们前面指出的《范畴篇》中

[①] 比如说，在汉语中"道"指：说、道路等，这是它的日常意义。可是在哲学上，"道"却有另一些意义。

得出范畴的方式，实际上是对存在状态的描述，因而这里的"是"就是范畴的标志。用亚里士多德的话："主要诸'是'的分类略同于云谓的分类（范畴），云谓有多少类，'是'也就该有多少类。云谓说明主题是何物，有些说明它的质，有些说量，有些说关系，有些说动或被动，有些说何地，有些说何时，实是（ousia）总得有一义符合于这些说明之一"（《形而上学》1017b）。比如，云是动的，水是静的，铁是硬的，等等，这些是都是范畴的标志。第三种"是"（on）是用来进行真假判断的，如"你是苏格拉底吗"。第四种"是"表示一种同一关系，如"这颗种子是小麦"。这表示种子和小麦的同一，用亚里士多德的说法就是正在实现着的事物与已经实现了的事物之间的关系，即潜在与现实之间的关系。

以上这几种"是"，在亚里士多德看来都不是哲学意义上的"存在"（on）。亚里士多德的这种做法，实际上起到了一种消解作用。那个由系词抽象出来的"存在"在亚里士多德这里被消解于实体、性质、数量、动静、关系、潜在与现实等范畴之中。这样一来，那个作为"一"的普遍的"存在"概念在亚里士多德这里没有地位了。在他看来，"存在"和"一"都是一切述词中最普遍的述词，任何事物都可以被说成是"一"或者"存在"，"存在"和"一"绝不是众多事物之外的一个单一的实体，它仅仅是一个述词。[①] 这就是说，"存在"不过是最普遍也是最空洞的称谓，它可以用来表述包括实体的一切东西，但它本身并不是这些东西，甚至可以说，即使作为称谓，"存在"与"一"也是没有意义的，因为任何一个事物直接就是"存在"和"一"，"存在"和"一"本身就是事物内在的规定性，没有必要把它们单独提出来去表述事物。

---

① 详见《形而上学》，1053^{b15-21}，1040^{b15-25}。

第四章 本在论（ousia）——亚里士多德的存在论及其美学体系

当我们在表述某个东西时，如"这是桌子"，这个表述中既包含了"存在"这个意义，也包含了"一"这个意义。在这种情况下没有必要说"桌子存在"和"桌子是一"。

说到底，出于对确定性的追求，这样一种从系词抽象出来的统一性——存在和一，在亚里士多德看来不具确定性。即使从原初的"显现"意义上理解"存在"，这种显现只能从"谁显现"的角度来进行思考。在他的观念中，"存在"并不是指世界的抽象的统一性，对存在的思考不是要思辨地揭示世界作为"一"的性质，而是要研究真实的事物，研究实实在在的事物，也就是要研究被"存在"和"一"表述的事物，而不是这个表述。这样一种只被表述的事物，实实在在的事物，亚里士多德用了一个词——ousia 来表述。

柏拉图对"存在"范畴的转变体现为：从巴门尼德的抽象的世界统一性即真理之路的角度，转变为从具体事物即存在者的角度研究存在者之存在，即存在的意义问题。亚里士多德显然接受了这一转变，这在他的范畴学说中就可以看出。那么就具体事物本身而言，如果仅仅把它们的存在归结为"能力"，这显然是不完全的，因为我们马上就会问：如果某物存在体现为对其他存在者的影响，那么，发出这种影响者是谁？范畴仅仅是存在者的存在状态，而"状态"必定是某物的"状态"；事物必须有其自身，存在的意义问题并不能取代存在本身的问题，通过亚氏对 ousia 一词的规定，我们可以看到，正是亚氏提出了也回答了这个问题。

阐明事物的本质与阐明事物的存在是不同的。阐明事物的本质以事物存在之自明性为前提，但这并不足以对事物存在做出实证，因为需要研究事物之存在的学问，而"存在"是最高科属，因此这门学问也就是最高学术："世间若有一个不动变本体，则这一门必然优先，而成为第一哲学，既然这里所研究的是最基本的事物，正是在这意义上，这门学术就应是普遍性的。而研究 ousia 之所以为 ousia——包括其怎是以及作为 ousia 而具有的诸性质者，便属之于这一门学术。"(《形而上学》1026^{B}30)

关于事物的存在，他使用了柏拉图用过的 ousia 这个词，这个词通译为"本体"。但这一译法是有问题的，没有体现出 ousia 与 on/存在之间的关系，或者说遮蔽了这一关系。亚氏认为，对本质与科属的联系，对事物之存在的状态的理解都是建立在 ousia 上的。"有的事物之被称为存在者，因为它们是 ousia，有的是 ousia 的演变，有的是因为是完成 ousia 的过程，或是 ousia 的灭坏或阙失，或是 ousia 的制造或创生，或是与 ousia 相关系的事物，又或是对这些事物的否定，以及 ousia 自身的否定……研究事物之所以成为事物者也该是学术工作的一门。——学术总是在寻求事物所是的基本，事物也凭这些基本性质提取它们的名词。所以既说这是 ousia 之学，哲学家们就得去捉摸 ousia 的原理与原因"(《形而上学》1003$^{b6-12、11-19}$)。

亚里士多德明确地提出，对"存在"的研究应当转向对 ousia 的研究。也就是说，如果以前人们问的是什么是"存在"，现在则应当问：什么是存在者的存在。存在问题由对存在者的向上的超越转变为向内的探索，探索事物的最不可怀疑的确定性和事物的最确实的存在，而这个确定和确实的存在就是 ousia。现在的问题是，什么是 ousia？

首先让我们做一个字源学上的探索。Ousia 一词来自希腊文动词"是"(eimi)的阴性分词形式 ousa。在希腊文中，系词 eimi 是第一人称单数的"是"，相当于英文 I am 中的 am。它的主动语态现在陈述式单数第三人称 esti，相当于 it is 中的 is；它的不定式 einai，相当于 to be。希腊文的分词形式有阳性、阴性、中性之分。Eimi 的阴性分词 ousa，中性

第四章 本在论（ousia）——亚里士多德的存在论及其美学体系

分词 on，英文中没有这样的区分，都译作 being。但是，"eimi 各种变化形式有抽象程度的差别，使用起来有具体的限制……相比而言，estin 的抽象程度最低，因为它有一个逻辑主语，它在句中与后续成分一起作表语，用以表述主语的性质和名称。Einai 的抽象程度比 estin 要高，因为它不受人称和时态的限制，在句中可以做主语和补语。On 的抽象程度最高，因为它已经完全名词化了。后世所谓'本体论'（ontology）就源于这个词，也就是说，只有 on 才最适宜表达个体化了的 eimi"[①]。巴门尼德主要用的是 estin，柏拉图主要用的是 on，亚里士多德在表述"存在"这个意义上时，用的也是 on。在上一章中我们说过在柏拉图那里，ousia 是指真实的存在，是实在，是"相"的本质属性，但是柏拉图并没有以之为理论核心，对这个词的使用并没有真正展开。在亚里士多德这里，这个词却成了学术的一门，成了哲学的中心课题，为什么呢？

在亚里士多德看来，原来的哲学所苦苦探寻的"存在"不过是一个述词，是对事物之状态的表述，而不是事物本身。出于对确定性的追求，哲学的对象应当是事物本身，是一个承载着各种属性与状态的基质，而这层意义在原来的"存在"（on）这个词中体现不出来，因此亚里士多德用了 ousia 这个词来表达自己对于事物之"存在"的看法。Ousia 这个词的好处在于：它作为系词"是"的分词形式，仍有"是"或者说"在"的这层含义，同时能摆脱系词的述词性质，以它来指称事物的存在，体现出了亚里士多德对存在观念的发展。

哲学的中心从 on 到 ousia 是"存在"范畴的一个巨大发展，那么 on 和 ousia 的根本区别在哪里？通过《范畴篇》中亚氏引出范畴的方式，我们可以说范畴就是事物显现出的状态，事物的存在也就是事物通过范

[①] 见王晓朝《读〈关于"存在"和"是"〉一文的几点意见》一文，《复旦学报》（社会科学版）2000 年第 5 期。

畴显现出来状态，因而当我们说某物存在（on）时，这个存在总是指向某个范畴。这就是亚里士多德的那个推论："'on'的分类略同于云谓的分类，云谓有多少类，on 也就该有多少类。云谓说明主题是何物（ti esti 希腊语是'什么'），有些说明它的质，有些说量，有些说关系，有些说动或被动，有些说何地，有些说何时，实是（ousia）总得有一义符合于这些说明之一"（《形而上学》1017^{a23-27}）。这就是说，相应于每一个"云谓"即范畴，都有一个 on，范畴的种类同时是 on 的种类。亚里士多德实际上是说，"存在"（on）仅仅是对事物之状态的表述，而不是包含一切存在者的无所不包的统一性，即巴门尼德所说的"一"；也不是万般事物皆从之出的"始基""存在"；毋宁说是一种事物显现出来的现象，或者像柏拉图在《智者篇》中所说的那样是事物相互影响的"能力"，而不是事物"自身"。

在亚里士多德这里，出现了一个"存在（on）"与"本在（ousia）"之间的区分和对立，这种区分和对立与柏拉图早期相论中体现出的"相"与具体事物的区分与对立是不同的。在柏拉图那里对立和区分是外在的，而在亚里士多德这里这种区分和对立是内在的，是一种思辨的区分，而不是对事物之外的某种实体，如对"相"的猜测与想象。这样一种区分对于西方哲学的发展而言是决定性的，这意味着人们对什么是"某物存在"有了一个更加具体的认识，"存在"概念在这样一种区分中扬弃了由于内涵无限大而引起的空洞与抽象，对事物存在状态的思辨把握取代了对"存在"的抽象思考。如果说"存在"概念的本来出发点是在事物之外寻求事物的根据和本原，那么现在，对"存在"的思考转向在事物自身中寻求这种根据与本原，"拯救现象"在这里真正实现了。但是，这种对立与区分在亚里士多德这里不是绝对的，有时候"本在"是"存在"的一个环节，有时候"存在"又是"本在"显现出的性质，

第四章 本在论（ousia）——亚里士多德的存在论及其美学体系

在巴门尼德那里就体现出的"事物"与"事物的显现"之间的统一仍然在起着作用，"能必附所"的思想把"能"和"所"紧紧地统一在一起，在这里，存在（on）就是"能"，本在（ousia）就是"所"。下面我们结合亚里士多德对事物的区分看一看存在与本在这种既区分又统一的关系。

亚里士多德认为，虽然各范畴都是事物之 on 的显现，或者说"类"，可是它们的地位并不相同。在《范畴篇》中亚里士多德用"述说"和"存在于之内"两条标准将事物分为四类：第一类，既不述说又不存在于一个主体之中①，如个别的人和个别的马，亚里士多德称这一类为第一 ousia；第二类，可以述说却不存在于"一个"主体里面，如"人""动物"等抽象概念，这是第二 ousia；第三类，既述说又存在于一个主体里，这一类是作为"一般"或者总体的范畴，亚里士多德举的例子是"知识"；第四类，存在于一个主体内，但不述说一个主体，这是指作为"特殊"的事物，亚里士多德举的是"一点儿语法知识"和"一种特殊的白色"的例子。②

亚里士多德对事物的这四类划分体现着一种对 on（存在）的具有决定意义的区分，这种区分表现为以下三个方面。

第一，一般与个别，或者普遍与特殊的划分，亚氏称为"全称"与"单称"，他说"有些东西是全称的，另外一些东西则是单称的"。"全称的"一词，意思是指那些具有如此的性质，可以用来述说许多全体的；"单称的"一词，意思是指那些不被这样用来述说许多主体

---

① "存在于……之中"亚里士多德解释为："不是指像部分存在于整体中那样的存在，而是指离开了所说的主体，便不能存在。"详见亚里士多德：《范畴篇 解释篇》，方书春译，商务印书馆2003年版，第60页。
② 同上书，第10—11页。

的。例如"人"是一个全称的,"卡里亚斯"是一个单称的。①

第二,本质谓项与偶然谓项。比如,"苏格拉底是人"。在此苏格拉底是第一 ousia,人是第二 ousia,第二 ousia 作为属、种,它可以作为第一 ousia 的本质谓项。又如,"苏格拉底是白的"。"白"作为述词而又存在于一个主体的范畴,它是对事物属性的表达,相对于对事物属、种的表达,它是偶然谓项(或载体)。

第三,是本体与属性之间的区别。第一 ousia 既不被述说也不存在于别的主体之中,因此它是终极的主体。而其他范畴要么述说它,要么存在于它之中,所以它们总能表现为第一 ousia 的属性。

由于以上三种区分,显现为范畴的 ON 就不平等了,ousia 是终极性的,别的 ON 不能作 ousia 的主体,"ON 于是有了两重划分。Ousia 是现实世界的形而上学基础,而其他范畴则成为 ousia 的属性的基础,需要有某种 ousia 作为属性的基础"②。就此亚里士多德明确指出:"除第一性实体之外,任何其他的东西或者是被用来述说第一性 ousia,或者是存在于第一 ousia 里面,因而如果没有第一性 ousia 存在,就不可能有其他的东西存在。"(《范畴篇》2^{b5-6})

在《形而上学》卷七第一章中,亚氏进一步说明了 ousia 作为存在(ON)与其他范畴作为存在(ON),乃是因为它们有些是这第一义的 ON 的"量",有些是它的"质",有些是它的"状态",另一些是它的其他规定(《形而上学》1028^{a18-20})。这样就奠定了 ousia 范畴的特殊地位:ousia 是绝对的、无条件的存在,它凭自身就能存在。因此,ousia 是最根本、最确定、最真实意义上的存在。

按照亚里士多德的这种思路,对存在(being)范畴的研究,在此有

---

① 亚里士多德:《范畴篇 解释篇》,方书春译,商务印书馆 2003 年版,第 60 页。
② 余纪元:《亚里士多德论 ON》,《哲学研究》1995 年第 4 期,第 66 页。

了一个转向：由什么是存在，转到什么是ousia。"从古到今，大家常质疑问难的主题，就'是'何谓存在（ON，也就是何为ousia）"（《形而上学》1028^{b2-3}）。

那么，ousia的具体内涵是什么呢？"ousia"一词的基本规定性有两条：（甲）凡属于最底层而无由再以别一事物来为之说明的；（乙）那些既然成为一个"这个"，也就可以分离而独立（《形而上学》1017^{b23-25}）。（甲）规定指向"存在"的最终性，独立性是存在作为最高规定性的一种表述，是对不一样的存在者之存在的规定；（乙）则是指存在者存在的唯一性、个别性。

就其性质而言，ousia是第一性的存在，"事物之称为第一者有数义——（一）于定义为始，（二）于认识之序次为始，（三）于时间为始。——ousia于此三者皆为始。其他范畴均不能独立存在，则ousia又必先于时间。每一事物之公式其中必有ousia的公式在内，故ousia亦先于定义。于认识而论，我们对每一事物之充分认识必自本体始，例如人'是什么'，火'是什么'"（《形而上学》1028^{a30-35}，汉译本第128—129页）。Ousia的第一性正是体现在这三个优先地位上，这三点可以看作ousia的根本属性，那么基于这些属性，ousia究竟是什么呢？

亚里士多德认为"ousia一词，如不增其命意，至少可应用于四项主要对象；'怎是'与'普遍'与'科属'三者固常被认为每一事物的本体，加之第四项'底层'（to upokeimeno，载体、基质）"（《形而上学》1028^{b}32-35，汉译本第130页）。这四点之中最容易被理解为第一ousia的是"底层"。"底层"是这样的事物，"其他一切事物皆为之云谓，而它自己则不为其他的事物的云谓。作为事物的原始底层，这就被认为是最真切的ousia"（《形而上学》1029^{a}，汉译本第130页）。这实际上是他在《范畴篇》中对第一ousia所下的规定，但在这里，亚氏做出了修正。什么是底层的本性——"一个想法是以物质为底层，另一为形状"，而第三个想法则是二者的组合。

按 ousia 的两个规定性，这三个想法中第一和第三是错误的。就第一个想法而言，它是一切都被删除了以后剩下的，因而它不符合 ousia 的个别性；就第三而言，形式与质料的结合在逻辑上后于形式，这有悖于 ousia 的独立性。那么，可成为第一个 ousia 的只能是第二个 ousia——形式（eidos）。Eidos 这个词出自动词"看"（eidein），柏拉图以这个词指称具有"实在"意义的"相"，但在亚里士多德这里对这个词而言，"形式"或者说具有本质意味的形式是更恰当的理解。希腊人从"看"想到"被看到的东西"，从"被看到的东西"想到这个东西的外形，由于认定构成这个事物的质料或者说始基的是"无定体"（也就是"阿派朗"，指没有形式的始基），故而把事物的外形抽象为一种赋予"无定体"外形的、与质料或始基相分离的事物的本质性的形式。本质和形式在 eidos 这个词中奇妙地结合在一起。下文还会再进行说明。

从"底层"的角度我们现在剥离出了形式（eidos）。再来看看第一个 ousia 的另一个候选——"是什么"（to ti en einai）。to ti en einai 一词是亚氏发明的，这个术语曾经引起许多研究者的费解，因为这个术语使用了"en"，这是一个"to be"的过去式，等于英文的"was"，这个术语用中文直译是"一个事物的过去之'是'什么"。学者们对亚氏为什么要用过去式感到费解，有学者认为亚氏在强调事物中恒久不变的东西，这是有道理的，因此英译者将这个术语译为 essence，汉译为"本质"，都是可以的，只不过没反映出它和"存在"（on）之间的联系，我们将之译为"恒在"。

那么，这个 ti en einai（恒在）又是什么呢？亚氏认为，这就是一个事物的根本特征，也就是本质。他说："每一事物的本质均属'由已'。'由于什么'而成为'你'？这不是因为你文明。文明的性质不能使你成为你。那么'什么'是你？这由于你自己而成为你，这就是你的本质。"（《形而上学》1030^{a13-15}）在《形而上学》第五卷的《哲学辞典》中，我们可以把他所谓"由己"理解为"自性"，理解为绝对的自身，即自己是自己的原因（详见《形而上学》第五卷第十八章）。由此，我们可以认为本质是事物自身的规定性，而自身的规定性从另一个角度讲就是事物的定义，而亚氏恰恰通过定义来理解本质的，"只有那些事物，其说明可成为一个定义，方得其本质"（1030^{a6-7}，汉译本第133页）。因而，本质就是在定义中被给予的东西，从这个意义上讲本质和定义是同一的。他有时说：定义是本质的公式，而本质属于本体（1031^{a}12，汉译本第136页）。有时他说"定义即是表示本质的术语"（《正位篇》101^{b}29）。这就有了本质，定义与本在（第一 ousia）之间的同一关系，因为他说"每一事物的本身与其怎是（本质）并非偶然相同而是实际合一的"①（1031^{b}20，汉译本第137页）。这样一来，当我们追问什么是第一 ousia 时，实际上在追问什么是 eidos——事物的形式、本质、定义。

亚里士多德把对 on 的研究转变为对 ousia 的研究，把对存在范畴的追问进行了一次转向：我们问什么是事物的"存在"，回答是"第一 ousia"。那么什么是第一 ousia？回答是"形式"和本质。但这一回答中包含着一个致命的矛盾：每一个事物的本在是为这个事物独有的，它不能为别的事物所有，但是"普遍"（如形式、本质、定义，以及作为述词的范畴等）是可以为众多事物所具有的，而且普遍总是用来表述本在。这就是说，普遍不是本在（亚里士多德的论述见《形而上学》第七卷第

---

① 这个问题在《形而上学》第七卷第六章中有详细论证。

十三章）。这和我们刚才得出的结论是矛盾的，为了解决这个矛盾，亚氏对 ousia 作了一个二元区分，将本在区分为"综合本在"和"公式"，前者是指包括物质的公式，后者是一般性的公式。前者由于有物质成分，所以处在坏灭生成过程中；后者则不处在这个过程中（亚里士多德的论证见《形而上学》第七卷第十五章）。就具体事物而言，这种二元是必须统一在一起的，因为具体事物总处在生灭过程中，这是赫拉克利特以后就不能置疑的原则，但事物的规定性，也就是定义，是无生灭的，二者之间是有矛盾的。为了解决这个矛盾，亚氏进行了统一："照我们所说，以一项为物质，另一项为形式，其一为潜在，另一为实现，则疑难就消释了。"（1045^{b25}，汉译本第 173 页）这就是我们称为"可能性"与"现实性"的两个范畴。

那么，由潜在如何成为实现，即事物如何完全实现自身，在此亚氏提出了"隐德来希"。隐德来希是指"纯粹的活动性"，是事物由潜能转向现实的能力。黑格尔说："在亚里士多德那里通常称为能力的，也被称为'隐德来希'。这个'隐德来希'其实就是和能力相同的范畴，不过是就其为自由的活动性而言，就其具有目的于自身之中、为自己设定目的、并积极为自己确立目的——就其为规定、目的的规定、目的的实现而言，就叫'隐德来希'。"[①] 凭借这个"隐德来希"，物质与形式，或者说潜能与现实，统一于相互转化的活动之中，潜能与现实成为这一活动的不可分割的两个部分。

由此，事物的 ousia 被区分为三个环节，而这三个环节——质料、形式、能力之间的矛盾运动，就给出了 ousia 的三种形态：第一种，感性的可感觉的 ousia，这就是纯粹意义上的质料；第二种是形式，（ei-

---

① ［德］黑格尔：《哲学史讲演录》第二卷，贺麟、王太庆译，商务印书馆 2013 年版，第 294 页。

第四章　本在论（ousia）——亚里士多德的存在论及其美学体系

dos）是"包含有活动性在其中的东西，有能力、一般的活动性、抽象的否定者，不过这否定者乃是包含着那个将生成的东西；它的感性的形态只不过是它的变化方面。"① 第三种则是三者的统一，是质料、形式和隐德来希的统一，是绝对的第一 ousia，是"由己"的存在，是永恒的，不变动的，而同时是推动者，是纯粹的活动（参见《形而上学》第十二卷第六章），是动变的原因。这就是最高的 ousia，作为世界统一性的 ousia，是事物"存在"的本质与本源。

亚里士多德关于 ousia 的学说极其复杂，本身具有探索性质，关于 ousia 的所有思想都不是结论性的，问题在不同的层次与角度被展开，但没有被统一到一个体系中②。尽管如此，"存在"问题的复杂性却被前所未有地展现了出来：当我们说"某物存在"时，这个物的存在（on）被从内外两个方面进行了分析与推演。存在问题被亚里士多德成功地扭转到感性事物处，对确定性的追求把对"存在"的玄思转变为对具体存在者的二元分立的分析。尽管问题并没有被解决，尽管这种二元分立引出来了更多的问题，但开辟了一个新的维度、一个新的方向，为后世哲学的前进奠定了一个坚实而丰富的起点。西方的本体论或者存在论，在这里真正确立了起来，关于"存在"的问题扩展为涵盖几乎所有哲学主要问题的体系，这就是亚里士多德所谓的——"本在之学"。

关于"存在"，除了不断地提问之外，不能寄希望于某种最终答案，我们的任务是指出问题是怎样被不断提出的，提问的根据是什么，而不是驻足于某个答案。同样的问题在不同的时代被不断重复，每一次提问都会带来新的答案，但每一个答案又都会带来新的提问，这就构成了一

---

① ［德］黑格尔：《哲学史讲演录》第二卷，贺麟、王太庆译，商务印书馆 2013 年版，第 203 页。
② 从总体看来，《形而上学》一书与其说是一个完整的理论体系，不如说是一个探索性质的文本。

条"存在"之链。

亚里士多德的本在论,也就是他的存在论思想对于美学的产生与发展具有决定性的意义,希腊思想在他这里为之一变,从概念的辩证推论一转为对具体事物的分析与综合。这种方法论上的转变正体现在亚里士多德关于ousia的分析与归纳之中,这就构成了亚里士多德认识事物的基本方法:找到认识对象的本在ousia,并对这一"本在"再进行分析,确定其本质性的属性。这种思想对于美学而言具有决定性的意义,在柏拉图那里理论止步于空洞的"美自身",尽管在中后期的存在论中产生了把美视为概念之结合的后果,也就是通种的可能,并且有了一些朦胧的理论尝试,但我们想明确知道,构成美的事物的那些概念究竟是什么,是不是可以区分为一些更为具体的概念呢?

亚里士多德的美学正体现为对这些问题的回答。在这一回答中,亚里士多德为我们奠定了反思美与艺术问题的基本方法——分析与综合;基本工具——概念。反思是要借助于概念的,概念是思维的工具,在柏拉图的美学中真正的理论概念是"美自身",也就是"美的相",但这个概念没有内涵,理论停留在这个概念之外,因而并没有对美和艺术进行反思,而只进行了理论上的抽象肯定——承认美有自身的规定性,却没有说是什么。

但要回答这个问题就需要一个理论上的转向——不能再到美的事物之外寻找美的原因了,需要对美的事物进行理性的分析。实现这一转向是亚里士多德对美学的决定性贡献。当然,这一转向并不是直接在美学领域内发生的,这个转向只是存在论的转向在美学领域内的体现之一。这个存在论的转向就是从"相"到本在ousia。

亚里士多德明确地提出,对"存在"的研究应当转向对本在ousia的研究,因为正是"本在"决定着事物的存在,一切事物都是本在的某个方面。这就是说，一切都是围绕着本在展开的，因此我们当然可以进行如下推论：艺术也是有其本在的或者说与本在相关的。那么，艺术和美的本在又是什么呢？

亚里士多德对本在的思考总的说来体现为对存在者的向上的超越转变为向内的探索，探索事物的本质与结构要素。这是一场方法论上的转变，亚里士多德的方法最突出的特点在于：他没有把自己限制在普遍的演绎之中，而是研究特殊的现象，试图探究它们的固有因素、成分、结构和变化。这就是他研究艺术的基本方法。尽管他的那些详尽分析更多的是属于艺术理论而不是一般美学的范围，我们至少应该看到，美学对美的玄思转变为对美的事物的分析。美是抽象的概念，而美的事物则是具体的，在亚里士多德看来具体和清晰的艺术事实显然要比抽象的美的概念更有吸引力，更能满足知识的需要。在亚里士多德之前，没有一个人系统地思考过艺术问题，而亚里士多德把美学导向了一条知识——关于艺术之知识——的可靠道路。

亚里士多德看破了那作为美学之基础的形而上学框架，他看到了"相"的贫乏；部分地体系化了也部分地改变了柏拉图的一些朦胧的看法——从通种的角度研究美的事物的属性。这既是存在论的要求，也是时代的要求。亚里士多德的美学思想建基于他所属时代伟大的诗与艺术之上：索福克勒斯与欧里庇德斯的诗和悲剧，波吕格诺托斯和宙克西斯的绘画，菲底阿斯和波利克利托斯的雕塑。可以说他的美学是那个时代的伟大艺术成就在理论上的体现与影响，也是在理论上对这些艺术的肯定。美学研究可以把美的概念放在中心，也可以把艺术放在中心。在柏拉图那里核心是美，因为"美"作为一般就是"相"，而在亚里士多德这里，他着手研究的是艺术问题，因为每一件艺术作品作为具体就是一个 ousia。这就是说，ousia 的内涵决定着艺术的本质。

"存在"之链上的美学

  Ousia 是最根本、最确定、最真实意义上的存在，是个体的具体的事物。亚里士多德又对其进行了第一性与第二性的区分，决定事物之本质的是第一性的 ousia。在上面我们对本在论的研究中已经指出亚里士多德认为第一性的 ousia 是"形式"（eidos）。本质和形式在 eidos 这个词中奇妙地结合在一起。按这一思路，艺术这一存在物的第一性的 ousia 也就是这种本质性的形式。

  在他看来，艺术创作就是从质料到形式的转化过程或者质料与形式的结合过程。比如，大理石雕像就是由质料——石头，通过艺术家的刻刀赋予形式后形成的统一体。艺术作品总有其形式，这个"形式"可以有广义与狭义两种区分，广义的 eidos 既是本质也是由这个本质决定的形态，而狭义的形式则指事物的结构与形态。

  先说广义的 eidos。这个概念和柏拉图的"相"是一脉相承的。这种形式对艺术品而言是在先地存在于艺术家之心灵之中的，技艺创造的一切都是从质料与包含在心灵中的形式的相互关系中产生的，"从技艺造成的制品，其形式出于艺术家的灵魂（形式的命意，我指每一事物的怎是与其原始本体）"①。这一思想是《形而上学》第七卷第七章阐述的基本思想，在这里起决定性作用的是"形式"。形式先于被创造物而存在，它首先存在于观念中，艺术创造的过程就是形式物化的过程。他认为："关于制作过程（也就是艺术的创造过程），一部分称为'思想'，一部分称为'制作'——起点与形式是由思想进行的，从思想的末一步再进行的工夫为制作。"② 形式是艺术的第一 ousia，但它存在于思想中，而艺术则是一个从思想到制作的过程，思想在先，因而形式也是在先的，这就像先有一物的本在，然后才会有此物一样。所以，亚里士多德

---

① ［古希腊］亚里士多德：《形而上学》，吴寿彭译，商务印书馆1997年版，第139页。
② ［古希腊］亚里士多德：《形而上学》，吴寿彭译，商务印书馆1997年版，第140页。

第四章 本在论（ousia）——亚里士多德的存在论及其美学体系

说："这些事物（指艺术作品）能够具有这样的存在：事物存在的充足原因在其创造者自身。这个条件必须加以提示，因为艺术与那些根据需要或根据自然中存在的或生成的东西无关。"① 形式就是艺术存在的充足原因，形式作为艺术品的第一性的 ousia 先于艺术品。

形式在艺术创造过程中的在先性决定了艺术的根本性质——模仿。形式在先，因而之后形成的艺术品就是对形式的模仿，是借助一个媒介即质料进行的模仿。在亚里士多德看来，这种对作为本质之形式的模仿就是创造："每一技术制品总是由与它同名称的事物制造出来，或由它本身的一部分同名称的事物制造出来，或由某些包含着它的部分之事物制造出来——偶然产生的事物除外。凡一物直接从本身生产一物的原因，就成为那产品的一部分……所在在综合论法中，'怎是'（to ti en einai，吴寿彭译为'怎是'，笔者译为'恒是'，一般译为'本质'——笔者注）为一切事物的起点。我们在此也找到了创造的起点。"② 这个起点就是作为本质的形式，实际上是本质在先论。这就是艺术上的模仿论的形而上学根基。

关于艺术的本质是模仿，亚里士多德有很多议论。在《诗学》之中他不但把雕塑、绘画视为模仿，甚至史诗、悲剧、喜剧以及长笛和竖琴演奏的音乐都是模仿。这种奇怪的看法只能从"本在"学说的高度去理解，从形式在先的角度去理解。在此体现出他的美学同样具有深刻的形而上学性。柏拉图把美学建立在相论的基础上，而亚里士多德的美学则建立在存在论、质料与形式的辩证关系的基础上，因此他的美学与他的存在论有密切联系，实质上是其存在论在艺术领域内的

---

① 《尼各马克伦理学》，1140a。转引自塔塔科维兹《古代美学》，杨力等译，中国社会科学出版社1990年版，第206页。
② [古希腊]亚里士多德：《形而上学》，吴寿彭译，商务印书馆1997年版，第144页。

继续。

那么，这种模仿说与柏拉图的模仿说有什么区别呢？这实际上是相论与本在论的区别："相"是外在于个别事物的一般，因而即使对它模仿，它仍然在模仿物之外，模仿物获得的只是它的影子；而ousia虽也先于它的模仿物，但仍然处在模仿物之内，它是事物内在的本质。柏拉图认为艺术虽然是模仿，却由于它实际上模仿不到"相"而谴责它；而亚里士多德则由于艺术能模仿到本质而肯定它。而且，对"本质"也就是"一般"与"典型"的把握（按亚里士多德的说法就是"模仿"）可以超越那些非本质性的东西。这就是那句名言："诗比历史更富有哲理、更深刻。因为诗力图表现普遍，历史则力图表现特殊。"（《诗学》，1451^a）

亚里士多德的这种本在论还决定了从事物的客观属性角度探求美的本质的方法。将事物区分为第一性的ousia与第二性的ousia，实际上是将事物区分为本质与属性，形式是本质性的。那么，从狭义的形式概念来说，哪些形式因素是使一事物成为"美的事物"的本质因素呢？亚里士多德提供了一个清晰的只有一个含义的美的定义："无论是活的动物，还是任何由部分组成的整体，若要显得美，就必须符合以下两个条件，即不仅本体各部分的排列要适当，而且要有一定的、不是得之于偶然的体积，因为美取决于体积和顺序。"[①] 他认为，体积（按塔塔科维兹的观点更准确的说法应当是"规模"）和秩序是美的最有意义的最本质的标志。他把这一点视为美的普遍性，并将之贯彻在史物诗、戏剧、雕塑、建筑等所有艺术门类中，甚至国家也是："美通常体现在量与空间之中，因此把大小和秩序结合在一起的国家应当被认为是最完美的国家。"

---

① ［古希腊］亚里士多德：《诗学》，陈中梅译，商务印书馆1996年版，第74页。

第四章 本在论（ousia）——亚里士多德的存在论及其美学体系

（《政治学》1326^a）

在《形而上学》中，亚里士多德更加明确地指出："美的主要形式'秩序、匀称、与明确'，这些唯有数理诸学优于为之作证。又因为这些（例如秩序与明确）显然是许多事物的原因，数理诸学自然也必须研究到以美为因的这一类因果原理。"① 这段话是在研究事物的数理关系时提出的，这就向我们指明，形式中包含的数理关系是美的原因。

这个观点的价值不在于它的结论，而在于它的方法，事物的本质取决于它的第一性的 ousia，也就是形式，而形式总会体现为某种结构关系甚至是数的关系，这种关系决定着一物之美与不美。这就是说，美在于事物自身，在于事物的客观属性——这是亚里士多德的存在论对于美学的根本启示，在这个启示背后更为深刻的意味在于对"确定性"或者说"明确性"的追求，这正是本在论的根本出发点。这种确定性或者明确性是相对于人的认识而言的："一个有生命的东西或是任何由各部分组成的整体，如果要显得美，就不仅要在各部分的安排上见出一种秩序，而且还须有一定的体积大小，因为美就在于体积大小和秩序。一个太小的动物不能美，因为小到无须转睛去看时，就无法把它看清楚；一个太大的东西，例如一千里长的动物，也不能美，因为一眼看不到边，就看不出它的统一和完整。同理，戏剧的情节也应有一定的长度，最好是可以让记忆力把它作为整体来掌握。"② 在这里包含着对艺术乃至所有对象的可视性与可知性的要求，任何一个事物，无论是艺术作品或者自然创造物，都应当是可看得清的，即具有确定性的。在这里既体现出了美的量的定义，也体现出了质的原则——人对它的完整与明晰的认识。这就

---

① ［古希腊］亚里士多德：《形而上学》，吴寿彭译，商务印书馆1997年版，第271页。
② 《诗学》第七章，转引自朱光潜《西方美学史》上卷，人民文学出版社1979年版，第90页。

是说美既不在于理念,也不在于纯粹的抽象的量的关系(这是毕达哥拉斯的看法),而在于事物自身的某些符合人的要求的性质。

只有根据这一点,我们才可能理解为什么亚里士多德对于艺术的认识与规定总是着眼于形式因素以及形式因素对"度"的符合,如他对悲剧的定义:严肃、完整,有一定长度。这是亚里士多德的存在论在艺术领域内的必然结果。

在亚里士多德的形而上学中事物的存在 ousia 被区分为三个环节——质料、形式、能力之间的矛盾运动,就给出了 ousia 的三种形态:第一种,感性的可感觉的 ousia,这就是纯粹意义上的质料,在美学领域内这一点体现在亚里士多德很注意艺术品的质料问题,并且有意从质料的角度研究艺术品的性质,如乐符之于音乐,青铜之于雕像,行动之于戏剧,语言之于诗等。第二种是形式,(eidos)是"包含有活动性在其中的东西,有能力、一般的活动性、抽象的否定者,不过这否定者乃是包含着那个将生成的东西;它的感性的形态只不过是它的变化方面"[①]。这在美学中体现在他对形式因素的注重上,甚至把形式作为艺术品的第一 ousia。第三种则是三者的统一,是质料,形式和隐德来希的统一,是纯粹的活动(参见《形而上学》第十二卷第六章),是动变的原因。这就是最高的 ousia,作为世界统一性的 ousia,是事物"存在"的本质与本源。在第三种本在的形态中,值得我们注意的是"隐德来希"这个标志着活动性的范畴,借这个范畴亚里士多德解释有机体与整个宇宙的活动性或者说生命性。在此体现着亚里士多德对活动性与生命性的重视,这也是形而上学家都不得不回答的问题:如何解释经验世界的运动与变化。这种对活动性的重视在美学领域内体现为亚里士多德的"有机整体

[①] [德]黑格尔:《哲学史讲演录》第二卷,贺麟、王太庆译,商务印书馆 2013 年版,第 203 页。

第四章 本在论（ousia）——亚里士多德的存在论及其美学体系

观"，是亚里士多德美学的最为显著的特点之一，即关于艺术作品是生动的完整的有机整体的观念。这个观念主要集中在《物理学》中，在这部著作中亚里士多德提了一个问题：自然的产物和艺术作品之间究竟有何区别？区别在于："在活的有机体中，发生作用的原因在它的内部，然而在由匠人制作的艺术作品中，这一原因却在它的外部。在其他一切方面，自然作品和艺术作品彼此是相同的。是有机整体制造的，还是工匠制造的，其结果是同样的。"① 这一区分实际上是认同了艺术作品具有和自然有机体同样的有机整体性，因而亚里士多德非常强调艺术的有机整体性，把它作为美和艺术的规定性之一。

美与不美，艺术作品与现实事物，分别就在于美的东西和艺术作品里，原来零散的因素结合成为一体。②

一个整体就是有头有尾的东西。头本身不是必然得要从另一件东西来，而在它以后却有另一件东西自然地跟着它来。尾是自然地跟着另一件东西来的，由于因果关系或是习惯的承续关系，尾之后就不再有什么东西。中部是跟着一件东西来的，后面还有东西在跟着它来。所以一个结构好的情节不能随意开头或收尾，必然按照这里所说的原则。③

一个完善的整体之中各部分须紧密结合起来，如果任何一部分被删去或移动位置，就会拆散整体。因为一件东西既然可有可无，就不是整体的真正部分。④

---

① ［苏］舍斯塔科夫：《美学史纲》，樊莘森等译，上海译文出版社1986年版，第23页。
② ［古希腊］亚里士多德：《政治学》，134ᴬ，转引自朱光潜《西方美学史》上卷，人民文学出版社1979年，第77—78页。
③ 《诗学》第七章，转引自朱光潜《西方美学史》上卷，人民文学出版社1979年版，第78页。
④ 同上。

总的说来，亚里士多德的美学与他的以"本在"为核心的存在论之间具有深刻的联系，无论在方法论上还是理论形态上，他的美学都与他的形而上学紧密地结合在一起，是他的形而上学思想在美学领域内的体现。亚里士多德的本在论决定了从事物的属性角度对美的研究，这成为后世研究美的问题的主要方法之一，就像他的本在论被不断重复一样，他的结论——美在于大小、秩序与和谐——成为在此后的1000年中不断被重复的最重要的美学主张。

第五章

上帝与实体——中世纪的"存在"问题与其美学问题

希腊人对于"存在"问题的研究对中世纪的哲学与神学产生了巨大的影响,"存在"几乎以一种天命的方式成为中世纪哲学与神学的主题之一。蛮族的入侵摧毁了希腊—罗马的文明,柏拉图与亚里士多德的思想由于被转译为阿拉伯文与希伯来文而得以幸存,后来它们又被回译为拉丁语。当古老的思想在语言中辗转流离,有一些东西丧失了,有一些东西诞生了,也有一些东西被误解了。然而,这一切都没有阻止"存在"之链像竹节一样继续上升,进而达到一个前所未有的高度。时代的兴衰不足以影响思想的发展,西方人对"存在"的认识在天才的教士与神学家那里进一步深化、明晰化,他们执着地追问,执着地思考。希腊人开创的形而上学在中世纪的1000年中得到了长足的发展与不断深化,中世纪的教士们把柏拉图与亚里士多德关于存在的思想推进并且发展到这样一个高度:对"存在"问题每一方面的思考都达到了各自的顶峰,站在这个顶峰上几乎可以看到现代思想的全部领地。

中世纪的形而上学问题是和神学紧密结合在一起的,当北方的蛮族摧毁了罗马帝国,他们把自古希腊以来的科学文明也带入了被彻底摧毁的危险之中。古代文明的生命力在残酷的战乱中丧失了，如果没有一种精神力量来力挽狂澜，为人类的将来拯救并保存文明的财富，那么，由希腊精神创造的辉煌成就必将被永远埋入历史的黑暗之中。时代需要这样一种精神力量，时代也造就了这样一种力量，这种力量就是基督教。国家政权办不到的，科学与艺术做不到的，宗教（教会）做到了。基督教承担起了传承文明的任务，他们把希腊人的所有伟大思想都吸收到了自己思考的领域中来，吸收到对上帝的信仰与沉思中来。希腊人对世界统一性的思考、对存在的思考、对神的思考，希腊人的主要哲学遗产，都被吸入基督教的教义之中，和基督教的神学结合起来。这种结合之所以如此深入和全面，缘于二者在精神气质上的相通性。

希腊的哲学特别是宇宙论思想，何尝不是一种神学呢？把"一"，把"阿派朗"，把"隐德来希"转换为上帝，或者把这些范畴的内涵赋予上帝，都不会引起理论框架上大的变化。这些范畴更多的是一种理性指引下的"信仰"。基督教的教士们敏锐地把握到了这一点，他们把希腊人的理性精神和基督教的信仰结合起来，让理性为信仰辩护。在这种辩护中，希腊人关于存在的思想自然而然地和上帝的存在结合起来。基督教的信仰决定了上帝存在是不可怀疑的前提，那么究竟什么是"存在"？什么又是上帝之"存在"？什么是上帝之创造物的"存在"？可以说，是强烈的理性精神迫使基督教的神父接过柏拉图与亚里士多德对存在问题的思考，让"存在"之链继续向前延伸。

中世纪关于"存在"的思考总体上可分为两条线索，一是柏拉图主义，二是亚里士多德主义。这两条线索并非是泾渭分明的，却构成争论的两极，正是在这两极间的激烈争论中，"存在"范畴的意义与内涵得到了深化。

第五章　上帝与实体——中世纪的"存在"问题与其美学问题

"存在"问题之所以进入基督教神学的视野，从本源上说来自基督教的一神论与希腊形而上学的一元论及其神学倾向之间的理论构架上的相似性。希腊人普遍认为，自然和人的存在与本质需要一个最高的超越原则来解释，需要一个最高的统一性。这个统一性或者说超越原则从理论上或逻辑上讲具有最高的圆满性，它既是无限的也是无所不在的，它的存在是圆满的，它不可被感知，只能被理性把握。但它必须被表述出来，这个时候"神"就成了这一超越原则的代言人，如塞诺芬尼、巴门尼德、柏拉图等，都必须借助"神"这一观念来表述世界的最高统一性。这就使得"存在"这一最高统一性与"神"这个观念之间具有同一关系。基督教在诞生的初期，基督教徒们把希腊人没有感性化的作为最高统一性的"神"自然而然地和一神论的"上帝"结合起来。这样一来，借助于"神"这个中介环节，"存在"范畴与"上帝"这个"概念"结合在了一起。

在二者的结合上进行最初尝试的罗马帝国时期的基督教思想家是奥立金（Qrigen Adamantinus，185—254）。他为了揭示上帝概念的隐含意义，第一次对圣父、圣子、圣灵的关系做出了哲学解释。在这个解释之中，奥立金借用了希腊人关于"存在"（拉丁文为 ess）问题的两个基本概念：ousia 和 hypostasis。他认为，圣父是 ousia/hypostasis，而圣子则是 ess/Being。这就出现了一个存在与本在之间的区别。同时他说，上帝的本在（hypostasis）是人类知识不可穷尽的，但上帝的存在（ess）是可知的。也就是说，上帝是什么是不可知的，但上帝显现出来的是可知的。这种本在和存在之间的区别显然与亚里士多德区分 ousia 和 on 的关系是一致的，即本在与本在显现出来的状态之间的关系。这个思想后来在 325 年的尼西亚大会上成为一个争论的焦点。从这次会议开始，"三位一体"的思想成为正统教义，也引起了激烈的争论，争论的原因之一就是对以上概念的不同理解。《尼西亚信经》（以下简称《信经》）用希腊文写成，全文如下：

> 我们信独一上帝，全能的父，创造有形无形万物的主。我们信独一主耶稣基督，上帝的儿子，为父所生，是独生的，即由父的本质 ousia 所在的。从神出来的神，从光出来的光，从真理出来的真理，受而非被造，与父同质 homoousia，天上、地上的万物都是借由他而受造的。他为拯救我们世人而降临，成了肉身的人，受难，第三日复活升天。将来必降临，审判活人死人。我们也信圣灵。①

《信经》后还附有一段谴责的文字："凡说'曾有一段时间还没有他，在被上帝所生之前他尚未存在'，或说上帝的儿子具有的是与上帝不同的本体 hypostasis 或本质 ousia，或是被造的，或是会改换或变化的，这些人都被公教会所咒诅。"

《信经》中使用了 ousia 与 hypostasis 两个概念，前一个我们译之为"本在"，它的本意像我们上一章揭示的那样较为复杂，而 hypostasis 则表示"站在……之下"的，是性质和活动的承受者，相当于亚里士多德所说的"第一本在"。要在汉译中把两个词区分开来是比较困难的，我们把 ousia 译为意义比较丰富的"本在"，而把作为本在之一个环节的 hypostasis 译为"本体"（就它是性质与活动的承受者，也就是基质这层意思，我们也可以把它译为"本质"），第一性的本在就是本体。二者的区别很微妙，也很相近，所以《尼西亚信经》的作者不加区分地使用了这两个词，拉丁文的译者也不加区分地把它们统一译为"substantia"，既表示本体，也表示本在，我们称之为"实体"。这就

---

① 译文采用赵敦华《基督教哲学1500年》，人民出版社2007年版，第120页。

第五章 上帝与实体——中世纪的"存在"问题与其美学问题

避免了二者在古希腊时期引起的争论,但二者的差异包含的哲学内涵是不可回避的。亚里士多德的 ousia 在一般意义上指 eidos(作为本质的"形"),可以理解为"一般",而 hypostasis 则是指作为实体的个体,因此,说上帝是本在与上帝是本体不是一个意思。教士们以"实体"取代本在与本体,是想说上帝是本在与本体的统一,它是一个实体,却有三个"位格"。但是,在这三个位格中何者在先呢?上帝是作为一般的本在呢?还是先是作为个体的本体,二者和存在(on)又是什么关系。也就是问,二者谁是存在判断的根据?这两个形而上学的重大问题即使在神学领域内也是不可能回避的,在《圣经·出埃及记》第3章14节中上帝说:"我是我所是。"怎么理解这个"我所是",是作为本在的一般,还是作为个别的本体?而且,"我是我所是"与"上帝是/在"(God is)又是什么关系?

在把希腊人关于存在的概念转译为"实体"的同时,存在论的方向也发生了转变。希腊人对存在的追问被倒了过来:希腊人追问"存在"是为了拯救现象,是为了给现象找根据,因此对存在的追问是在多层次展开的;而教士们所说的"存在"则泛指一切现象,一切存在者之和,教士们是要破除现象而达到现象背后的实体,把存在问题集中到什么是实体,实体的性质,谁是实体,实体与存在的关系、与上帝的关系诸方面。如果说希腊人还在广泛地追问什么是存在,那么教士们似乎确定地认为存在源自实体,问题只是——什么是实体?在神学这个大框架中,这个问题是随着对上帝的反思而展开的。

首先是三位一体问题。三位一体的基督教神学对于存在论的意义在于——它把存在问题引入基督教神学思考的范围之中:说三位是一体的,那么三者是无条件的同一呢,还是有条件的同一?如果说上帝创造圣子,那么说圣子就是从无中生出来的有,它和上帝就不是同一的;如

"存在"之链上的美学

果说圣子是上帝所生，则二者是同一实体，又是怎么区分开的呢？这就关系到什么是上帝的"存在"，需要对"存在"这个概念进行深入分析。这也是形而上学的存在问题与神学的最初结合。教父维克多里（Marius victorinus, 300—363）对这个问题做过这样的回答："我们应当如何谈论上帝，说他是存在或抑非存在？我们当然可以称之为存在，因为他是所有存在东西的原因。然而，只要以他为父的东西尚未存在，这个父亲就是非存在。另外，我们也不能说，甚至不可能想象非存在是存在的原因，因为原因总是高于结果。上帝因而是最高的存在，并且正是因为最高，他又可称为非存在，其意义不是说上帝缺乏所有存在东西的存在，而是说这个同时为非存在的存在与仅仅是存在东西的那个普遍性相区别。与那些被生成的东西相比，上帝是非存在；作为生成存在东西的原因，上帝是存在。"① 从存在与非存在的角度思考上帝存在的问题，显然是柏拉图在《智者篇》中关于存在与非存在关系的继续。维克多里区分出了作为存在之原因的上帝与作为结果的存在者，让上帝既存在——因为他是存在的原因，也不存在——因为他不在存在者之中。为了让这个解释圆满，他用"是"这个动词（拉丁文 esse 或希腊文 to einai）表示上帝的存在；用"是"的动名词（希腊文 on）表示事物的存在。这就是说上帝是一切东西的力量与活动，存在者是这一活动的结果，上帝是纯粹的显现。按这一解释，"上帝是隐蔽的东西，圣子是上帝得以显现的形式"。后来，马克西姆将这一点明确地表达为："上帝是他所是，并在事物的存在与生成中变成一切事物和人，上帝的本质是纯粹的活动。"②

在这样一种对上帝之"存在"的沉思中，体现出了一种存在论上的

---

① 转引自赵敦华《基督教哲学1500年》，人民出版社2007年版，第126页。
② 同上书，第200页。

第五章　上帝与实体——中世纪的"存在"问题与其美学问题

二元区分——上帝本身与上帝的存在（这类似于希腊哲学中讨论的"一"与万物的关系）。也就是说，每当教士们提出上帝"存在"时，他们马上会把存在理解为两个方面的结合：即本在和所是，ousia 和 einai，也就是"本在"与"本在之显现"的统一。这种统一在他们看来，就是"实体"这个词的内涵。这种区分与统一和亚里士多德研究 ousia 和 on 的区别与联系的思路是一致的，在教士们看来，ousia 表明上帝是什么，而 einai 表明上帝（如何样）在。希腊存在论的精华就这样被"上帝"这个概念表达了出来并渐渐转向对实体的研究。

基督教的教士们把希腊哲学与神学相结合的思考与努力在汪达尔人攻陷罗马城（455 年）之后被斩断了，西欧进入了所谓的"黑暗时代"。古代文明被摧毁了，哲学处于濒临灭绝的悲惨境地，然而少数几个由古代文化培育出来的最后的哲学家依然在黑暗中放出了理性的火花。他们依然通晓希腊文，他们的拉丁文著作和译著是中世纪学者了解希腊哲学的唯一通道。然而"唯一的"是不是"正确的"呢？这个问题历史不允许我们追问，这或许就是海德格尔所说的思想的"天命"。天命不可违，包括"存在"及其族类范畴在内的一些重要的哲学范畴在从希腊文向拉丁文转译的过程中，一方面它们借这一转译而被保留了下来，另一方面，它们也面临着不可避免的重新阐释。在这一转译与重新阐释过程中最重要的一位哲学家是波埃修（Anicius Manlius Severinus Boethius，480—525）。

波埃修对哲学的决定性的影响来自他对希腊"存在"概念的翻译与辨析。波埃修的工作主要有两个方面，一是翻译并注释亚里士多德的逻辑学著作，如《范畴篇》与《解释篇》等。这些译注先后成为中世纪的基本教科书，在希腊哲学向拉丁文转渡的过程中他起了关键的作用，从某种意义上说，他是中世纪拉丁语哲学语言的创造者。二是他写了许多哲学、神学、逻辑学等方面的著作。在他讨论神学问题的《神学论文集》第三篇论文中，他提出了九条公理，其中七条专门讨论了"存在"问题①。在该文中，波埃修做了一个中世纪讨论"存在"问题的决定性的区分：存在（拉丁文 esse，相当于希腊文 einai，英文 be）与"这个"（拉丁文 id qoud est，希腊文 tode ti，英文 this）。他说："存在与是这个的东西是不同的。因为单纯的存在等着显现，但一个东西只要已经获得赋予它存在的形式，它便是这个，并且存在着。"② 这个看法和亚里士多德对 on 与 ousia 的区分是相同的，亚里士多德用这两个概念区分了存在的普遍意义与具体意义。"这个"就是亚里士多德所说的第一性的 ousia（可理解为实体）。二者的不同在于，"这个"可以被表述，可以作为承载者，它可以被分有，但"存在"不可以被分有，因为当我们说"某物是……"的时候，这个某物中已经包含了"它存在着"这层意义，因此说某物存在是同义反复。所以，他说："'这个'可以被其他东西所分有，然而，作为是自身的'存在'却不能被其他任何东西所分有。因为只有当某物已经存在时，分有才能进行，但这个它已经获得了存在。"这其实就是亚里士多德要以 ousia 取代 on 的原因——当我们说某物存在时，该物其实已经存在了。基于这种情况，波埃修对事物的存在做了二重区分：实体与偶然。——"说'某物是什么'与'某物是'是不同的，前者表示某种偶然的情况，而后者表示一种实体。"说"某物是什

---

① 以下关于这七条公理的译文来自 De Rijk, L. M, *On Boethius's Notion of Being*, in *Meaning and Inference in Medieval Philosophy*, eds, by Kretzmann, N. Kluwer Acadamic Publishers 1988, pp. 18–21.《论波埃修的"存在"这个概念》，载《中世纪哲学的意义与影响》。又分别参考了赵敦华的译文与王路的译文，各有取舍。

② 转引自赵敦华《基督教哲学1500年》，人民出版社2007年版，第186页。这就是波埃修所说的公理二，这段话很难译，以下是王路先生对这段话的翻译："是和是者乃是不同的；确实，自身所接受的是尚不是；而接受了是的形式的是者才是作为一个实体"（王路：《"是本身"与"上帝是"》，《外国哲学》2003年第3期）。

第五章　上帝与实体——中世纪的"存在"问题与其美学问题

么"是一种偶然，这和亚里士多德所说的 on 作为述词表示某种态度是一致的。状态是偶然的，但"某物是"按亚里士多德的思路，应当是"是其所是"，也就是 ousia，表示实体，而不应当是某物"是"（esse/einai）。在亚里士多德看来，"是"（einai）只是述词，缺乏确定性，而不是实体，但按波埃修的看法，einai 却成了第一性的实体 ousia。这就出现了一个问题：波埃修是亚里士多德著作的注释者，他为什么会和亚里士多德产生如此大的不同？决定性的原因是波埃修所说的"某物是"专指"上帝是"（God is）。这样一来这个"是"就获得了一种特殊的意义，用来表述上帝之实体的不变性、永恒性与完善性。让我们来看看下面这段话："当我们说'上帝是'时，我们不是说他是现在，而是说，他是处于实体中，在这种程度上，这个（是）确实不是与某个时间，而是与他的实体的不变性相联系的。但是，如果我们说'这是白天'，那么它（即是）与'白天'这个实体没有关系，而是仅仅与它的时间确立有关。因为这乃是'是'所表示的东西，一如我们说'是现在'。所以，当我们使用'是'来表示实体时，我们在没有限制的意义上加上'是'；然而，当我们以某种方式使用'是'，从而使某种东西被表示为现在时，我们在时态的意义上加上它。"①

由于讨论上帝之"存在"（是）的神学视野，使得这个"是"或者说"存在"绝对化、纯粹化了，甚至有了一点巴门尼德所说的"一"的味道，而且，"存在"自身的意义被实体化了，因此，波埃修主张把拉丁文"是"（esse）的意义归结为"本质"（essentia）。为了表述上帝之存在的独特性，这个词已不单单是 ousia，而是亚里士多德所说的质料、形式与隐德来希的统一，更像是实体化了的 on。这个"本质"为一切事

---

① 转引自王路《"是本身"与"上帝是"》（《外国哲学》2003 年第 3 期）。

· 105 ·

物所有，但又外在于一切事物，它以分有的方式赋予一切事物"存在"。另外，波埃修也指出"是这个""实体"以及"人格"（personality，相当于希腊文的 hyposopon）的基本含义是指作为个体的"存在者"。也就是说，它们是个别的、具体的、不可归诸其他事物的存在物。这样，"存在"与"这个"就成了普遍与个别、潜在与现实、必然与偶然、本质与存在之间的关系。波埃修的基本倾向是前者决定后者，也暗含了后来讨论的"上帝的本质与上帝的存在是同一的"这一思想。这都表现了柏拉图主义在中世纪早期哲学中的主导地位。应当说，波埃修借助亚里士多德哲学中的丰富而又严密的哲学概念与逻辑范畴表达了基督教的神学观点，从而确立了形而上学概念的基本含义以及在"存在"与"存在者"关系的辨析中规定"存在"之意义的理论框架，他的思想在13世纪关于存在与本质之关系的讨论中常常被引用，产生了巨大的影响。①

围绕着对上帝存在的信仰与沉思，在理性精神（信仰然后理解与理解然后信仰，这两个相反的命题曾经是中世纪争论的大问题，但二者都是对理性精神的肯定）的推动下，存在问题在神学的领域内，在黑暗时代中时断时续地进行着，也有一些影响后世思想发展观点，如卡罗林文化复兴时期最重要的哲学家爱留根纳（John Scotus Erigena，810—877）。爱留根纳在他的著作《自然的区分》中区分了存在与非存在、存在与实体这两对概念，并且做了一个决定性的扭转。他把存在理解为事物显现出来的现象，而把非存在理解为现象下面的实体，一切存在都是实体，而一切实体并不都是存在，存在仅指可感可知的存在者。"存在"概念本来是为了解释现象，为现象找根据而提出的，但在这里"存在"成了

---

① 以上的观点基本上吸收了赵敦华先生的看法（《基督教哲学1500年》，第188—189页）。只是对 essentia 的理解有不同，为了行文方便，没有引出赵先生原文，其中包含的语言词汇问题也没有引出。特此说明。

现象本身。在希腊哲学中，存在无论是 on 还是 ousia，都是作为世界的最高统一性而提出的，实体仅仅是存在的一个环节，而现在，实体转而成为存在的根据。这一扭转是上帝与实体的统一这一神学出发点的必然结果，它在理论上的影响是，存在论的主要课题以前是"什么是存在"，现在变成了"什么是实体"，这正是经院哲学的主要课题。

经院哲学产生于 11—12 世纪，是属于辩证法的哲学。借助波埃修，人们认识了亚里士多德的辩证法。辩证法这个词在中世纪主要指对话艺术，作为一种方法，它指论辩推理。辩证法在具体的操作中体现为：以一个普遍流行的意见为反思对象，将反对或赞成这一意见的理由罗列出来，然后辨析语义，将之区分为种、属的概念与定义，再以三段论推理的方法审查正反两方的论据，得出肯定或否定的答案。这样一种方法在经院哲学初期成了神学家们解惑求知的主要工具，成为一种时尚。这种方法在柏拉图的《巴门尼德篇》中就已经出现了，但人们主要把它当作亚里士多德的方法，并将之和亚里士多德主义结合在一起。这种方法的精髓是对立统一原则，在对立中存异求同，既能达到对对立两方的明晰认识，也能在二者中求得统一。经院哲学就是以这种方法，通过对"存在"与"实体"这一对立双方的辩证认识，把希腊—罗马以来的"存在问题"深入下去。

前面我们已经指出神学家们把古老的存在问题分立为实体与存在两个方面，在经院哲学中，神学家们以上帝的存在问题为中心，围绕着什么是存在，什么是实体的问题，展开了辩证推论。这种推论总的来说并不仅仅是以线性的方式深入下去的，对存在与实体的不同的认识使得问题得以拓展开来，以往关于存在的几乎所有思考都在这场辩证推论中得到了深化，问题的复杂性被充分揭示了出来，一些对后世有深远影响的新的观念产生了。我们就几位经院哲学大师对存在问题的研究揭示经院

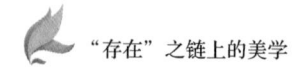

哲学时期存在问题的新发展与贡献。

首先是坎特伯雷的圣安瑟姆（St. Anselmus，1033—1109）。安瑟姆认为凡是可被动词"是"陈述的都可统称为"存在"（being/Ens），而一切条件下都能用动词"是"加以陈述的东西才是完全的、纯粹的、无与伦比的存在，这就是最高存在。在安瑟姆看来，每一个述词主语都是一个实体，这显然是一种柏拉图主义的极端唯实论，实际上是说存在就是实体之和，存在等同于实体。在这个基础上他进行了著名的上帝存在的本体论证明。他认为最高存在是实体："既然任何东西的存在通常都被称作实体，那么，最高存在如若被当作一样东西，没有理由不称其为实体。"[①] 明白了这一点后我们再看他的证明。

大前提：被设想为无与伦比的东西不仅存在于思想中，而且在实际中存在。

小前提：上帝是一个被设想为无与伦比的东西。

结论：上帝在实际中存在。

这个证明实际上是对最高实体的证明，说明了上帝是实体。他的大前提是说观念性的存在也是实体；小前提是说上帝是一个观念性的存在；结论自然就是上帝是实体。这是一种极端的实在论立场，观念与存在在这里被认为是同一的，从上帝到一般事物，无论是观念的还是经验的，都被认为是实体。这些实体无疑都可以被"是"所陈述，就可以导出这样一个结论——存在即实体。也就是说，事物的存在只有通过实体概念才能把握，说某物存在实际就是说某物是一个实体。存在和实体被安瑟姆表述为同一。

[①] 转引自赵敦华《基督教哲学1500年》，人民出版社2007年版，第240页。

第五章 上帝与实体——中世纪的"存在"问题与其美学问题

安瑟姆的观点遭到了罗色林（Roscelinus，约1050—1125）的反对。罗色林根据《范畴篇》的思想，认为真正的实体只是个别事物，一切词都表示个别事物，殊相（个别概念）表示单个事物，共相（普遍概念）表示一群个别事物，但共相并不是个别事物之外的实在，这个共相除了它的声音外什么都不是。这就构成了和安瑟姆的尖锐对立，这是唯名论和唯实论在历史上的第一次较量。下面我们将看到，这场较量贯穿了整个经院哲学。唯名论和唯实论之间的较量实际上是在争论这样一个问题：谁是实体，是个别事物，还是普遍概念？唯名论认为只有个别事物才是实体，唯实论认为普遍概念也是实体，就好像柏拉图的"相"。这个争论更深刻的本源是：什么是"存在"？问题并不是停留在抽象的思考"存在"，而是问，当我们说某物存在时，这一表述揭示了事物的什么样的性质或者进行存在判断的根据是什么？根据是"实体"，这是所有的经院哲学家都认同的，但问题是"谁是实体"。在对这个问题的争论中，实体、存在、共相等一些概念的内涵被充分地揭示了出来。

有对立就有对对立的调和，阿伯拉尔（Abailardus，1079—1142）的温和唯名论就是这样一种调和的尝试。他认为，只有个别事物才是独立存在的实体，共相不是实体；共相作为名词是无形的，但心灵中有关于它的印象；共相表述的事物之存在的共同状态在感性事物之中，但共相把握这一状态的方式在理智之中，表现为心灵中的一般印象；个别事物是产生共相的原因，但共相一旦产生，便有了一个依赖个别事物的心灵印象，即使个别事物消失，印象仍然存在。阿伯拉尔对存在论的真正贡献在于："共相表述的是众多事物共处的'状态'（status），状态是事物的存在状态，它不能与事物存在相分离而存在，因此，它不是实在论所主张的实体。状态也不是本质。阿伯拉尔说：'我们不求助任何本质'。比如，在'苏格拉底是人'这句话中，'是人'表述苏格拉底的存在状

· 109 ·

态，而不指称任何实体、本质。"① 这实质上是对"普遍实体"观念的反驳：共相是个别事物共同的存在状态，而不是它们的普遍实体。事物的存在和事物的存在状态的统一这一观点是对唯名论的真正意义上的奠基。

经院哲学的发展在 12 世纪后期受到了一股强有力的外力推动，作为思想史上的一个伟大事件，亚里士多德的一些重要著作，如《形而上学》《诗学》《物理学》等，从阿拉伯世界大量流入了西欧，经院哲学的发展获得了新的思想材料。北方蛮族摧毁了罗马帝国，扼杀了古希腊思想在欧洲的流传，但是他们没能阻止柏拉图和亚里士多德的思想在阿拉伯语世界中的流传。一种文化在另一种文化中得以保存和流传，并又回到自己本来所处的世界，这实在是文化史上的一个奇迹，也是人类文明的幸事。然而，对思想的翻译过程也是思想背离本源的过程，亚里士多德的思想在不断被转译的过程中经历了叙利亚语、阿拉伯语甚至西班牙语的洗礼。这就使得翻译家们对亚里士多德著作的翻译和注释成了经院哲学家们了解亚里士多德思想的重要中介。这个中介本身发挥出了不可避免的影响，他们不仅提供了思想的素材，也提供了理解和研究这些素材的思路、方法，而且，翻译的过程也是一个解释的过程，在不断被解释的过程中也产生了一些新的问题。

就存在问题而言，产生的新问题是关于存在（Existentia）和本质（Essentia）的二元区分以及二者的关系问题。阿拉伯哲学家阿尔·法拉比（Al Farabi，约 875—950）认为，事物的存在和事物的本质是不同的。本质不是存在，也不包含在存在的含义之中，同样，存在也不包含在本质之中，存在不是事物的一种性质，认识到一物的存在和认识到一

---

① 赵敦华：《基督教哲学 1500 年》，人民出版社 2007 年版，第 269—270 页。

第五章 上帝与实体——中世纪的"存在"问题与其美学问题

物的本质不是一回事。事物的存在与本质之间的区分不是实体和本质之间的区别，在实体、本质和存在三者之中，实体是高一级的概念，本质是构成个别实体的必然属性，而存在则是实体的一种偶性：实体可以存在，也可以不存在。阿尔·法拉比认为的"存在"实质上是事物的感性直观性，这是存在判断的依据。阿拉伯哲学的集大成者阿维森那也持有相同的观点，把"存在事物"区分为本质与存在，并且把事物的存在理解为"潜在"，而把事物的本质理解为现实。这明显有亚里士多德的影响。值得一提的是，当所有的人都把存在视为存在物之存在时，阿维森那再一次提出了"存在自身"（相当于 being/on）的问题。他说："存在自身对一切东西都是相同的，它必须被设定为形而上学这一门科学的对象，在这里，无需问它是否实在，或它是什么的问题。其他科学必然会回答这些问题。"① 在这个主张中，我们再一次看到了存在与存在者之存在的对立，但这只是亚里士多德思想的一个历史回音，对"存在自身"的研究在经院哲学中被对存在物之存在的研究取代了。亚里士多德要求研究存在自身，但是他的方法、他对确定性的追求使得研究最终转向存在物之存在。这在经院哲学中尤为突出，对存在（being/on）的研究被决定性地扭转为对存在者的研究，转为对事物的存在（Existentia）和本质的 Essentia）的研究。尽管他们仍然认为必须对 being（这在他们看来是"存在自身"）进行研究，并视之为形而上学的对象。

存在不是本质，那么存在与本质是什么关系，二者谁在先？这成了经院哲学的一个主要研究的问题。在经院哲学的兴盛时期，奥维尼的威廉最先对本质与存在的关系进行研究，他认为："'是'动词（esse）的意义既可以指一事物'是这个'（quod est），又可以指它的'其所是'

---

① E. Gilsion, *History of Christian Philosophy in Middle Ages*, New York, 1955, p. 206.

(que est)。'是这个'告诉该事物存在,但却不告诉它是什么,反之,'其所是'告诉它是什么,但却不肯定它是否存在。因此,个别事物的存在与本质总是相区别的。按时间顺序来说,一事物在存在之前首先要具备本质,它的存在是后来加诸本质之上的。"① 也就是说,一个实体在存在之前首先要有本质,"其所是"决定"是这个"。这种解释强调形式决定实体,本质先于存在。这其实是柏拉图理念论的基本立场,与这种观点展开争论的是经院哲学的集大成者托马斯·阿奎那(1224—1274)。

托马斯的理论出发点是亚里士多德《形而上学》中实体论及其"存在优先"原则。通过对这一学说的创造性发挥,他建立了一整套把基督教神学与亚里士多德实体论思想结合起来的"存在理论"。这套理论的基石是对"存在"(esse)的认识。托马斯认为"存在"来自动词"是"(est,相当于英文的系动词 is):"'是'本身的意义并不指一个事物的存在……它首先表示被感知的现实性的绝对状态,因为'是'的纯粹意义是'在行动',因而才表现出动词形态。'是'动词主要意义表示的现实性是任何形式的共同现实性,不管它们是本质的,还是偶然的。"② 这里所说的现实性是指纯粹活动,这符合动词"是"的源初意义。在巴门尼德的"是论"中我们指出系动词"是"的本来意义就是纯粹的"显现",是呈现出自身,在这种呈现之中,事物获得自身的现实性。托马斯明确地说:"esse 指称一种特定的活动;因为说一事物存在,不是因为它处于潜在状态,而是因为它处在活动中。"③ 托马斯的解释颇有新意,把"存在"理解为活动,理解为显现。这一理解引出的问题是,谁显现,显现为何?这就有了"存在自身""是"(存在)和存在者之存

---

① 赵敦华:《基督教哲学 1500 年》,人民出版社 2007 年版,第 323 页。
② 同上书,第 375 页。
③ Copleston, Frederick, *A History of Philosophy*. Vol. II, The Newman press 1985, p. 332.

第五章 上帝与实体——中世纪的"存在"问题与其美学问题

在之间的区别：存在自身不等于具体事物的存在，存在自身是事物的缘由；具体事物是存在自身的显现，而这个存在自身的"显现"就是阿奎那所说的作为纯粹活动性的"存在"，"存在自身"则等同于上帝。

前面我们曾指出经院哲学的存在论之研究重点既不是存在自身，也不是作为纯粹活动的"存在"，而是存在者之存在，拉丁文为 Ens。在托马斯以及所有经院哲学家处，常常用拉丁文 Ens 这个词，而不是人们通常说的 Existentia（存在）这个名词。Ens 这个名词本身区别于 Esse（是）这个动词。Ens 只表示东西本身的实在性。Esse 表示逻辑方面的关系。Esse 意味着一种限定，表示"是……" Ens 则不然，它是绝对抽象的，它什么都不是，它只是它自己。[①] 这个词的意义类似于亚里士多德所说的 Ousia，它具有以下四层意义：第一，是一个东西，指示某一事物具有存在；第二，和存在相比，它是"存在"这一活动的承受者，是在存在活动中获得现实性的东西；第三，它是显现出来的实体，是实体的存在状态；第四，它不同于事物（res）。托马斯指出："Ens 是存在活动产生的个体，但'事物'这一名称表达了它的属性。"[②]"事物"回答实体是什么，而 Ens 表明实体"存在"。总之，"存在者、事物、实体三者的关系是这样的：'存在者'表示实体的存在状态，'事物'表示实体的本质属性，'实体'的完整意义是'存在着的事物'。"[③]

当 Ens（存在者）与存在活动统一起来时，即当它是自身的来源和原因时，它就是上帝，托马斯称其为"自有的存在者"。而在通常意义上，它是对所有具体可感事物之统一性的抽象，这就是我们所说的"存在者的存在"，托马斯称为"共有的存在者"。共有的存在者就是显现出

---

① 傅乐安：《托马斯·阿奎那基督教哲学》，上海人民出版社1990年版，第79页。
② 赵敦华：《基督教哲学1500年》，人民出版社2007年版，第376页。
③ 同上。

来的实体、现实的实体（相对于潜在的实体），而现实的实体又可分为存在与本质。托马斯关于存在与本质的区分是非常出名而且重要的思想，"实体"这个概念在这一区分中得到了深化。托马斯把亚里士多德关于活动与潜在关系的学说应用于存在与本质的关系。任何事物、形式、本质都具有两种状态：一种是潜在状态，另一种是现实状态。当它们处在潜在状态时，它们还不存在，仅仅是可能性。当我们说它们"存在"时，实际上是在说它们是现实的，"存在"就是由潜在转为现实的活动。阿奎那认为，"存在表示某种活动，因为一事物并不因其潜在而被称作存在，它在存在基于它在活动这一事实"[①]。对存在的这一解释被现代基督教哲学家吉尔松认为是一场形而上学历史上的革命，但实际上是对亚里士多德存在论思想中关于潜在、现实与隐德来希三者之统一的发挥，很明显，存在是纯粹的活动这一思想源自"隐德来希"（纯粹的活动性）。阿奎那的贡献在于，他扭转了经院哲学中把存在视为是实体的一种偶然性的看法，把存在和实体的现实性结合起来，给予了现实存在一种真正意义上的尊重。如果说他的思想中有一种革命性的话，那么这种革命性就体现在通过把存在与实体的现实性相结合，形而上学第一次把现实存在纳入自身，而不仅仅是透过现实存在去追寻本质。柏拉图主义或者说本质主义对感性现实的轻视在这一存在观中得到了扭转。

就具体事物而言，阿奎那第一次提出了存在先于、高于本质。他举例说："存在无所不在。当一个人产生时，首先出现的是存在，其次是生命，再次是人性，他在成为人之前，首先是动物。依此后推，他首先失去理性，但生命和气息留存，然后他失去这些，但存在仍留。"[②] 在阿奎那看来"存在"是实体的最高的完善性，实体的一切性质只有在存在

[①] 赵敦华：《基督教哲学1500年》，人民出版社2007年版，第380页。

[②] 同上。

第五章 上帝与实体——中世纪的"存在"问题与其美学问题

中才是现实的,就像人这个实体,它的一切性质都包含在它的存在中。存在的就是现实的,现实的才是完善的,阿奎那令人瞩目地把现实性与完善性等同起来。他说:"我在这里把存在理解为最高的完善性,因为活动总比潜在完善。形式若无具体存在,将不会被理解为任何现实的东西……显然,我们在这里所理解的存在是一切活动的现实性,因此是一切完善的完善性。"① 以往的哲学总是指向现实背后的彼岸世界,而阿奎那把哲学引向了现实,这的确是一场形而上学的革命。

按对实体的本质和对实体的存在的理解,阿奎那把实体分为三类:一是上帝,它是本质与存在完善的统一,是最高的现实性;二是精神实体,它们只是潜在的本质,唯当借助上帝赋予它们的存在活动,它们才成为现实的,而且它们的本质(潜能)限制着实体能得到的现实性,精神实体有存在与本质之分而无质料与形式之别;三是物质实体,它包含存在与本质、形式与质料两重区分,它要受到实体的潜在本质对其存在活动的限制,它的本质在接受存在活动后由潜在变为现实的形式,它还在受到下面的潜在质料的限制。物质实体按照潜在本质和潜在质料的双重限制接受它们的现实性。在这样一种区分中我们看到,"实体"这一概念得到了充实与深化,形而上学以存在意义为中心的实体论达到了前所未有的完备形态。

在经院哲学中对存在的问题研究总是处在两个层面上,或者说在两个方向上:一方面,经院哲学是基督教神学的一部分,这就决定了上帝之存在的问题和上帝与诸存在者之存在的问题是经院哲学中讨论存在问题时不能回避的,在讨论上帝存在时,人们更倾向于柏拉图主义。另一方面,柏拉图主义中关于"一"的无所不在、无所不包的思想非常适合

---

① 赵敦华:《基督教哲学1500年》,人民出版社2007年版,第381页。

僧侣想要赋予上帝的特性，因此在"上帝之存在"这个层面上，对存在的认识倾向于古希腊哲学中的"一"或者"本原"或者新柏拉图主义所说的"太一"。在讨论具体事物的存在时，理性精神超越了信仰的束缚，在确定性的指引下对存在者的存在进行细腻的分析。这个时候，亚里士多德主义特别是实体论，成为存在论的中心问题；以实体为中心，对存在的认识更倾向于把存在视为实体的一种状态。存在问题在这两个方面的展开造成了存在论在中世纪的混乱：思想家们时而在上帝存在的维度，时而在存在者之存在的维度思考存在问题。然而，神学作为思想的终极目的要求一切思想都为神学目的服务，因而即使讨论实体问题，也必须考虑上帝的存在。因此，僧侣们又不断地在两个方向上深入下去，又不断在二者间进行调和。下面我们将看到，如果说阿奎那在实体论的层面上取得了突破性的进展，那么艾克哈特则在上帝之存在的层面上提出了新见，而司各脱则对二者进行了调和。

一般来说，经院哲学家把《圣经》中上帝所说的"我是我所是"（I am who am）这句话与古希腊哲学中的"存在"概念联系起来，把上帝理解为最高存在或存在自身，但是艾克哈特提出上帝是"非存在"。阿拉伯哲学家阿维洛依（Averroes）曾论证过上帝是非存在，认为神不具有任何存在的性质。艾克哈特发挥了这一点，认为上帝是超越一切差别的、自身不包含"多"的纯然的"一"；对于这样的永恒、无限、无形、无体的"一"，人是不可能有任何对它的知识的。"上帝是难以名状的，因为关于他人既不能说什么，也不能理解什么……他是超越的存在和超本质的无……它超越于一切理解之上。"① 这就把上帝等同于太一，而把存在看成从属于太一并从太一中派生出来的东西。他说："存在是上帝

---

① Inge, W. R., *Light, Live and Love: Selections from the Germen Mystics of the Middle Ages*, Methuem, London, 1935, pp. 1 – 2.

第五章 上帝与实体——中世纪的"存在"问题与其美学问题

的创造，存在属于一切被造物，但不属于造物主，正如眼睛看到各种颜色，眼睛的晶体却无颜色。上帝必须高于、先于存在，他才能成为一切存在的原因。"[①] 后来一个艾克哈特的信徒亨利·苏素把上帝这个高于一切感觉和理性的绝对的"一"称为"最纯净的光"或"神圣的黑暗"。说上帝是非存在，这在基督教神学中被看作异端和泛神论的神秘主义。后来，艾克哈特修正说——"上帝是存在，而存在不是上帝"[②]，但无论说上帝是非存在，还是说上帝是存在而存在不是上帝，都是把存在理解为实体甚至感性现实，差异在于：如果说上帝在实体或感性现实之外，那么它是非存在；如果它内在于实体或感性现实，那么它存在，但存在不是它，因为它是存在的本原与原因。

艾克哈特关于上帝与存在思想实际上是上帝观念与以实体为核心的存在观念之间的一次冲突，是柏拉图主义的"纯粹存在观"和亚里士多德主义的实体观之间的一次冲突。从根本上说，问题出在对"存在"范畴的混乱认识上：上帝是"存在"，这个"存在"在基督教哲学中主要是指"纯粹存在"，也就是太一；"存在"不是上帝，这个"存在"更多的是指"存在者"，也就是实体。需要厘清二者之间的关系，也需要对二者进行更高的抽象才能达到涵盖并且超越于二者之上的"存在"，邓斯·司各脱（约1265—1308）对"存在"的形而上学之辨就是这样一种清理和抽象。

司各脱提出了"存在者之为存在者"（Ens in quantum Ens）与具体个别的存在事物，与上帝之间的区别。"存在者之为存在者"这个术语

[①] 赵敦华：《基督教哲学1500年》，人民出版社2007年版，第358页。
[②] 同上。

源自亚里士多德,但他所用的词是"ousia 之所以为 ousia"。"Ens"① 这个词只表示东西本身的实在性,它只是它自身,它是纯粹的抽象,可以把它理解为存在者之存在。而"存在者之为存在者"这个术语则是"一个适用于一切事物的最普遍的概念,它撇开了事物个别、具体的乃至它们的种、属规定性,只指示无所不在的存在"②,是事物最基本的规定性,即使我们不知道某物的规定性,但我们在知道这些规定性之前就已经肯定了它"存在"。这就是"存在"一词的一般意义。"存在"一词在司各脱这里达到了最高的抽象,它既不是实体的泛指,也不是实体的属性,更不是希腊人所说的实体性的"一",它甚至超越于上帝之上,因为上帝也必须"存在"。"存在"在司各脱这里是理性的绝对的肯定性,这就是巴门尼德的命题——"存在,而不是不存在",这是认识的出发点,也是真理之路,是人类理智的必然原则和根本出发点,因为只有在"存在"的基础上,才能去认识事物的其他规定性。司各脱认为"存在者之为存在者"是第一原则,他说:"每一个哲学家都认定他所持的第一原则是存在者之为存在者。比如,有的人认定火是存在,有人认定水是存在。如果一个怀疑者要肯定或消除一个较低的概念,证明说火不是第一存在,而是后于第一存在的存在。这一证明并没有取消他所持的关于第一存在的概念。"③ 也就是说,任何对具体事物之存在的怀疑,都包含着对"存在"的肯定。"存在"的这种抽象意义在逻辑上先于具体事物的存在,然而具体事物的存在者在时间上先于存在者之为存在者,它是对具体事物之存在的抽象。但是,在人类理智的认识活动中

---

① 这个词很难翻译,国内有些学者主张译为"有",这个译法比较好地表达了事物之实在性这层含义,但表达不出与"存在"(esse)之间的联系,笔者强译其为"存在者",但希望读者将其理解为"有"。
② 赵敦华:《基督教哲学1500 年》,人民出版社 2007 年版,第 458 页。
③ 同上书,第 460 页。

第五章　上帝与实体——中世纪的"存在"问题与其美学问题

"存在"是先于具体事物之存在的，理解了存在的一般意义不等于理解了具体事物的存在，但如果没有对存在的在先的领会，就不会有对具体事物之存在的认识。

在司各脱看来"存在"是一个单义概念，它是绝对的肯定，不能既肯定又否定；它是绝对的普遍性，它对于上帝与一切被造物同样适用。这种单义性使得我们不能再对它进行辩证区分。经院哲学在研究存在概念时总是从概念意义的区分开始的，有种属之分。比如，区分存在与本质、存在与实在、存在与上帝，存在与"一"，是以种加属差的方式分析"存在"概念的。但"存在"作为最高的抽象与绝对的肯定性，它不是种，所以没有外在于它的属差。无论实体、本质还是属性，这些范畴都是建立在"存在"概念之上的，所以用它们来解释"存在"的意义，实际上是循环论证。这样一来，"存在"在它的超越性中消除了关于它的全部歧义而达到了"存在自身"。

还有一个问题：存在与上帝是什么关系？这是僧侣们才考虑的问题，但这个问题关系到"存在"的普遍性。司各脱认为"存在"不能被规定，但有完满程度上的区别，就像光有亮度之别一样，他把存在分为"无限存在"和"有限存在"。所谓"无限存在"就是"不能想象比之更完满的存在"，这个概念在逻辑上是可能的，因为在"无限"和"存在"之间并不存在矛盾；这个概念同时必然指示"现实存在"，因为如果它不是现实的，那么它还不完满，但它的规定性就是"完满"，所以它必定是现实的。以此他证明"无限存在"不仅仅存在于观念之中，也存在于现实之中，这种证明在方法上继承了安瑟姆的"上帝存在之本体论证明"。在这个结论的基础上，司各脱提出了自己的上帝存在的本体论证明：大前提——无限存在只要可能便必然实际存在；小前提——上帝作为无限存在是可能的；结论——上帝必然存在。在这个证明背后是基督教哲学家们的一个普遍信念，他们认为在上帝、完满和存在之间有同一关系，几乎所有的上帝存在的先天证明都是在三者的互为中介中完成的。比如，上帝是完满的，而完满必然存在，所以上帝存在。上帝存在这个结论实际上早已暗含在三者的同一关系中，这是形而上学思维方式的必然结果。与无限存在相对是"有限存在"，无限存在是非经验的，它超出了人的经验范围，尽管它也是现实的，但由于它的无限性，人只能在思想中形成对它的观念，能被人的经验认识的是有限存在，也就是通常意义上的经验事实。司各脱认为，有限存在是由形式与质料构成的实体：质料是性质依附的"体"，形式是表现或规定物体的"质"，它们是共同存在于实体之中的两种现实因素，而不仅仅是潜在与现实的关系。

在司各脱的无限存在与有限存在的区分中，无限存在是上帝，有限存在是被造物，二者又统一在"存在"这个范畴之下。这样一来，作为最高抽象的"存在"概念与具体事物的存在和第一存在"上帝"之间的关系得到一个较为融通的解释。就"存在"问题而言，实在论与唯名论，奥古斯丁主义与托马斯主义，中世纪关于存在的思想得到的成果在司各脱的"存在"的形而上学之辩中都得到了清理、吸收与深化。可以说，司各脱的存在论是对中世纪存在观的总结。

思想的魅力就在于，总结并不是终结，总结过后总会有更大的发展。从亚里士多德开始，对存在问题的讨论就和"实体"概念结合在一起，存在要么是实体本身，要么是实体的种属，从某种程度上说，对实体的理解决定着对"存在"的理解，实体范畴之内涵的任何变化都能引起存在观念的变化。在14世纪下半叶的经院哲学中，唯名论思潮对自亚里士多德的《范畴篇》以来的实体观念发起了强有力的冲击，从而提出了一种新的存在观，这股思潮的代表人物是英国人奥康。

第五章 上帝与实体——中世纪的"存在"问题与其美学问题

一提起奥康（又译"奥卡姆"），人们马上会想到"奥康的剃刀"，奥康彻底的唯名论思想为"存在论"做出了这样的贡献——奥康指出了什么是实体，什么不是，从而极大地影响了现代哲学的实体观与存在论。

柏拉图认为，作为概念与种属的"相"是实体，亚里士多德在《范畴篇》中把个别事物称为第一实体，而把种属视为第二实体。关于种属（也就是概念）的实在性，就最初的出发点而言是给事物的存在找根据，为观念的普遍性找根据，只有承认概念（理念、共相、类本质）的实在性，才能保证这一根据的可靠性。这就形成自柏拉图以来的实在论传统。奥康对这一传统进行了挑战，他否定了共相的实在性，不承认有所谓普遍实在。他认为，只有个别事物是实体，而个别的类是心灵中的概念，把"类"移入心灵之中而赋予它实在性，这只是一种理论假设。奥康指出："设定类的存在或是为了解释认识活动的同化作用、因果作用，或是为了解释对象何以成为印象，或是为了决定认识的动力，或是为了推动者与被推动者的统一，这就是设立类的存在的主要理由。"[①] 这是我们之所以要假定"类"是实体的主要理由。按实在论的解释，类实体一方面存在可感事物之中，另一方面作为具有普遍性的实体又具有精神属性，因此它可以起到一个中介作用：认识活动与认识对象，以及认识过程中感性印象与理性概念之间，通过类实体才能产生联系。没有这样一个中介，就不能理解为什么心灵与心灵之外的对象可以发生联系，为什么个别事物的影像会具有相似性，为什么外在对象可以推动理智的抽象活动，以及普遍概念如何产生。奥康逐一反驳了这些理由（详见赵敦华在《基督教哲学1500年》第513—514页之中的描述），结果是作为实

---

① 赵敦华：《基督教哲学1500年》，人民出版社2007年版，第512页。

体的"类"被剔除了。奥康认为：如果没有经验的或自明的论证，任何东西都不能被设定为实体，没有人直观地看到过"类"，又没有关于类实体的自明的证明。这在存在论上就是说，没有一个作为普遍与必然的"存在"，也没有超越于个体事物之上的实体，有的只是存在者的存在；没有所谓的"存在自身"，有的只是事物的具体性与特殊性，而这种具体性与特殊性来自事物自身。存在，就是经验事实。这使得存在问题获得了一个既非形而上学也非神学的视野，这就是即将兴起的科学的视野。

总的说来，中世纪的存在论是围绕着"God is"和"上帝是其所是"这个两陈述展开的。由于神学的强大影响，这两个非哲学的陈述成为一个哲学史上划时代的陈述。为了这两个陈述，中世纪的僧侣们运用了他们所能运用的所有古代思想资源，从而使得存在论达到前所未有的深度与广度。它从三个维度上揭示了存在论的内在构架：一是从最高实在，从作为存在与其本质同一的绝对存在的角度阐释了 being 的含义；二是从本质的角度，也就是从 esse 到 essence 的确定化过程中思考事物之存在的含义；三是从 existenz 实存的角度思考存在者的实在性、实体性。中世纪的存在论在这三个层面的展开为现代存在论的发展提供了沃土，为现代哲学的发展提供了逻辑起点。

中世纪存在论的理论形态与发展也带来了美学上的相应理论形态与其发展。中世纪的存在论是以上帝之"存在"和上帝作为"实体"两个层面展开的。第一个层面具有神学的特性，因为这个问题由于上帝这个特殊存在者而变得不同于一般存在者的存在；第二个层面核心问题是"实体"的特性，认为事物是实体并有其本质。存在论的这两个方面也决定了中世纪美学的总体面貌，因为之后我们将阐明，中世纪的美学也是从这两个方面展开的。

第五章　上帝与实体——中世纪的"存在"问题与其美学问题

如果把中世纪1000年美学的发展变化作为一个整体来看待的话，那么我们可以发现，这种美学有其总体上的特征，这个特征体现在：美学是在两个维度上展开的，一是把"美"理解为"纯一"，二是把"美"理解为"杂多"。

说美是纯一源自存在论上所说的上帝的"存在"。上帝的存在作为"一"，作为世界的最高统一性，上帝作为世界的创造者，他的存在以及他创造的世界的存在本身应当是圆满的，而"圆满"这个观念在中世纪和"美"没有被截然区分开。在这个维度上，中世纪的美学具有柏拉图主义与普罗提诺思想的特色；而在另一个维度上，美被认为是实体的某种属性，认为事物的一种或几种属性构成了美的本质，这种思想具有鲜明的亚里士多德主义的特色。如果说中世纪存在论的理论主流是亚里士多德主义与柏拉图主义的对立与交流，那么中世纪的美学也是建立在这样一种对立与交流之上的，并且体现出鲜明的形而上学倾向。让我们沿着这样一条线索来看一看中世纪美学的基本面貌。

总的说来，在基督教发展的最初1000年中社会条件对于艺术与美学的发展是不利的：既缺乏知识与艺术活动所需的安定的社会生活局面，也缺乏对二者的足够的重视，神学在这个时期是压倒一切的意识形态，但这并不意味着没有美学。相反，基督教神学的兴起反而给了美学一个全新的维度——神学维度，就像它给了存在论一个这样的维度一样。

"美"这个观念并不是犹太文化本身具有的，基督教美学产生于对《圣经》特别是《旧约》的翻译，希腊文的译者用了kalos这个词来翻译"世界是成功的创造"这一《圣经》本来表达的观念，结果就变成了

"世界是美的（kalos）"①（"上帝看见他所创造的一切无不是美的"，见《创世记》第1章4、10、18、31等句）。这一翻译上的问题无疑引发了基督教神学与美学的结合，从而为美学的发展创造了一个新的维度。这种观念和希腊化时期的柏拉图主义，主要是与普罗提诺的思想相结合，形成了一种希腊教父时期和中世纪早期的彻底形而上学化了的美学。

这种美学是与"上帝"观念统一在一起的，这也是当时——也就是希腊教父时期——存在论问题决定的。如前文所述，在这个时期的存在观中，"God is"这个命题引出的新存在论问题与上帝作为实体产生的存在论问题都产生了，这既形成了存在论的两个流向，也促成了美学上的两个方向。在第一个方向上，即将"存在"等同于上帝的存在论方向上，产生了一种极端抽象的美学观念。这个观念的代表人物是一位托名狄奥尼修的基督教柏拉图主义者，史称"伪狄奥尼修"（又译"伪狄厄尼索斯"）。

伪狄奥尼修建立了一套系统化的基督教美学，但他系统化的方式不是以丰富审美经验的方式来发展的，而是以神学信念为出发点，以宗教思辨为特色的一套超越、先验与现实世界和日常审美格格不入的美学，具有强烈的形而上学性质。他将美视为一种存在论上的绝对与原型，他说：

> 人们应该对美和作为同时包容所有美的原因的绝对美加以区分，因为，一旦在万物中区分了作为分享和被分享的事物之后，我们便将分享绝对美的事物叫作美，而称被分享的、作为所有美的事物中美的成因的事物为绝对美。超现实美被称为绝对美，乃是因为

---

① 《圣经》的拉丁文本仍然用了bonum这一表示"成功的""完善的"的词来翻译，而没有用pulchrum这个表示"美"的词，但这并没有阻碍人们对上帝之美、世界之美的思考。

第五章 上帝与实体——中世纪的"存在"问题与其美学问题

适合于第一事物的美是从它那里传播给所有现实的,也是因为它是比例与光辉的成因,因为它以普照万物、使其明亮的光为形式,使比例与光辉也参与美的创造,还因为它使万物趋向于它,趋向于整一。它作为普遍美、超越美和永恒美,长久不渝,无生无灭,无盛无衰,不会在一物美而在另一物丑,也不会此时美而彼时丑,不会因与一物相关而美,与另一物相连而丑,也不会在一地为美而在另一地为丑,也不会对一些人来说是美的,而对另一些人来说是丑的,它自在自为,始终如一,是包含着一切美的事物的原型美。所有的美都具有统一的基础,所有美的事物都具有单纯的、超自然的本质。万物因此而生、而具其形。正因为有了这种美,才产生了一切和谐、友谊和联系。一切由美统辖。作为一个动因,美是万物之本,它推动万物,并使其与现实产生联系,它是万物之极、爱的对象与最终原因(对所有因美而产生的事物而言)。它也是一种范式,万物借此而获得形式。正因为此,美与善同一,因为一切产生的事物都为美与善而奋斗。存在物无不分有美与善。[①]

这种观点与柏拉图在《会饮篇》、普罗提诺在《九章集》中表达的没有区别,甚至更夸张一些,重要的是原型美与绝对美这两个希腊人的观念,在基督教思想背景下重演了。这一重演并不是简单的重复,它有其相应的理论目的与根据。柏拉图的理论根基是理念的绝对性,而伪狄奥尼修的根据则是上帝的绝对性,他力图为美找到存在论上的先验本源并把这一本源归为上帝,也就是造物主的属性。在这里有一个理论提升——《圣经》和教父们一直把美说成是被造物的属性,而伪狄奥尼修

[①] 转引自[波兰]塔塔科维兹《中世纪美学》,褚朔维等译,中国社会科学出版社1991年版,第42页。

则从本原的高度把它归之于上帝，在这一点上体现出了基督教思想与希腊思想之间的结合：上帝是基督教的，而把美归之于世界本原则是希腊思想。

伪狄奥尼修的美学完全建基于存在论上的"上帝"观念，它是万物的本原，是绝对的完善，是所有关系——实体、原因、结果——的总和，是无所不包的"一"。伪狄奥尼修则把这样一个上帝称之为"美"，从他开始，"美"就是上帝的另一个名字。这样，他就在基督教神学体系内建立起了一套最抽象的美学观念，美完全形而上学化了，美成为一种绝对，成为万物的标准与尺度，成为本原性的力量，成为最高的完善。"美"的地位还从来没有被提高到这样的程度，美在人类文明体系中的地位还从来没有得到过这样的肯定。这个"美"完全超出了感性经验的范围，不再是愉悦性的经验，也不再是感性具体的存在物，而成为纯粹思辨的结果，成为上帝的光环。这就是为什么伪狄奥尼修认为绝对美像光一样流溢出来，正如上帝像光一样显现出来一样。

伪狄奥尼修的美学奠定了中世纪美学的一个基本理论倾向——将美等同于上帝的"存在"。这个理论很有影响，因为这不单是一个美学问题，更是一个神学问题，非常满足基督教思想的需要，因而它在基督教世界中受到广泛重视并且渗透到了中世纪艺术与审美意识之中。这里指的是象征观念——既然美就是上帝，因而一切美的事物都是上帝的体现，是对上帝的象征与模仿，这深刻地体现在中世纪的绘画、建筑与诗歌中。

与这种宗教化、神秘化的美学相平行的另一种观点认为，美在于"杂多"，在于杂多体现出的整体感。这种学说的根基在实体论上，基督教教士们在把《圣经》与希腊哲学结合的过程中，积极吸收了亚里士多德的存在论思想。教父们在对上帝之"存在"的沉思中，体现出了一种

第五章　上帝与实体——中世纪的"存在"问题与其美学问题

存在论上的二元区分——上帝本身与上帝的存在（这类似于希腊哲学中讨论的"一"与万物的关系）。也就是说，每当教士们提出上帝"存在"时，他们马上会把存在理解为两个方面的结合，即"本在"和"所是"，ousia 和 einai，也就是本在与本在之显现的统一。这种统一在他们看来，就是"实体"这个词的内涵。这种区分与统一和亚里士多德研究 ousia 和 on 的区别与联系的思路是一致的，在教士们看来，ousia 表明上帝是什么，而 einai 表明上帝（如何样）在。希腊存在论的精华就这样被"上帝"这个概念表达了出来并渐渐转向对实体的研究。在对"我是我所是"这个命题的阐释之中，他们利用了亚里士多德的本在论，将上帝视为最高实体，同时承认了世界的实体性，尽管他们所说的"实体"实际上是对亚里士多德思想的误解与语言翻译上的讹误。承认世界之实体性就意味着承认世界的客观性，尽管这种客观性是以上帝的绝对性为前提的，这就出现了存在论在实际上的二元性：首先是上帝，它意味着存在与所是的统一；其次是世界，它存在，但它的实体性来自上帝，但这并不影响世界的客观存在性。这种二元性实际上是中世纪存在论的两个方向：一个方向是对上帝及其代表的世界之统一性的存在论思考；另一个方向是世界之客观存在性的思考。存在论上的这两个方向实际也是美学的两个方向，在第一个方向上我们看到了以伪狄奥尼修为代表的彻底形而上学化的美学；在第二个方向上，我们能看到一种从经验出发的饱含理性精神的美学，这种美学在教父时期的代表人物是圣奥古斯丁。

在《圣经》中有这样一句话："主啊！您凭尺寸、数和重量筹措万物。"（《智慧篇》，第 11 章第 21 句）还有"上帝凭圣灵创造了智慧，并察看、计数和度量。"[《耶稣智慧书》（又称《便西拉智训》第 1 章第 9 句]这意味着事物有其可被我们分析与认识的客观属性，这也是实体论的必然结果，从这个方向来思考美的问题，就体现出了美学上的另

"存在"之链上的美学

一种面貌——美在于事物的客观属性。这是奥古斯丁最为核心的理论观点。关于事物是因为给人快感才美,还是因其美才会给人快感,奥古斯丁明确地说:"它们之所以给人以快感,是因为它们美。"那么,事物为什么美?是因为"各部分彼此相似,并以某种方式结合在一个和谐的整体里"①。

奥古斯丁将美归为事物的客观属性并非某种唯物精神,是基于上帝的存在:上帝创造了万物,而且是按美的方式创造了万物。这在教父们看来是不可怀疑的。问题在于具体事物的美究竟体现为什么?奥古斯丁的回答是和谐、整一、秩序和事物体现出的数的关系:"观察大地与天空,可以发现快感仅生于美;而美取决于形状;而形状取决于比例;比例又取决于数。"② 在这里体现出了亚里士多德与毕达哥拉斯的影响,可贵之处在于,他处在一个信仰的时代,却在美的领域内体现出了理性精神。这种理性精神以一种分析的态度研究事物的属性,并将这些属性归为美的原因。这些属性包括:尺寸、形式与秩序(这可以称作美学领域内的奥古斯丁式三位一体),以及与此相关的对称、和谐、整一、色彩、节奏、比例等观念。这种对世界之美的肯定对于美学而言是一个历史性的进步——这是对亚里士多德的美学成果的积极吸收,它把美学一步步引向感性现实。而伪狄奥尼修的美学由于完全把美形而上学化了,从而退回到柏拉图,在伪狄奥尼修那里实际上看不到对现实的美与艺术的肯定。但奥古斯丁理论则把美与艺术的距离拉近了,因为如果美存在于尺寸和秩序中,那么绘画与雕塑不正是在创造美吗?艺术和美终于有可能超越古老的模仿说了——艺术的目

---

① 以上引文见[波兰]塔塔科维兹《中世纪美学》,褚朔维等译,中国社会科学出版社1991年版,第74页。

② [波兰]塔塔科维兹:《中世纪美学》,褚朔维等译,中国社会科学出版社1991年版,第75页。

第五章 上帝与实体——中世纪的"存在"问题与其美学问题

的不再单单是模仿或者制造幻象,而是创造出美的事物。

毕竟奥古斯丁是一位教父,在他看来世界之美的原因在于上帝之美,在于上帝的神性美。上帝的美是凌驾于世界美之上的,上帝就是美本身。上帝这一宗教上的与存在论上的特殊存在扭转了美学的方向,这样我们就看到了两种美:一种是现实世界的美,这种美是短暂的、易逝的,是事物自身的属性;另一种是上帝的美,它是永恒的、绝对的,是万物的本原。这是一个绝对美与相对美的关系,绝对美是相对美的本原,而相对美是绝对美的体现,但问题是,既然相对美有其内在的独立原则,那么绝对美是如何影响并决定相对美的呢?难道说绝对美与相对美具有同样的原则吗?这显然有悖绝对美的绝对性。这是这种美学观最深层的矛盾,这也是教父时期的存在论的内在矛盾。但是教父神学中也包含着解决矛盾的内在可能:作为事物之客观属性的相对美有其同在的绝对性,如可以数量化的诸种关系,通过把这种绝对化的数量关系归之于上帝的绝对美,矛盾就解决了。这就是基督教美学的象征主义的深旨。

伪狄奥尼修与奥古斯丁的美学在长达 1000 年的时间内一直是基督教美学的权威,在教父时期之后的时代中关于美并不太多的论述都是以他们二人的理论为依据的。正是在他们这里,中世纪美学获得了形而上学的根基。正如塔塔科维兹所说:"构成中世纪美学基础的宗教和形而上学的美学观点在公元 4—5 世纪便得以形成。尽管其地位一直保持到中世纪末,它却毫无发展,而只是一再被重复,有时是以新的词语,但更经常是照搬伪狄奥尼修和奥古斯丁的言论。"[1] 这个评价虽稍显过分,但也无可辩驳。在伪狄奥尼修与奥古斯丁代表的教父时期美学这里,我

---

[1] [波兰]塔塔科维兹:《中世纪美学》,褚朔维等译,中国社会科学出版社 1991 年版,第 73 页。

们能够看到古典时代文化的深刻影响，看到希腊人的存在论对这一美学的实际影响。可以这样说，在美学上，教父们一半继承了希腊人，另一半是根据基督教的需要而创造的。

教父时期的美学，或者说基督教文化初期的美学随着旧文化的毁灭而毁灭了。蛮族的涌入导致了古代文明的崩溃，在此后的近1000年的时间内，任何对文化之"发展"的祈盼都是奢望。时代的课题是在战火的废墟中抢救古代文明的碎片，并且让这些碎片流传下去，这是5—13世纪思想界的基本状态，而美学上也是如此。

最初从事这种工作的是波埃修。正如他对古代存在论的保留一样，他也保留一部分古代美学思想。在《论音乐的和谐构成》一书中，我们还能看到古代美学的基本原则，他重复着如"形式""数""比例""和谐""秩序"等古代美学的基本概念。这些概念早已成为基督教美学的主导部分，正是借助于他的著作和奥古斯丁的著作，古代美学的这些精髓部分才得以流传下去，而这些观点又是扎根于实体论的，是古代关于ousia之学说的有机组成部分。这些东西加上伪狄奥尼修的绝对美观念，加上奥古斯丁的神性美，就构成了以后1000年中基督教美学的全部内容，不单单在理论上，而且在具体的艺术实践中，在宗教音乐、教堂建筑、宗教绘画与雕塑中，都是这些观念在起支撑作用：对神性美的象征加上形式上的秩序、比例、和谐，这就是中世纪艺术的主导追求。

这种状态一直持续到经院哲学的产生。之前的卡罗林文艺复兴只是把这些观点重提了一次，这种重提在理论上虽无新意，但在文化的传承方面，功莫大焉——经他们保留的，成为后世全部的。

到了12世纪，随着文化的逐步复苏和著述的逐步增多，在法国出现了一些学术中心，并形成三个很有影响的学派：以克莱尔沃修道院为中心的西都派，代表人物是圣伯纳德；以巴黎圣维克多修道院为中心的

第五章 上帝与实体——中世纪的"存在"问题与其美学问题

维克多派,代表人物为维克多的雨果;以及以卡尔特为中心的卡尔特派。有人对这些学派的美学观点概括为:"在中世纪,看待世界的美有三种方式;即以肉眼在可见的形式中直接看到美,以心灵的眼睛在世界的美中发现精神的类似性和意义,最后则以学者的眼睛科学地看待美。"[①] 这一概括很精到,而且这一概括还向我们揭示了12世纪的美学实际上建基于中世纪后期存在论的三个基本方向。

经院哲学在存在论上的三个方向就是实体、存在、本质。前面我们已经指出在经院哲学中对存在(being/on)的研究被决定性地扭转为对存在者的研究,转为对事物的实存(Existentia)和本质(Essentia)的研究,尽管他们仍然认为必须对being(这在他们看来是"存在自身",是上帝)进行研究,并视之为形而上学的对象。存在论的这三个方向实际上也就是美学的三个方向,因为这关系到从什么角度、用什么方法来研究"美"与"艺术"。

在经院哲学中对存在的问题研究总是处在两个层面上,或者说在两个方向:一方面,经院哲学是基督教神学的一部分,这就决定了上帝之存在的问题和上帝与诸存在者之存在的问题是经院哲学中讨论存在问题时不能回避的。在讨论上帝存在时,人们更倾向于柏拉图主义与奥古斯丁主义,这种思想在美学上的体现就是伪狄奥尼修的绝对美的思想与奥古斯丁神性美的思想,思想家们把美的原因归为上帝,然后把上帝具有的性质都赋予"美",这些观点在经院时期被一再重复,奥卡姆的威廉、罗伯特·格罗塞斯特、波那文都拉、大阿伯拉尔、托马斯·阿奎那等,僧侣们只要对美有所反思,大都会例行公事地把柏拉图主义的美论再说一遍,下面这段话可以看作这种美学观的集中

[①] [波兰]塔塔科维兹:《中世纪美学》,褚朔维等译,中国社会科学出版社1991年版,第249页。

体现：

> 上帝是最为完善的完善，最为充实的充实，最形象的形象和最美的美。我们讲美的人、美的灵魂、美的马、美的世界以及这样那样的美，却忘却了在这样那样的美之中有美本身；如有可能的话，你去看一看美本身。依此方式，你就会看到上帝；他并非由于其他的美而成为美的，而是存在于一切美的东西之中的真正的美。①

另一方面，与这种观点并行的另一种美学观念是奥古斯丁式的观点：美在于形式、尺寸和秩序。这是一种本质主义的美学观，他们认为美的本质就是上面提到这些因素，还可以再加上和谐、整一、对称、合适等，或许还应该加上一个中世纪的典型回答：美在于光。这样一种本质主义的回答认为，美之为美就在于一些本质性的因素，这些因素构成了美的本质。这种观点虽然只是一种历史性的重复，但一个孩子说过的话被一个老人重复时，其意蕴是不同的，奥古斯丁说这些话的时候只是在重复古人，而经院论者的这个观点却建立在经院哲学时期的存在论之上。

在经院哲学早期在存在论中，在实体、本质和存在三者之关系中，学者们认为实体是高一级的概念，本质是构成个别实体的必然属性，而存在则是实体的一种偶然性。这就是说，一个实体在存在之前首先要有本质，这种观点强调形式决定实体，本质先于存在。这其实是柏拉图理念论的基本立场，这种立场在美学上就体现为对美的本质主义的规定，将美归之于一个或几个本质属性。表面上看这种学说具有某种经验的性质，但这种经验性的归宿是一个或几个理性概念。说

---

① ［波兰］塔塔科维兹：《中世纪美学》，褚朔维等译，中国社会科学出版社1991年版，第282—283页。

第五章 上帝与实体——中世纪的"存在"问题与其美学问题

到底,这种学说把美视为一种理性分析的结果,这种美虽然不直接和形而上学相结合,但更像是一种对概念的分析,因此缺乏真正的经验性,这种美仍然是抽象的观念性的东西。因此这些观点虽然没有新意,却体现出了美学上的理性主义精神,这也是经院哲学的理性精神的体现。这种美学的根基是唯实论,是基于秩序、数、形式等观念的实在性。

唯名论和唯实论之间的争论,唯名论认为只有个别事物才是实体,唯实论认为普遍概念也是实体。这场争论的存在论意义在上文中我们已经进行过揭示,这里要讨论的是这种理论思潮对于美学研究的意义。二者争论的焦点是:谁是实体,是具体的事物还是概念?承认概念的实在性必导致柏拉图主义的美学观,导致超验的美学,即使温和的唯实论也会把美的本质规定为一个或几个观念的结合。这种美学的根本弱点在于,没有能够恰当地解释美的经验性质,虽然形式、尺寸、秩序这些东西显然具有经验性,是肉眼直观到的,但为什么这些经验因素就是美的本质呢?这种美学说到底是观念性的,"和谐""比例""明晰""整一"这些中世纪美学中最常见的术语,表面上看是直观,但本质上是理性的结果。

中世纪后期唯名论的发展为美学突破这种状况提供了一个理论基础。另外,亚里士多德的《诗学》的发现与重大影响也为这一突破提供了契机,这种突破是从两个方面发生的:一方面是经院哲学集大成性质的托马斯·阿奎那;另一方面是唯名论者。

首先是托马斯·阿奎那。圣托马斯对于存在论的意义在于,他扭转了经院哲学中把存在视为是实体的一种偶然性的看法,把存在和实体的现实性结合起来,给予现实存在一种真正意义上的尊重。如果说他的思想中有一种革命性的话,那么这种革命性就体现在通过把存在与实体的现实性相结合，形而上学第一次把现实存在纳入自身，而不仅仅是透过现实存在而去追寻本质。柏拉图主义或者说本质主义对感性现实的轻视在这一存在观中得到了扭转。当存在论拓展到实体的现实性，并且开始真正重视事物存在的经验性时，经验性的存在也就是有人参与的存在，这无疑会对美学产生积极影响，因为这意味着审美的经验性质将可能得到理论上的承认，美的经验性质将在存在论上得到认可。尽管托马斯没有系统的美学思想，但他对于美的独特定义正体现出了这种理论方向。他在《神学大全》中提出了一种观点："我们将看上去使人愉悦的东西称作美的""美的本质的部分在于，对美的观看或认识使欲念得到满足。……'美'表现为因感受而使人愉悦的东西。"① 这种看似简单的命题却是中世纪美学的一个里程碑式的进步，因为这一美的概念是建立在现实美、更恰当地说是在尘世美的基础上的。以往的美学都认为尘世的东西具有了某种理性的性质才成为美的，而圣托马斯则认可了尘世的美具有某种独立于理性精神的性质。尽管从托马斯总的思想倾向来看，上述那个极具经验性质的命题并不像我们期待的那样，因为他所说的感受是具有理性性质的，不单单是经验直观，还有理性的观照。但这个命题从客观上讲却是有其伟大意义的，它认定美的愉悦。这构成了判断事物美的最初的标准（而不是全部的），但并不是所有的愉悦都是美的，只有通过直接感受而得到的愉悦才是美的。

这个命题不是从绝对的、理想性的和象征性的角度来理解美，也不是从完善或一般性的道德上的美好来规定美，他以亚里士多德式的经验概念取代了他的前人使用的柏拉图式的理念论的美的概念，尽管他不是第一个从愉悦的角度规定美的人（第一位是奥卡姆的威廉），

---

① ［波兰］塔塔科维兹：《中世纪美学》，褚朔维等译，中国社会科学出版社1991年版，第315页。

第五章　上帝与实体——中世纪的"存在"问题与其美学问题

但他首先从存在论的高度肯定了美的现实性。具体的事物带来的现实的愉悦感成为对美进行判断的标尺。这有可能对美学的形态带来一个方向性的扭转，因为对愉悦的承认实际上是承认了美是事物在主体与客体的关系中显现出来的一种属性，美对他来说成为一个主客观统一的结果，是观看者与被观看者二者间的审美关系构成了所谓的"美"。以往的美学，要么从"绝对"的角度研究美，要么从客观属性的角度研究美，而托马斯由于对美的主体方面的细密考察而显出了新的时代气象，而美学在托马斯身后的发展证明他对于美的思想是未来时代的开始。

尽管托马斯也在使用"绝对美"的观念，也在使用"明晰""比例""整一性"这些中世纪的典型美学观念，比如下面这个关于美的概念："美要求三个条件的满足：第一是事物的整体性完善，因为有缺陷的东西其结果必是丑；第二是恰当的比例或和谐；第三是明晰，因此具有鲜明色彩的东西才被称作是美的。"这是圣托马斯的美学思想中被认为是最具代表性的东西，但实际上这些东西毫无新意。只有当这些东西与圣托马斯所说的"愉悦"结合起来时，才显出理论上的新意，美的经验性质在对"愉悦"的认可中才真正得到了承认。

其次是唯名论者。中世纪后期的存在论集中在唯名论与唯实论之间的争论中。唯实论的观点具有柏拉图主义的特征，建立在它之上的美学当然地体现了柏拉图主义的倾向，而这种倾向是中世纪美学的主流——伪狄奥尼修的美学与奥古斯丁的美学。这种美学被不断重复，这其实是神学上的不得已，这种美学被神学束缚住了手脚。而唯名论的存在观却是一种新的理论气象，它甚至具有一种反神学的气质，对现实存在的事物——而不是神性——的研究成了理论的起点，现实存在 existence 成为唯一的实体，个体的实在性得到承认。这种在邓斯·

司各脱、罗吉尔·培根、奥康等人那里发展起来的存在论并没有马上就催生一种新的美学。一方面是因为，13—14世纪的经院哲学实际上可以称作"经院逻辑学"，各种争论主要是在逻辑领域内展开的，即使对美的顺便提及也只是作为一个逻辑上的例证，而不是一个认真的理论问题；另一方面，也因为存在论与美学之间的联系是多种多样的，既有直接的形态上的联系，如柏拉图的美学、伪狄奥尼修的美学、亚里士多德的美学，也有间接的方法论上的联系，如柏拉图的通种论与美学之间的联系，而这中间的东西要显现出来，是需要一个历史过程的。

唯名论对美学的间接的影响体现在许多方面，如由唯名论确立起来的认识上的直觉主义与对美的观念的分析等，但真正称得上历史贡献的是研究美的方法上的转变。当个体事物的存在得到承认之后，对美的观念的抽象认识就会让位于对个别事物的具体的分析。唯名论思潮对于科学的产生具有直接的影响，对中世纪而言科学是一种对待事物的全新的态度，一旦把这种态度引入对于艺术与美的事物的研究，就会带来一些新的美学思想。这些美学思想与科学一样，从经验感知为起点，以理性分析为手段，以性质描述为形式。这种美学思想出现于13世纪，与原有的神学美学与哲学美学相比，这种美学思想较少依赖哲学与神学体系，更多的带有一种经验性、描述性。这在圣维克多的雨果、罗伯特·格罗塞斯特、波那文都拉、托马斯·阿奎那的美学思想中都有体现。这种经验性的美学在唯名论的推动下，在罗吉尔·培根特别是维特罗处以及在稍后的司各脱与奥康处，都在进一步的发展中。

这其中较具有代表性的是维特罗的思想。他认为，"我们称之为美的心灵愉悦产生于对可见形式的单纯把握，如同对可见物的所有形

第五章　上帝与实体——中世纪的"存在"问题与其美学问题

式的思考之中所可能见的一样"。这就是说，美之所以能带来愉悦源自它的可见的形式，而这种形式是具体的、可分析的。所以，维特罗孜孜不倦地研究形式因素的审美价值，如光、色彩、距离、大小、位置、形状、数量、阴影、相似性、多样性，甚至空气的透明度、感觉等①。感性知觉的经验性在审美当中得到了细致的分析，并且成为美的具体原因。在这种理论中一切都是具体的、经验性的，形而上学的抽象性质在减弱。这有点类似亚里士多德的风格，但实际是在这个时代中亚里士多德的美学思想对人们而言还是陌生的。这种思想不是来自亚里士多德，而是来自存在论上的唯名论倾向，因为正是这种思潮决定了人们从事物的感性性质，以及这些性质之间的关系之角度研究美的本质与原因。

如果说在维特罗处唯名论对感性经验的重视在美学中体现了出来，那么在邓斯·司各脱的美学思想中，则体现出了唯名论对事物之关系的重视。关于美的定义，司各脱认为："美并不是物体的绝对性质，而是附在这一物体上的所有性质的结合，亦即大小、形状与色彩；美是这些性质与物体之间以及这些性质相互之间所有关系的结合。"② 从诸性质之结合的角度思考事物的存在，这是唯名论的特点，应用到美学中就是从事物之属性的角度研究美的性质。这种思想可以说开"美在关系说"之先河。

总的来说唯名论在美学上有两个重要贡献：一是否定概念本身的实在性，从逻辑的角度来分析概念的内涵，尽管这种分析并不是针对美学问题而发的，却间接地影响了美学研究的方法与方向；二是最为根本的

---

① 关于这些分析的原文可参见［波兰］塔塔科维兹《中世纪美学》，褚朔维等译，中国社会科学出版社1991年版，第326—327页。
② ［波兰］塔塔科维兹：《中世纪美学》，褚朔维等译，中国社会科学出版社1991年版，第335页。

影响在于，以往的美学注重的是美的客观的与绝对的方面，而唯名论则把美学的研究引向对个体事物的具体分析，引向经验性质的观察与分析，这正是后世人们所说的"科学精神"。在这里，一种新的美学精神已经呼之欲出了。中世纪美学也在这种新精神中完成了自己的使命，一种最形而上的美学，最后以一种经验性的结论收尾了。中世纪美学的这种命运，是不是在向我们暗示，最形而上学的美学与最经验性的美学之间，或者我们的审美之中形而上学性与经验性之间有一种扯不断的关系呢？

第六章

实存与实体——存在论在近代的发展与美学的认识论转向

按哲学史的划分,中世纪哲学之后的哲学一般被称之为"近代哲学",但"近代"这个词——"modern"——我们也经常译作"现代",引来了不少麻烦,这导致人们对近代哲学的跨度有不同的理解。比如,黑格尔的近代哲学写到了费希特与谢林,而罗素的则写到弗雷格与分析哲学,也有人把近代哲学只写到德国古典哲学的开端,如苏联学者巴克拉捷的《近代哲学史》(上海译文出版社1983年版)。虽然对于近代哲学的终点大家很不一致,但对于起点,人们一致认为是笛卡尔。

从存在论的角度来说,"存在"之链在笛卡尔处继续延伸,但公正地说,决定性的推动力不是来自一位伟大思想家的天才,而是来自一个伟大的事物——科学。中世纪的存在论拘束于神学,特别是上帝存在这样一个小圈子里,从而陷入烦琐的词项逻辑与某些词的语义考证之中。经院哲学与其说是哲学,不如说是哲学家与逻辑学家在语言上的纠缠,虽说他们的演绎推理细密深刻,把人类的理论思维能力提高到了一个新的境界,但他们的推演究竟有什么意义呢?他们像蜘蛛一样编出了一张庞大的网,但在基督教脆弱到只能靠屠杀和火刑柱维持统治的时候,谁还会相信单单靠注释与论辩这种单一的形式编织的逻辑之网？而且，新时代要求的是发展与创造，而不是逻辑推演。

在中世纪晚期和文艺复兴初期，欧洲文化的主流从对上帝的沉思转向对自然的研究，这一转向源自社会生产方式的变化。在这一变化中教会的势力日趋没落，资产阶级登上历史舞台，在宗教改革的浪潮中基督教渐渐失去了文化上的主导地位。这种转向主要是受到了三种力量的推动：一是古代文化的复兴向人们展示了亚里士多德以外的希腊思想特别是自然哲学，启发了人们重新认识自然；二是14世纪以来的经验科学和工艺技术积累了丰富的经验，而生产力的进一步发展则要求人们从理论上把它们上升为规律；三是地理大发现和哥白尼的日心说开拓了人们的视野，自然的奥秘渐渐向人类展露出来。这就产生了新的时代课题。如果说基督教哲学的基本任务是证明上帝存在，从而捍卫基督教的统治，那么在新的时代中，思想界的基本任务是确立"什么是知识"。

回答这个问题是16—17世纪的思想界的主要任务。在这两个世纪中，数学、力学、天文学、宇宙学、生物学等科学逐渐摧毁了基督教的世界观，人类的知识取得了长足的进步。这时候，知识本身的价值就成了主要问题。人类对于自身和对于自然的知识长久以来都没有成为体系，还没有从整体上反思过知识。近代科学的发展和人类知识的积累要求人们进行这样一种反思，并且回答：什么样的人类认识才算知识；如何获得知识；又如何证明知识？这一系列的问题就是要问，什么是真理，真理又如何获得。所有这些问题都要求创立一种方法，并用这种方法来确立真理。真理及其标准问题成了时代的主要课题，而真理观总是建立在一定的存在论之上的。为了回答时代的课题，就必须建立起一套相应的存在论，指出什么才是真实存在。在这种理论背景下，英国出现了培根，法国出现了笛卡尔，他们都试图创立一种方法，用这种方法证

第六章 实存与实体——存在论在近代的发展与美学的认识论转向

明新科学对于真理的追求是合理的，能够规定科学知识的发展途径，确定科学知识的结构和系统性的原则。

从存在论的角度来说，培根坚持了英国人的唯名论传统，从而走向了经验论，并且以具体的实践目的为思想的标的，因此他不会再像经院哲学家那样把自己的理论建立在某种存在观上。而笛卡尔则在唯实论的道路上前进了一步，仍然停留在形而上学领域内，因此他不得不为自己的体系建立根基，也就是奠定一个"存在"概念。这就使得他不得不回到经院哲学理论路径之中去——新的哲学与新的思想必须有一个作为出发点的根基，而且经院哲学和神学还有足够强大的势力，无论从理论思想的发展的角度还是从现实历史条件角度来说，不借助于原有的成果、原有的概念，新思想就无法展开。但"存在"概念在这里发生了一个历史性的转变。这个转变体现在，在这之前，"存在"这个词都是和系动词有一种同在的关系，比如希腊人用系动词 on，拉丁文用 esse，英文用 being。这些词被我们翻译为"存在"，但这些词本身都具有系动词的纯显现意味。正是在这一点上，存在和本质区分开了：存在指事物显现出来，具有客观实在性；本质则是指事物的内在规定性——哈姆雷特有本质，但哈姆雷特不存在，只有上帝是存在与本质的统一。当这个系词意味被绝对化的时候，我们就有了"存在"这个概念。但是在近代，对存在问题的讨论实际上是围绕着 existence 这个词，或者相当于这个词的其他欧洲语言展开的，这个词更加准确的翻译应当是"实存"，在这个词中系词的纯显现意味淡化了，而事物之存在的实在性被强化了。在这样一种转化中，人们不再追问显现意味上的存在与事物的实存之间的关系，而是更为现实地思考实存的本质。这是出于获得知识的需要，但这里确实发生了一个被海德格尔称为"存在之被遗忘"的事件，人们不再问什么是"存在"自身，而是问"存在者"之存在是什么？这个说法有

· 141 ·

道理，但这并不意味着存在问题的被遗忘，因为存在者之存在的问题本身也是存在问题的一个环节，因此，我们仍然认为这个时期对 existence 的讨论是"存在"之链的延伸。

笛卡尔的存在论的起点是"我思故我在"这个命题。笛卡尔想建立一套像数学一样严密的哲学体系，这个体系必须有一个基本的、绝对真实的原理——确定而真实的"存在"。为了找到这个真实存在，他应用了怀疑论的方法，怀疑一切，并在彻底的怀疑中得出这样一个原则：对一切都怀疑的"我"之存在是无可怀疑的，因此，"我思故我在"，这就是其真实性不可怀疑的原理。按照笛卡尔的意见，应该把"思"这一概念理解为我们心灵中产生的一切，我们直接感受到的一切；而"我"则是"能思考的东西"，能思考的东西就是这样的东西，"一个在怀疑、在领会、在肯定、在否定、在愿意，在不愿意，也在想象、在感觉的东西"①。"我思故我在"这句名言实际上是说我的直觉感知、我的意识是无可否认的，因而"我"的存在就是一条真实的基本原理。在这个原理之上笛卡尔建立起了他的真理标准：如果一个意识或者直觉感知是清楚的和明晰的，又可以被我们仔细思索，那它就是真实的。但为什么怀疑论只能发现"我"是真实存在，为什么"我"是真实存在？笛卡尔做了一个这样的推导："我"在怀疑，这说明我还不是一个完满的存在，但是认识到我不完满，正说明我思想中有一个关于"完满"的观念。这个观念不可能由我本身产生出来，因为我既然是一个不完满的东西，必不可能产生完满性的观念，因此，完满性的观念必然是从一种事实上更加完满的本性而来的，这种本性必然是上帝。上帝既然是最完满的，那他必然具备存在这种属性，因此上帝存在。这其实是对安瑟姆的上帝存在

---

① ［法］笛卡尔：《第一哲学沉思录》，庞景仁译，商务印书馆1986年版，第27页。

第六章 实存与实体——存在论在近代的发展与美学的认识论转向

的本体论证明的照搬。然后,笛卡尔以上帝存在为最后根据,以同样的方式证明外在世界的存在,我们每人心中都有关于外部物质世界存在的感觉和观念;这些观念都是明晰的,而这些观念与感觉都是来自上帝的,上帝不会骗我们,所以"我思"主体和外部世界是真实可靠的。

以这样的方式,笛卡尔最后确立了三种东西的存在:自我(心灵或者思维)、上帝和物质世界。笛卡尔称它们为三种"实体"。所谓"实体",按笛卡尔的解释是"能自己存在而其存在并不需要别的事物的一种事物",严格地说只有上帝才是实体,由于心灵与物质这两种存在除了上帝别无所托,所以也可以算是实体。笛卡尔在这里进行了这样一个概念间的转换:凡实体必存在;存在的必是实体。也就是说,"实体"等于"存在",存在概念在这里正式扭转为"实体"。在司各脱对"存在"概念的清理与总结之中,我们看到"存在"概念作为最高的肯定性,它是实体、本质、属性、质料、形式等概念的基础,应当说是逻辑上在先的,而笛卡尔则把存在与实体等同了起来。应当说,这种思想并不具有新意,笛卡尔所说的在中世纪对存在问题的争论中已经出现过了。他借用了经院哲学的所有假设,甚至连"我思故我在"这句名言也不过是奥古斯丁"我怀疑,故我存在"[①]的翻版。似乎一切还都在神学的圈子里打转,那么,作为近代的开端,笛卡尔的贡献究竟是什么呢?

贡献在于笛卡尔的实体二元论。怀疑法的目的在于发现简单的、不言而喻的、不容许进一步推论的确定性。笛卡尔发现,一切可直觉的东西不是"广延"(或译"空间性"),就是一种"意识"(或译"思维"),世界就是由这两种最后的、最简单、最源初的实体构成的。这既是对唯名论也是对唯实论的肯定,精神的实在性与物质的实在性都得到

[①] 转引自赵敦华《基督教哲学1500年》,人民出版社2007年版,第146页。据说,笛卡尔本人不知道奥古斯丁的这个命题。

了认可。这就使世界被划分为两个完全不同的、完全分离的领域：物质领域和精神领域。承认二者中哪一个都是老生常谈，但同时承认二者是理论创造。笛卡尔创造出了两个世界，两个世界有一个共同的本源——上帝，上帝具有最高的真理性，精神和物质作为上帝的派生物具有仅次一级的真理性，而且，它们都是实在。笛卡尔的二元世界实际上包含着两个区分：一是精神与物质的区分；二是无限实在（上帝）与有限实在（精神与物质）的区分。精神和物质的区分意味着二者获得了同样的实在性；无限实在与有限实在的区分意味着精神与物质可以站在上帝面前作为知识的对象。在经院哲学后期，就有人主张区分上帝的形而上学与存在的形而上学，上帝的形而上学属于神学，而存在的形而上学属于哲学。在笛卡尔的二元区分中，虽然上帝仍然是形而上学的基础，但有限实在也在他的形而上学中获得了独立的地位。而且，笛卡尔把关于上帝的认识归之于天启神学，即属于科学知识之外的。这就确立了知识的对象就是精神与物质。

尽管笛卡尔宣称精神与物质世界是对立的、隔绝的，但二者又有"实体"这一天然联系，这就形成了三种理论可能：第一种，真理性来自主体，"我"以及"我"的本性——"思"——成为评判一切的尺度，主观精神实体化并成为认识主体。尽管这使得人们把笛卡尔归入唯我论与主观唯心论，但主观精神的实体化是人作为认识主体与实践主体这种主体地位在哲学上的真正确立，这是近代主体哲学的开端。第二种，承认物质世界是实体，这意味着物质世界具有其真理性，在其中包含着明晰与确定的知识。这是形而上学对自然科学的认可与支持，物理学借此获得了摆脱神学与哲学，进行独立发展的理论根据。马克思曾经指出，笛卡尔"把他的物理学和他的形而上学完全分开。在他的物理学

第六章 实存与实体——存在论在近代的发展与美学的认识论转向

的范围内，物质是唯一的实体，是存在和认识的唯一根据。"[1] 第三种，笛卡尔虽然强调物质世界与精神世界之间没有联系，但精神与物质统一于实体这一天然联系却是无法否认的。这种联系似乎在向我们暗示，知识无非就是两种实体间的某种关系。笛卡尔认为："一个知觉是清晰的、实在的、可供仔细的思索的，我便称之为清楚的知觉；正如通常所说的，我们清楚地看到的对象具有足够的作用力使我们的眼睛能把它置于视线之下，我便称之为明晰的对象。而我称那个如此不同于其他知觉的知觉为明晰的知觉，它只清晰地呈现给那个以应有方式对它考察的人。"[2] 在此我们看到"明晰的对象"与"明晰的知觉"之间的区分：知识作为清晰性和确定性的认识，当然是主体性的，是"明晰的知觉"。虽然没有明确指出，但笛卡尔在向我们暗示，明晰的知觉来自"明晰的对象"加适当的方法。从笛卡尔的物理学我们可以认为，明晰的对象就是物质的内在规律。在第一种理论可能中，主体观念确立了起来，这成了近代的标志。在第二种理论可能中，自然科学与物理学获得了形而上学的肯定与支持，虽然笛卡尔还无力指出精神与物质间的正确联系，但即使指出二者间的区分也是时代的进步，客体观念在这种区分中产生了。第三种理念可能则奠定了笛卡尔之后哲学的主要任务——主体与客体如何达到统一。最终，这三种理论可能构建起了近代知识观念的框架。

从存在论的角度来说，笛卡尔无条件地认为存在等同于实体，实体是绝对的存在，而存在是无限的实体。他应用了"实体"这一形而上学的公用名称，并指出了谁是实体，但没有解释什么是实体。在笛卡尔这

---

[1]《马克思恩格斯选集》第2卷，中共中央马克思恩格斯列宁斯大林著作编译局译，人民出版社2001年版，第160页。

[2] 译文转引自［苏］巴克拉捷《近代哲学史》，愚生译，上海译文出版社1983年版，第84页。

里,"实体"这个概念应用在上帝身上具有无限的意义,运用在精神与物质上时则具有有限的意义。在这个名称背后显然隐藏着种种问题,就像文德尔班所指出的那样,"实体概念早已处在不断的变化中,此刻需要进一步的改造。它已差不多丧失了同'事物'观念(本质范畴)的联系;因为,形形色色的规定组合成为统一的(具体的)实体观念,这种组合对于本质范畴是基本的,但恰恰这种组合在笛卡尔有限实体中完全缺乏——这些有限实体被规定的特性只是一个基本性质——空间性(也可译作"广延性")或意识性(或译"精神性")。因此,在实体中发现的其他一切东西都被认为是它的基本性质的变相,它的属性的变相。形体的一切性质和状态都是形体的空间的样式;精神的一切性质和状态都是意识的样式"①。这其实就是存在论的新任务:对实体及其属性进行界定、分析与清理。与这个任务并行的的是:如何消除笛卡尔的二元论带来的精神与肉体、人与自然之间的对立,解释肉体与精神、人与自然之间的关系究竟是怎样发生的。对这两层问题的回答正是我们在斯宾诺莎、洛克、休谟、莱布尼茨和康德处看到的。

　　解决笛卡尔的问题可以采用以下三个办法:第一,取消自然的实在性,这是一种绝对唯心主义的解决办法,如马勒伯朗士;第二,取消精神的实在性,这是法国唯物主义者和霍布士等人的看法;第三,使精神和物质都成为绝对实体——上帝和自然的表现,这是斯宾诺莎的方法。但无论哪一种方法,它的前提都是解释什么是"实体",在这些人之中,斯宾诺莎比较严谨和有系统地进行了解释。给实体下定义是斯宾诺莎哲学的起点,他给实体下的定义是:"实体,我理解为在自身内并通过自身而被认识的东西。换言之,形成实体的概念可以无须他物概念。"② 通

---

① [德]文德尔班:《哲学史教程》下卷,罗达仁译,商务印书馆1987年版,第557页。
② [荷]斯宾诺莎:《伦理学》,贺麟译,商务印书馆1983年版,第3页。

过这个定义，我们必然可以推导出以下四个结论：第一，实体必定只有一个，如果有物质和心灵两个实体的话，那就会形成相互定义的状态，比如心灵不是物质，物质不是心灵，而实体是无须借助他物进行定义的，因此只能有一个实体。第二，实体是自由的，它是以自身为原因的，它的一切性质与活动从它自身而来。这就带来了第三个结论——一切规定都是否定，不能从外在的角度规定它。它是无限的，不能赋予实体个体性和人格。也就是说，实体是无智慧和意志、无思维、无计划、不按照有的目的和意图行动。第四，实体必是永恒的，它既然是以自己为原因的，那么它不会有外因决定的开端，所以它是永恒的。这就是说，"实体"唯一特性就是"存在"，是基质意义上的"存在"。斯宾诺莎把这一单一、永恒、无限、以自身为原因的必然的事物之基质也称为上帝或自然。上帝不像笛卡尔说的那样脱离世界，不是一个从外面施作用于世界的外在超越的原因（这是有神论的观点），而是在世界以内，是宇宙内在的基质。上帝在世界之中，世界也在上帝之中，它是一切存在物的源泉，是事物内永恒的实体。而上帝的这种存在状态说明上帝与实体是同一的，上帝的属性就是实体的性质，尽管仍然用了上帝这个名称并称上帝是世界的本原，实际上斯宾诺莎说的是——实体是世界的本原。

通过这样一个上帝或实体观念，斯宾诺莎消解了笛卡尔的物质与精神的二元论，但又吸收了二者间的区分。他认为，实体有无限的属性，其中能被人认识的只有精神与广延这两种，因为人本身就既是精神的也是物质的。这就是说，作为人的本原的上帝或者实体至少也具有广延与精神两种属性，以此我们可以推导出：哪里有精神，哪里就有广延或者物质，反之亦然，这两种属性是实体的本质性的东西，存在于任何有实体的地方，即到处都有。精神与物质二者是同一个实体的表现，二者的地位是相同的,是同一个原因的结果,二者不能相互规定但一定是并行的。思维与存在是同一的,自然界中有一个实在的圆,那么在精神中也必定有这样一个圆,反之亦然。这种思维与存在相同一的观点解决了人类知识的真理性问题,知识作为观念是精神性的,而它必定有一个非精神的物质与它相并行。

还有一个问题:实体是一般与总体,它和具体事物之间是什么关系呢?按斯宾诺莎的解释,实体是内在于具体事物的,具体事物就是实体的样态,或者说属性。并没有外在于事物的抽象的实体,实体总是体现为具体的事物,因此,没有纯粹的广延,有的总是特殊的事物;也没有纯粹的思想或者说精神,有的只是特殊的观念。我们不能脱离具体而思考实体,也就是说不能离开属性而设想实体。实体是永恒无限的,因此物质与精神也是无限的,它们分别构成一个无限的体系。斯宾诺莎把观念的无限体系即一切观念的总和称为"绝对无限的理智";把广延的总体称为"运动和静止"。此二者共同构成整个宇宙,而且,观念的秩序与联系和事物的秩序与联系是同一的,每一种事物即是观念的也是物质的,即是观念也是观念的对象。在这两个体系之内的每一个个别观念或者事物都不是直接从实体中推导出来,而是相互规定的,在每个体系之内的个别之间都有一个严格的因果关系链条。这就是说,我头脑中的个别观念因其他观念而存在,我眼前的个别事物因其他事物而存在,个别不是从实体中推导出来的。就像梯利指出的:"我们不能根据实体的概念或上帝,推导出这个世界上各种有限物体的存在、数目、性质,推导出实体借以显现的所谓样态或形式,即现在存在的特殊的、具体的人、植物和物体。这些都并不必然要产生于实体观念,对上帝来说,它们都

第六章 实存与实体——存在论在近代的发展与美学的认识论转向

是不定的和偶然的。"① 也就是说,上帝或者实体虽然是世界的基质,却不是知识的对象;知识的对象是观念的体系和物质的体系,因为每一个具体对象的属性,都来自它们所属的体系,而不是上帝或实体。这个观点从客观上消解了实体或上帝在知识体系中的本原地位。

斯宾诺莎的体系中,广延与思维是两种最高的普遍概念,它们是实体的属性而事物是它们的样式,但"从这两个最后的、有内容的规定中再进行抽象,抽象到最一般的存在、ensgeneralissimum(最普遍的存在),那么一切特定的内容就会从这一存在概念中消逝,只剩下空洞的实体形式了"②。存在概念在斯宾诺莎这里转化为实体概念,却丧失了所有内容,当知识属于广延与思维两个体系的时候,在这两个体系之外的存在概念就丧失了形而上学的意义。

斯宾诺莎在调和二元论的对立中采用了唯实论的立场,赋予了属性实在性。与他的方法并行的还有经验主义的方法,具有代表性的是洛克的实体观。实体问题乃是洛克思考的中心问题之一。但洛克是从唯名论立场出发的,他不是研究实体的存在性,而是研究实体这一"观念"的产生。洛克认为,物体有能力使我们产生某些观念,我们称这种能力为"属性"。有些属性为物体本身所有,是同物体一体的,洛克称之为"第一性的属性或性质",如坚硬、广延、形状、运动或静止以及数目;而那些不在物体本身以内的而靠第一性的性质能够使我们产生各种感觉者,如颜色、声音、滋味等,叫作"第二性的性质"。心灵把握到的第一性的性质形成我们的简单观念,而心灵靠自己的能力把简单观念集合起来,构成新的观念,这叫作"复杂观念"。"实体"就是这样一种复杂观念。洛克认为,某些数目的简单观念是经常处在一起的,我们认为它

---

① [美]梯利:《西方哲学史》,葛力译,商务印书馆2000年版,第335页。
② [德]文德尔班:《哲学史教程》下卷,罗达仁译,商务印书馆1987年版,第561页。

们属于同一个事物，于是用一个名词来称呼它们。这样一来它们就成了一个个别事物。但这些简单观念不能脱离这个个别事物而独立存在，所以我们设想它们是附着在一个基质之上的，就称这个基质为"实体"。比如，"金子"这个事物，它是延展性、可熔性、色泽、硬度等简单观念的集合体，这些观念必定得附着在一个东西上。这个东西作为承载者，它必定是存在的，"金"这个事物就是这个基质加上简单观念的结果；简单观念是不能脱离基质的，它们是基质，也就是实体的流出。这就是物质实体这一观念的来源，同时，我们还必须具有接受这些简单观念的接受者，因此我们也不得不假定：有这样一个接受者，这个接受者就是精神实体，复杂观念的产生就是在这一精神实体上完成的。

对实体观念之产生的这种解说表明，我们的实体观念实际上来自理论上的假设，是推论的结果。因此，有实体观念并不意味着实体就是实在地、客观地存在着。对于物质实体和精神实体，我们能认识的只是它们的性质，而不是它们自身，我们只能肯定"实体观念"存在于我们的意识中，但不能肯定是不是有客观实在的实体，因为这超出了我们的认识范围。但这也使得我们不能否定有实体存在，毕竟那是一个我们未知的领域，我们的一切知识都是有关于观念的，因此知识本质上是观念及观念间的联系，所以观念之外有没有实在的世界是一个我们无法回答的问题。洛克承认我们有实体的观念，包括精神、物质与上帝，但不能肯定这三种实体的实在性。洛克的这种态度也恰恰表明了：关于实体是什么，它的结构、它的本质等是什么，这是我们不能认识的，但它存在是肯定的，因为我们不能设想它们不存在的情况；一旦它们不存在，我们就不会有关于事物的简单观念，这显然违背了经验事实。因此，实体"应当"是存在的，存在就是实体的基本规定性。洛克对实体的这种理解实质上动摇了实体的客观性。实体观念的产生说明了实体实际上是主

第六章　实存与实体——存在论在近代的发展与美学的认识论转向

观的产生出来的,它不再像斯宾诺莎所说的那样是绝对、唯一的真实存在。与此相应,存在概念也就失去了它的绝对、唯一、真实这些规定性,而我们之所以要提出存在概念,就是要确立这些规定性。从这个意义上说,洛克的实体观实际上取消了讨论"存在"概念的必要。正如黑格尔所说:"洛克完全不把自在自为的真理放在眼里。他的兴趣不复在于认识自在自为的真理;反之,其兴趣只是主观的、想要知道在我们的认识过程中知识是如何形成的,我们是如何形成这些表象的,特别要知道如何获得我们的普遍表象或洛克所谓观念。"[1]洛克在此引发了哲学上的一个转向,建立在经验基础上的认识过程即获得知识的过程成了哲学的中心问题。

自笛卡尔把"存在"规定性等同于实体,就出现了精神与广延之间的二元实体对立,为了给知识的真理性奠定基础,必须从存在论的高度解决这种对立。也就是说,要赋予"实体"这个概念一定的特性,使得我们可以从它之中推导出或者在它之上建立起可靠的知识论。为此,斯宾诺莎的办法是以"万有实体"取代二元对立。这在存在论上实现了二元的统一,但在知识论上不能真正克服思维与广延之间的对立,只好借助独断的平行论。洛克的办法是仅仅视"实体"为精神中的观念,而不去追问这个观念是否有相应的实在存在。这实际上是只重视对立中的思维而悬置了广延,他只能肯定思维和从思维中推导出来的上帝这两个实体,而使得作为广延的实体成了不可知的,对立没有被解决而只是被绕过了。因此,必须得有这样一种实体观,这个实体既能统一精神与广延二者,也能肯定二者的区分,但最终要实现二者间的联系与相互影响,因为这是知识的需要。莱布尼茨的单子论就是想要达到这个目的的实

---

[1] [德]黑格尔:《哲学史讲演录》第二卷,贺麟、王太庆译,商务印书馆2013年版,第139页。

体论。

　　莱布尼茨思想体系的主要目的是"调和机械论世界观与目的论世界观，从而联结他那个时代的科学利益与宗教利益"[①]，但原有的实体论根本不能满足这个要求。物理世界和精神世界不应当是完全封闭的体系，这种封闭的实体论带来的是物理世界的机械论，广延成为物质的唯一规定性。但事情没有这样简单，如果说广延的原因是实体，那么物质机械运动和精神的运动的原因又是什么呢？莱布尼茨宣称"力"才是运动的原因，也是广延的原因；"力"在量上是守恒的，没有一种实体不活动，不表现出力。不活动的东西不存在，因此莱布尼茨认为只有活动的才是实在的。因此，物质的本质规定性应当是力，而不是广延，"力"及其不灭的规律是物质运动的根本原因，而且，广延本身是由部分构成的，凡由部分构成者不可能是基质，因为基质必须是单纯的，而"力"就是这样一种单纯的不可分的实在。

　　从动力与能量的角度来理解物质世界的存在与运动，这是近代科学发展的产物，也是莱布尼茨这位伟大的哲学家兼数学家和物理学家构建形而上学体系时的基本出发点。这个出发点要求以动态与能量的观点取代几何学和静态的自然观。这就要求必须有一个能够解释这一现象的存在论与实体观，并从存在论的角度把这个观念贯穿到自然与世界的各个环节中去。为此，莱布尼茨把"力"上升到宇宙实体的高度。他认为，广延必须以力的存在为前提，力是机械世界的源泉，机械世界是力的体现，是力的可感的现象。物体有一种自身能够伸张、扩展和延续的特性与本性，而广延正是这种本性的体现。也就是说，广延是力的结果，力先于广延，由于物体中有阻力，物体才显得有不

[①] ［德］文德尔班：《哲学史教程》下卷，罗达仁译，商务印书馆1987年版，第576页。

可入性和有界性，才成为具体物质；每一单位的力都是灵魂和物质、主动和被动的不可分割的结合，这个"力"自身具有组织作用、目的性，有自我决定性。物体是单纯的力的集合，由于事物是无限多的，所以力的数目也是无限的，但第一种力都是单纯的个别的实体，力是不可分割的，它构成物质但它不是物质，也没有广延。莱布尼茨将这种单一的非物质的"力"称为"形而上学的点"、根本的原子、本质的形式、实体的形式，最直接的称呼是"单子"。单子不是物理学上的和数学上的点，因为它既非物质的也非实在的，它不占有空间，它只是思量的对象。但这种单子构成实在的东西，因为没有这种单一的东西，也就没有复合的东西。又由于这种单子的终极性，所以它无生无灭，不能被毁灭也不能被创造，它是永恒的实体。这样一来，古老的经院哲学所说的"个别活动的实体"这个概念与近代科学的能量观结合在一起重新复活了，重新获得了存在论意义。

莱布尼茨以一种类推的方式把单子推到了宇宙实体的地步：无限多的动态的没有广延的力即单子，构成整个物质世界。单子也构成了我们的精神世界，因为这种基质既然可以被我们的精神所认识，说明我们的内在生命中也有这样的单纯的非物质的实体，心灵就是这样的实体。这样一来，精神和物质就达到了存在论上的统一，但精神具有物质没有的活动性，这又怎么解释呢？莱布尼茨进一步类推：由于心灵是由单子构成的，也是力的体现，所以凡是心灵所有的特性，在一定程度上单子也有。也就是说单子也有精神，是精神性的力，它像人类心灵一样，也有知觉与欲望。古希腊的物活论就这样复活了。莱布尼茨认为，每一个单子都具有知觉和表象的能力，它能知觉和表象全宇宙；在这个意义上，单子就是小宇宙，是宇宙活生生的镜子。为了解释世界的多样性，他还认为每一个单子都用它自己的方式、从它自己的观点来表现世界，各有各的清晰度；单子越高级，它表现和知觉的世界就越清晰。这样，单子就构成一个从最低级到最高级的系列，最高等的单子是上帝，其次是人的灵魂的单子，再次是动物灵魂的单子，依次下去，最低等是无机物的单子。最高等的单子是纯粹的活动，全知全能；最低等的单子只有极微弱的知觉力；没有两个单子是相同的，而整个世界就是这样的系列。自然中没有飞跃，这个系列没有中断的地方，因此，没有完全的空无，没有死寂，没有不产生结果的活动。这样，单子的差异性就构成个体的差异性。

斯宾诺莎肯定有一个普遍实体而莱布尼茨断定有无数多个。莱布尼茨强调个别的东西是实在的，共相不能脱离个体事物而存在，因此在实体观上，他把整个宇宙分割为无数的个体存在物——单子，为了使个体的东西具有活动性，他把这些个体存在物认定是精神的实体，是纯粹的能动性——力。每一个单子都处在演化过程中，但每一个单子都是因为其内在必然性而实现其本性的，它不受外界决定，没有任何东西可以通过可进入其中的窗子，它要成为什么样子本来就潜伏它自身以内。这样一种实体论奠定了内因决定论与物质发展观，实体不再是静止不变的东西，而是按照它自身的本性发展变化。单子的这些特性显然吸收了柏拉图的理念论、德谟克利特的原子论和亚里士多德的隐德来希，借此莱布尼茨从存在论的角度奠定了理性的先验原则。洛克认为我们的知识只能来自我们的经验，他说"凡是灵魂中的，没有不是来自感觉的"。莱布尼茨针锋相对地说："凡是在理智中的，没有不是先已在感觉中的，但理智本身除外。"[①] 这就是说，理智是我们的认识的先验原则，它就先天地隐含在单子及其相互的关系中，感觉永远不会给予我们存在、实体、

---

① [德]莱布尼茨：《人类理智新论》上卷，陈修斋译，商务印书馆1996年版，第82页。

统一、同一、原因、知觉、推理和量这些理性概念，尽管我们不能脱离感性经验。也就是说，知识是精神与对物质之经验的协调一致的关系，而不单单是经验。这就是莱布尼茨的前定和谐说。他认为，虽然单子是没有窗户的、不受外界影响的，但构成精神的单子与构成肉体的单子之间仍有某种关系。他解释说，上帝创造精神和肉体时，已经做好了安排，从一开始二者就是一种平行状态，是相伴而生的，而不是因果的关系。就这种平行关系而言，肉体是精神在物质方面的表现，而灵魂是物质在精神上的表现，每一个单子都是有机的，都是按其本性预先规定的规律而活动。"心灵通过欲望、目的和手段，遵循终极因的规律而活动。肉体依照动力因或运动的规律而活动。这两个领域是彼此和谐的。"[①] 这就是说，有机体是由上帝预先构成的，是"神圣的自动机"。将这个思想扩展出去，就可以推断出：一切单子都像一个有机体的各部分那样共同行动，其中每一个单子都执行它自己的任务，这个任务是上帝预先制定好的。一切事物都是相互关联的，因果关系不过是上帝已经预先决定好的各部分的和谐行动；单子的每一个状态都是由该单子的本性、它的前一种状态和它与其他单子的一致状态决定的；宇宙是彻底和谐的，这种和谐就是宇宙存在的本然状态。

借单子论，莱布尼茨建立了世界的统一性原则，而他赋予实体概念的含义恰恰是：实体是多样性中的统一性（见其《单子论》13—16）。世界统一于单子，单子统一于其活动性，活动性统一于前定和谐，前定和谐决定着世界的运动发展变化，运动的规律性与必然性取代了经验论的偶然性，"存在"的活动性在莱布尼茨这里获得了理论上的肯定。

---

① 转引自［美］梯利《西方哲学史》，葛力译，商务印书馆2000年版，第410页。

这就是莱布尼茨的理性主义存在论与实体观,它是和洛克的理论针锋相对的,自古以来的存在论几乎都在这个理论体系中得到了吸收。但与这种具有调和色彩的理论相反,经验主义者们却从洛克的理论中引申出了一个否定性的实体观,这就是贝克莱——他否定了物理世界中有实体,与休谟——他否定了自我之中有实体——的存在论。

贝克莱探讨存在问题的出发点不完全是哲学的,更多的是出于一种神学的考虑。洛克指出,我们的一切知识都限制在经验的事实以内,我们只具有观念的直接知识,虽然我们也不否定有一个外在世界,但这个世界不是自明的,而是需要论证的。贝克莱沿着这个思路继续下去:观念或者说心灵以外的世界不可能被我们所认识,那么,它存在吗?贝克莱不希望出现一个与上帝并存的独立无限的实体和一个纯粹的空间,因为这将否定上帝的存在。贝克莱认为,相信物质实体的存在就会导致唯物论与无神论,因此,需要一个新的存在观来化解物质实体的存在。贝克莱对"存在"(existence)的新的界定是:"只要人一思考'存在'一词用于可感事物时作何解释,他是可以凭直觉知道这一点的。我说我写字用的这张桌子存在,就是说,我看见它,摸着它;如果我走出书室,就应该说它存在过,我的意思是说,如果我在我的书室,我可以感知到它,或者说,有别的精神当下就能看见它。……因为所谓不思想的事物的绝对存在,与它们是被感知的没有任何联系,似乎是完全不可理解的。它们的 esse(存在)就是 percicp(被感知),因为它们不可能会在感知它们的心灵或思想的东西之外有任何存在。"[①] 这就是说,事物只有在被主体感知到的情况下才是存在的。这是洛克思想的一个极端化。我们可以这样来理解:一个事物如果没有被我们所感知,那么我们怎么能

---

① [英]贝克莱:《人类知识原理》,关文运译,商务印书馆1973年版,第20—21页。

知道它是存在的呢？也就是说，存在判断的根据是我们的感知即在进行着感知的心灵，只有心灵是实体，心外之物无所谓存在与否。这就解消了物质实体。贝克莱认为，由于外在世界的存在唯有借助于心灵才能被认识，就取消了外在世界的实在性，这虽然过分但不难理解。只是有一点值得我们注意：esse（存在）就是percicp（被感知），这句话他没有用existence，而是用了拉丁文esse。这是个系词，贝克莱用这个词应当是有特殊用意的。如果他看重的是这个词作为系词的纯显现意味，那么他的那个荒谬的论断就可以被积极地理解为：事物的显现就是它的被感知。如果他能像托马斯·阿奎那一样区分一下esse与实存的话，那么外在世界的实在性也不会被否定掉，但贝克莱通篇都用的是existence，对于esse与being的讨论非常少。这就是说，他把存在等同于实存。在"存在就是被感知"这句名言中，他实际上否定了外在世界的实存，只承认心灵的存在。

即使心灵的实存也被怀疑论思想最终否定掉了，这就是休谟的怀疑论。休谟把研究人类知性的性质、分析它的力量与能力作为哲学的基本任务。这就包含着这样一层含义：哪些课题是人类知性能够认识的，而哪些课题不是？休谟的目的，就是要建立起真正的形而上学，也就是关于知性的科学，同时摧毁那些试图探究知性不能达到的领域的虚伪和混乱的形而上学。休谟的结论是，如果剥除掉洛克所说的物质的第一性质和第二性质，只留下一个不可知的、不可理解的所谓实体作为人的印象的原因，这是不恰当的，一切知识的对象只是关于印象的观念，我们没有任何实体的观念，实体不属于知识的范围。"我们只能研究人类知性有限能力所能胜任的课题。哲学的论断不过是对日常生活的思索加以整理并纠正。哲学家考虑到他们所运用的能力有欠完善、能达到的范围狭隘和发挥的作用不准确，永远不会试图超出日常生活以外。关于世界的起源和自然的情况，人类绝不能得出令人满意的结论，过去、将来都是如此。"①这就是说，形而上学作为世界的本源的知识，根本是不可能的，不可能有理论宇宙论，也不可能有关于心灵本质的科学；人类对于非物质、不可分和永恒的心灵实体一无所知，实体的观念无论在精神上还是物质上都是没有意义的；我们得到的一切无非是知觉，没有作为实体的"自我"，也没有作为实体的"基质"。

没有实体，那么怎么理解往常是建立在实体观念上的"存在观"呢？休谟认为："我们可以意识或记忆的任何印象或观念，没有一个不被想象为存在的。显而易见，存在（being）的最完善的观念和信据是从这种意识得来的。根据这一点，我们可能会形成一种可以想象的最清楚最确定的两难境地，即我们既然在记忆起任何观念或印象时，总是要赋予它们以存在，所在存在观念要么必然来自一种独特的印象，而这种印象是与每一种感知或我们思想的对象联系在一起的，要么必然与感知的观念或对象是同一的。"② 存在概念来自对观念之存在的意识，所以要么它是对观念的印象，要么就是观念自身，存在概念绝不会是实体。近代以来的实体观念就在休谟的这种深刻的怀疑论中被瓦解了。与此同时，"存在"这个概念也仅仅被认为是主体的观念，而不指称某种实在。那么，这个概念有什么意义呢？休谟说："存在概念和任何对象的观念结合起来时，并没有为它增加任何东西。无论我们想象什么，我们总是想象它是存在的。我们任意形成的任何观念都是一个存在者的观念；一个存在者的观念也是我们所任意形成的任何观念。"③ 休谟向我们指出了，

---

① [美] 梯利：《西方哲学史》，葛力译，商务印书馆2000年版，第392页。
② [英] 休谟：《人性论》上册，关之骧、关文运译，商务印书馆1980年版，第82页。
③ 同上。

第六章 实存与实体——存在论在近代的发展与美学的认识论转向

存在观念和事物的实存 existence 是同一的，事物的实存中就已经包含着存在观念。这是不是指示我们，应当研究事物的实存而不是所谓的"存在"呢？

康德的存在观就是沿着这个指示前进的。

从近代存在论的总体风貌来说，它以实体为中心，具有二元性：在笛卡尔、斯宾诺莎、莱布尼茨、沃尔夫、鲍姆嘉通的著作中，我们可以看到一种抽象的理性主义和唯智主义；而在培根、洛克、夏夫兹博里、贝克莱、休谟、卢梭的著作中，我们可以看到一种同样抽象的经验论倾向与感觉论。这种对立源自存在论上对实体的不同理解，谁是实体——物质，还是观念？这就是近代的基本问题，这也正是近代美学的思想根基。近代美学涉及的问题比起以往的时代要丰富与开阔得多：一方面是因为哲学自身的多元性，另一方面是因为艺术的成熟以及艺术批评活动的展开。二者往往交织在一起，以致问题在这个时代复杂到需要一门专门的学科来研究，这个学科就是"美学"。但情况愈是复杂就愈需要对其脉络进行清理：一方面我们必须厘清哲学的主导问题对于美的认识的影响与启示，也就是美在这个时代的形而上学根基问题；另一方面我们必须找到艺术批评活动的标准以及这一标准的最终根据。最终，我们必须能够将二者统一于深入时代之美学精神的存在论根基处。

在近代，存在论与美学的关系要比以往的时代复杂得多，在古希腊与中世纪，美学只是哲学的一个顺便提及的议题，还不是哲学的一个部分，而在近代，一种真正的哲学美学产生了。它不完全是形而上学，尽管它有形而上学的维度；也不完全是认识论，尽管认识问题也是它的主要问题。它贯穿在哲学的各个方面中，这种现象的产生源自美的二元性。对美的反思自古希腊以来得出的结论都体现出某种客观性，要么是客观的理念，要么是事物客观的属性，直到中世纪晚期审美经验的主体

· 159 ·

性，主体对于美的决定性的意义才得到承认。这就使得近代美学从起点处就具有多重性：一方面是形而上学的客观论，另一方面是经验论与感觉论。这两种并行的理论要求在近代得到同样的尊重，并且要求二者在关于美的思考中得到综合，而这种综合恰恰就是近代美学的基本特征。

和以往的时代之中存在论与美学的关系相比，近代存在论对美学的具体影响要曲折得多，因为近代存在论的目的与美学的基本精神是相违背的。如前所述，近代存在论的发展源自对知识的辩护、对科学的辩护，但知识与科学在为自己的独立性而奋斗的时候，似乎还顾不得把自身与美结合起来。"自由思想的先驱们对美这个现象并没有给予很多的注意。笛卡尔和斯宾诺莎、培根、霍布士和洛克马上就投身于同人的自由、上帝的性质、认识的扩大、意识和社会的性质有关的问题——这些问题似乎是关系人在世界上的地位的一些最迫切、最中心的问题。而且，在某种程度上，这些哲学家的朴素的唯理论，不管是根源于理智主义，还是根源于感觉论，都意味着对美的艺术采取一种同柏拉图非常相仿的态度。不过在实际上，他们的观念比古代的观念要远远地更加有利于美的艺术取得重要地位，因为他们的观念是建立在基督教意识慢慢奠定的牢固基础上的，而基督教意识就包含在神意论在群众当中的种种变体中。这无异于说，即令他们怀疑世界的目的性，他们也不怀疑世界是彻底合理的，可以为智慧所理解的。在这个信念基础（近代意识就牢固地建立在这个基础上）上，对于美和认识给予适当考虑纯粹是一个时间问题。"[①] 鲍桑葵的看法很能说明"美"在近代思想体系中的地位问题。从存在论的高度来说，美在神学、在希腊人的哲学中都具有形而上学的最高地位，往往是"存在"概念的象征或直接现实，但在近代的存在论

[①] ［英］鲍桑葵：《美学史》，张今译，商务印书馆1997年版，第232页。

第六章 实存与实体——存在论在近代的发展与美学的认识论转向

中,"美"没有这样的地位。在 17 世纪,哲学家们对美与艺术问题的友好的思考是例外而不是常规。为了提高知识与科学的地位,哲学家们站在科学与知识的角度藐视一切,其中也包括美与艺术。

但反过来看,当知识——科学强有力地占据了人类文化最主要的部分时,它就会把自身扩展到文化的各个部分,其中也包括美与艺术。这样一来,科学与知识所从之出的存在论也就渗透到了美与艺术之中,存在论与美和艺术更加紧密地结合在一起。这种结合不再是单纯的象征关系或同一关系,而是一种根与叶的关系,它们是统一的,却又根叶分明。因此,近代(17—18 世纪)美学的特点是哲学美学的作用加强了。这种"哲学家的美学"开始统治所谓"实用美学",开始在艺术批评与艺术理论中发挥主导作用。在这个时期中的笛卡尔哲学,莱布尼茨、霍布士、洛克等人的哲学,都在艺术理论的各个领域产生了巨大的影响。美学在这个时期终于走出了形而上学,开始与艺术紧密结合起来。这是美学发展史上最重要的事件。如果说以前美学只是本体论或者说存在学说的一部分,以抽象的宇宙论为前提,那么现在它不但是存在论与宇宙论,而且已经成为认识学说的一部分,它开始从存在论扩展到认识论,成为哲学体系中不可或缺的一部分。

存在论与认识论统一在一起是这个时期美学的主要特色。也就是说,美的存在论根基被明确建立起来,然后又在此基础上建立起相应的审美认识论,因而要理解这个时期的审美的认识论倾向,就必须深入它的存在论根源上去。

在上文对近代存在论的梳理中,我们可以看到这种存在论从宏观上讲具有两种倾向,这近似于中世纪后期的情况;二者的差异在于,在观念与物质的对立中,一种新的理论基础确立了,因为近代思想的两种存在论具有一个共同的支点——"我"。无论是笛卡尔、斯宾诺莎、莱布尼茨，还是洛克、贝克莱、休谟，他们的理论实际上都建立在一个思想着的、感觉着的和知觉着的主体之上。这是近代的存在论与中世纪存在论的根本区别。这样一个独立于万物之上的、思想着的、感受着的主体有意识地深入世界的体系之中，并且深信自己一定能够在物的体系中找到他想要找到的东西。这种东西要么是一种符合因果法则的结构，要么是同观察到的现象一致的一般真理，要么是一种适合他的生活的道德原则或享乐主义原则。这个主体以自己为中心，来批判地验证和重建那个与他相对的世界。这个主体就是笛卡尔的存在论中出现的那个"我"。

笛卡尔代表的欧洲近代形而上学的开始、思维着的主体的实在性，对于美学的建立与发展而言具有绝对性的意义。海德格尔对于欧洲近代形而上学的诞生之意义有一段精辟的概括，不妨转录如下：

> 关于艺术的知识的历史，也就是美学的起源和形成的历史的第三个基本发展，是一个偶然事件，一个并非从艺术或者对艺术的反思中涌现的偶然事件。然而，它是一个牵扯到我们整个历史的事件。它是近代的开端，人及其关于他自身的不受限制的知识，就像他在存在者的地位一样，成为一个决定着存在者如何被经验、被界定、被赋形的领域。退回到人的状态与条件，退回到人面对他自身和面对诸事物的方式，这种退回暗示着，人自由地面对诸事物的方式，人发现他自己和感受他自己的方式，简言之，他的"趣味"，成了凌驾于诸存在者之上的拥有司法权的法官。在形而上学中，这一点通过这样一种方式明晰化了：在这种方式中，一切存在与一切真理都以个体自我的自我意识为根据——我思故我在。对我们在我们的条件和状态下面对我们自身的如此发现——能思的我之我思——也提供了以其存在为保证的第一个"对象"。我自身，我的

第六章 实存与实体——存在论在近代的发展与美学的认识论转向

状态，是原初的、真正的存在者。其他一切事物可以说都是由这一确定的存在者为标准来加以衡量的。我所拥有的多种状态——我发现自身所是的方式——本质性地介入到我界定别的事物、界定我所遇到的任何一事的方式之中。①

那么，它对于美学有什么样的影响呢？以我思主体的趣味作为评判诸存在者的标准。这对于美学而言是决定性的，因为以此为根据，"对艺术之美的反思现在明显地，甚至是绝对地滑入了与人的感受状态的关系中，因此最近几个世纪美学②的奠基和大行其道就不足为奇了。这同样可以解释为什么'感性学/美学'（aesthetics）这一名称现在被作为一种观察方式而应用，因为它的道路已经被铺就了：感性学/美学之于感性和感受就如逻辑之于思维，这就是为什么美学被称为'感性的逻辑'"。③ 在笛卡尔的存在论中，"我"的实在性得到了最高认可。正如海德格尔所说，"我"的趣味成为判断存在者的标尺。这无疑是说，审美的主体性与主体的趣味性在存在论的高度得到了承认。从哲学发展史的角度来说，这是"人"取代"上帝"的必然结果；从美学发展的角度来说，美学研究的主导方向转变为对主体，或者说以主体为中心的主客体之关系的研究。笛卡尔的存在论对现代美学的产生是决定性的。从总体上讲这种存在论不但承认了美的客观性，也承认了美的主观性。存在论上的二元论承认了美的问题上的二元论，这就是笛卡尔存在观对于美学的方向的影响。

但这种影响并不是一下子就显示出来的，这仅仅是宏观的方向性的

---

① Martin Heidegger, *Nietzsche Volume I: The Will to Power as Art*, trans D. F. Krell Routledge & Kegan Paul London and Henley, 1981, p. 83.
② 海德格尔在这里侧重于 aesthetics 一词的"感性学"意义，然后才是"美学"意义。
③ Martin Heidegger, *Nietzsche Volume I: The Will to Power as Art*, trans D. F. Krell Routledge & Kegan Paul London and Henley, 1981, p. 83.

影响,是我们对从笛卡尔到康德近200年美学发展的趋势而言的。这种方向性的影响对具体的艺术理论产生了实际影响,首先在于它为艺术理论与艺术批评提供了两套标准。也就是说,有了两种具有不同倾向的美学。

首先是笛卡尔,实体的二元论既承认思维实体的实在性,也承认物质实体的实在性。这就使得美的观念性质与美的经验性质都可能得到承认,笛卡尔确实这样做了。在他的为数不多的关于美与艺术的看法中,他也承认美是平衡的刺激,承认激情在美与艺术中的作用。比如在他的第一部著作《音乐提要》(1618)中,在较晚的《论激情》(1649)中,我们都能看到他对艺术与美的经验性质的承认,这是他承认美的物质实在性的一个表现。需要指出的是,"可能有"的另一个表现笛卡尔没有说,却有人替他说了。按笛卡尔的存在二元论,他承认物质的实体性,这不单单是说美和艺术作为实在物可以给人刺激,而是应当承认物体有其内在结构与物理属性。他在存在论内确实是这样做的,所以笛卡尔一方面是一个理性主义的形而上学家,但另一方面他也是一个物理学家、一个机械唯物论者。马克思和恩格斯曾经写道:"笛卡尔在其物理学中认为物质具有独立的创造力,并把机械运动看作物质生命的表现。他把他的物理学和他的形而上学完全分开。在他的物理学范围内,物质是唯一的实体……"[①] 这种物质实在性的思想必导致一种彻底的机械唯物论。比如,他把生命活动理解为"生命的精气""松果腺",理解为生命体对外部刺激的条件反射。这里包含着灵魂与躯体,即精神实体与物质实体之关系的一种机械唯物论思考,但这种思想在他关于艺术与美的思想中没有表现。他可能说的话被英国的机械唯物论者霍布士说

[①] 《马克思恩格斯选集》第2卷,中共中央马克思恩格斯列宁斯大林著作编译局译,人民出版社2001年版,第160页。

第六章　实存与实体——存在论在近代的发展与美学的认识论转向

了。霍布士只承认物质的实在性。在他看来，精神是运动的物质，感觉来自外部运动，记忆力是运动的余波，精神的东西都是物质按照机械原则运动的结果。这种学说奠定了美学的经验主义的研究——从心理学、从心理因素的机械作用去解释审美与艺术活动。比如，他对观念联想律的确立与解释："感觉在一个时候显出一座山的形状，在另一个时候显出黄金的颜色，后来想象就把这两个感觉组合成一座黄金色的山""凡是在感觉中彼此直接衔接的运动在感觉后也还是连在一起的。一旦前一个运动再度发生，后一个运动根据被推动的物质的联结性，也就接着来。"[1]

笛卡尔存在论中的精神实体性在其关于美与艺术的思考中占主导地位，因为这种实体观确定了理性原则的绝对性。理性的绝对性在笛卡尔的理论中体现为知识和科学的绝对性，而这种绝对性在方法论上又体现为数学，特别是几何学的绝对性。对于笛卡尔来说，无论什么观念，如果不是他通过自身的直觉发现的自明的真理，如果不是从各种公理和各种基本的、必然的事实中通过严格的逻辑联系推论出来，即如果不是像几何学的定理那样被推论出来，他决定不承认这种观念是正确的。而所谓的"正确"在他看来，就是体现在理性上的明晰、清楚，条理分明，逻辑连贯。笛卡尔对于美与艺术的解释，尽管开始是从感性经验出发的，最终却落实在理性原则之上——笛卡尔赞美的只是一系列从理性中硬性推导出来的东西。正如吉尔伯特与库恩所说："笛卡尔的美学准则最终还是返回到了数学与逻辑学的理想上来，尽管它怀着奇特的心理和神经质式的激动兜了一个大圈子。"[2]

---

[1] 以上引文见朱光潜《西方美学史》上卷，人民文学出版社1979年版，第206页。
[2] ［美］吉尔伯特、［德］库恩：《美学史》上卷，夏乾丰译，上海译文出版社1989年版，第270页。

笛卡尔的理性主义马上在美与艺术理论内成了主流，有人说"十七世纪的文学界，各方面都体现出了笛卡尔连一句话也从未写过的笛卡尔美学"。这种笛卡尔美学的主题就是理性原则与美和艺术的关系。这种美学的代言人是布瓦洛，布瓦洛的《论诗艺》就是美学领域内的《论方法》。理性、良知、三一律，事物的数的关系和秩序，还有规则，这都是笛卡尔的主张，也成了布瓦洛对艺术与美的要求。

这样一来，笛卡尔的存在论就从两个层次上决定了美学的发展。在形而上学的层次上，他奠定了思维实体与物质实体的对立，"我思主体"的确立转变了美学的方向，承认思维主体的实在性也就是承认了主体进行判断的权利，其中也包括审美判断。这从理论上促成了美学学科的诞生，因为美学正是借这一判断的研究而获得其正式地位的。在具体的艺术与美的问题上，存在论上的对立转化为具体观念上的对立。笛卡尔奠定了美的理性原则与经验方法，但并没有将二者统一起来。近代美学的发展就是以这一对立为主线展开的。

这一存在论上的对立首先展现为理性原则与经验事实之间的对立，即理性主义与经验主义之间的对立，这是中世纪唯实论与唯名论之对立的延续。这一存在论上的对立在近代思想中体现为精神与物质、普遍性与个性、理性与感性、科学与艺术、真实与虚构的对立。笛卡尔—斯宾诺莎—莱布尼茨—沃尔夫—鲍姆嘉通一派的出发点是抽象的理性原则，即普遍性。按这种出发点，感觉和感受是暧昧与混乱的观念，是低一等级的。这一派把美的本质归为理性原则，更极端一些则将之理解为数的关系。这些哲学家们关心的不是多姿多彩的感性世界，而是一些感性现象背后的主导原因，这些原因他们称之为"本质""规律""形式""法则"等。这些原因可以揭示偶然现象的秩序性与现象间的联系，它们构成了所谓"真实"，而"真实"正是那个时代之艺

第六章 实存与实体——存在论在近代的发展与美学的认识论转向

术的追求与评断标准。这些哲学家们还相信，模糊不清的混乱的精神现象一定要服从某种理性预设与规则，他们精神活动的罗盘能让精神活动如数学公式般明晰，结果他们都呈现出对科学精神的信仰：力学原则、机械学原则、几何学原则与形而上学的根本原则结合在了一起。这在美学上体现为，他们要么想把美与艺术与这些原则统一起来（笛卡尔），要么视其为低一等级的事情（莱布尼茨、沃尔夫），要么藐视它并希望克服它（斯宾诺莎）。

另外，一些哲学家——洛克、贝克莱、休谟——从个别的经验现象为起点，不是研究自在的实体，而是研究"观念"的产生。洛克以此引发了哲学上的一个转向，建立在经验基础上的认识过程即获得知识的过程成了哲学的中心问题，存在论转变为认识论的一个环节。他认为，人的一切知识都是由外在事物通过感官给予的感觉以及内省这两个来源，通过它们可以获得事物的第一性质，然后可以通过观念联想律获得第二性质。出于时代的需要，科学知识和道德完善是这些哲学家们的首要问题，他们对一切事物都要求其条理分明与明晰，这必造成对美与艺术作品的藐视。洛克就是这样，他痛恨幻想的与煽情的东西，而美与艺术正是这样的东西，但他的思想对于美学仍有方法论意义：按他的学说，"美"不是第一性质，不是属于外物本身的，因而只能属于第二性的"复杂观念"。问题是，这种观念是如何产生的呢？洛克关于"巧智"与"判断力"的分别的观点就是关于美这个观念如何产生的最早的解说（详见洛克《论人的理解力》第2卷，第11章）。但洛克对于美学的真正影响远比这一点要深刻，他对于实体本身的消解从根本处挖掉了形而上美学的根，如果"存在"仅仅是观念，那么宇宙论的美学和自然神论的美学，也就是将美与最高存在统一起来的那种形而上学的美学理论也就瓦解了。洛克的哲学逼迫美学必须进行转向，美学的神学性质必须被清除，把美等同于理性观念的作用也应当被怀疑——理性为什么就美呢？从实体的角度追问美是什么已不可行，应当像哲学的转向一样，去追问美这个观念是如何产生的。所以，洛克虽然没有对美学说什么，但转变了美学的方向。

贝克莱加速了这一转向。他很快就发现洛克的"第一性质"是站不住脚的。第一性质并不属于外物本身，它和第二性质一样，都是通过感知得到的表象。这样，物质的实体性在"存在就是被感知"这一思想中被消解了。这就意味着不能再把几个"第一性质"视为美的原因。当"第一性质"客观性被取消之后，从客观的角度，也就是从事物的客观属性的角度研究美是什么的努力失去了最后的依托。贝克莱证明，事物的一切性质都是"第二性质"，也就是说如果美是事物的性质的话，那么这个性质也是主观的。贝克莱的存在观把一切都引向"感知"，这个"感知"究竟是如何发生的呢？美是不是感知的结果呢？这个问题贝克莱必定会给出肯定的答案而没有说，休谟却说了。

感受来自人的感性能力与知性能力，所以休谟把研究人类知性的性质、分析它的力量与能力作为哲学的基本任务。在休谟的存在论中，既没有"自我"，也没有"实体"，有的只是经验感受以及对它的加工，但就像我们在前面指出的，休谟存在论实际上是对实存 existence 的肯定，但这个实存必须是被感知到的。这是彻底的经验论立场，除了感性经验外没有什么是实在的，这个时候"经验"作为认知的过程，就成了哲学研究最主要的对象。这个过程如何发生且有什么样的机制？这是休谟的核心问题，恰好审美的问题与这个问题比较接近，所以休谟是那个时代为数不多的对美的问题比较感兴趣的哲学家之一。休谟把贝克莱没有指明的直接说了出来。

关于美的本质，休谟坚决反对美是对象的属性，因为在休谟看来，

第六章　实存与实体——存在论在近代的发展与美学的认识论转向

这些属性并不完全属于对象，对象的实存他不反对，但对象的性质是属人的。这种对事物之存在的看法在他关于美的看法中也体现了出来，他以古代人所指称为"美"的"圆"为例，指出"美不是圆的一种性质。美不在圆周线上任何一部分上，这圆周线的部分和圆心的距离都是相等的。美只是圆形在人心上产生的效果，这人心的特殊构造使它可感受这种情感。如果你在这圆上找美，无论用感官还是用数字推理，在这圆的一切属性上去找美，你都是白费气力。"[①] 这就消除了所有客观论的美学，同时他还指出：

> 美是对象各部分之间的这样一种秩序和结构；由于人性的本来的构造，由于习俗，或是由于偶然的心情，这种秩序和结构适宜于心灵感到快乐和满足，这就是美的特征，美与丑（丑自然倾向于产生不安的心情）的区别就在于此。所以快感与痛感不只是美与丑的必有的随从，而且也是美与丑的真正的本质。[②]

这就是说，美不是对象的一种属性，却是这种属性（主要是形状、秩序、结构）在人心上产生的效果，并且说明这种效果之所以能产生，是由于人心的特殊构造。这种效果就是愉悦。这种愉悦是主客体相作用的产物，而这种愉悦作为情感是主观的："同一对象所激发起来的无数不同的情感都是真实的，同为情感不代表对象中实有的东西，它只是标志着对象与心理器官或功能之间的某种协调或关系；如果没有这种协调，情感就不可能发性。美不是事物本身的属性，它只存在于观赏者的心里。每一个人心见出一种不同的美。这个人觉得丑，

[①] 转引自朱光潜《西方美学史》，人民文学出版社1979年版，第226页。
[②] 同上。

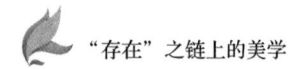

另一个人可能觉得美。"①

这就是说，在美的判断中或者审美经验的产生中有客观因素，感知的对象是对象的实存；有主观性，感知者必须具有某种本质结构或能力才能在对象处获得愉悦。因此，对于美的判断是具体的感知者与具体对象共同的产物。这一判断或经验也是相对的，"是一个特别的对象按照一个特别的人的心理构造和性情，在那个人心上所造成的一种愉快的情感"②。

这样一来，美就存在于审美经验中，正如事物存在于人对它的经验感知之中。这一感知需要客观条件——物质实存，也需要主观条件——心理构造与性情，但这还不够深入与细腻，休谟还加上一条：想象力。"人的想象是再自由不过的。它虽不能超出内在的和外在的感官所提供的那些观念的原始储备，却有不受局限的能力把那些观念加以掺拌，混合和分解，成为一切样式的虚构和意境。"③ 客观存在加上主观能力再加上想象力，这样，我们就看到了经验论美学的基本内容。现在剩下的任务是让这种经验再系统一些、严密一些，并且指明审美经验活动的先天基础与普遍性，这个任务就是康德美学的内容。

近代的存在论虽然没有体现出与美学的直接的联系，但它以强有力的方式影响了美学研究的方向与方法。存在论在这个时期一步步地摆脱它的神学性与假说性，走向科学与知识，走向理性的分析，走向对人自身的反思，同时它带着美学走上这条道路。存在论的发展为美学提供了一个真正安身立命的契机与领域。存在论在这一时期彰显为思维实体与物质实体的并峙，而审美的经验性质与理性反思性质，它的物质性与精

---

① 转引自朱光潜《西方美学史》，人民文学出版社1979年版，第228页。
② 同上书，第232页。
③ 同上。

第六章 实存与实体——存在论在近代的发展与美学的认识论转向

神性,在存在论的对立当中得到了施展自身本性的机会,因为它既源自思维实体也立足于物质实体,它可以将二者呈现在一个活动中。审美活动在精神与物质、思维与存在、主体与客体、感情与理性、真实与虚幻、明晰与混乱、科学与情感的一系列的"对抻开"中找到了属于自己的位置,成为消解对立的桥梁。美学终于有了自己明确的和严肃的任务,成熟到足以成为哲学的一个分支。最终,它在鲍姆嘉通那里以 Aesthetics(美学理论) 的名义独立地承担联系这一系列对立的任务。

第七章

"我"与此在（Dasein）——康德的存在论对于美学的意义

近代哲学的起点是相信人类心灵能够获得知识，但后来的发展违背了它的初衷。为了保证知识的自明性，保证获得知识的可能性，笛卡尔、斯宾诺莎和莱布尼茨等人都建立起了形而上学的体系。作为形而上学的基石，存在问题在这些体系中都得到了相应的思考。

但休谟令人迷惘的怀疑论把英国的经验哲学乃至整个近代哲学在此的努力引向了逻辑终点——没有了因果律，经验科学根本就没有可能。由于实体被消解，我们根本就没有权利进行存在判断，这就违反了巴门尼德的古训：通向真理之路的前提是肯定世界的存在，而不是不存在。古老的"存在"概念是为了世界的统一性而提出的，它的任务是成为真理的最终根据，它承载着认识的对象，所有关于认识之可能的论证都得在它的内涵中寻找根据，但这个概念在休谟那里被推入不可言说的黑暗之中。休谟也没有明确否定掉实体的存在，只要有经验活动就有经验着的人与被经验着的对象。二者的实存休谟不否定，但打上了问号：究竟什么是思维着、感知着的主体，什么又是被感知着的对象？这是休谟的疑问之所在。康德正是沿着这两个问题前进的，他进一步说明了休谟的

第七章 "我"与此在（Dasein）——康德的存在论对于美学的意义

观点，同时进行了一个关于存在问题的转变。

康德哲学的使命在于，限制休谟的怀疑论，以回答经验科学何以可能的问题；限制古老的形而上学的独断论，检验以往的形而上学关于世界本原与统一性的猜测，即作为最高完善的"存在"及其族类如上帝、实体等的猜测；建立一套真正"科学的"形而上学，以限制唯物论、宿命论、天启论、怀疑论、唯理论、神性论等学说。

康德哲学的首要观点是："思维通过它的推理作用达到了：自己认识到自己本身是绝对的、具体的、自由的、至高无上的。思维认识到自己是一切的一切。除了思维的权威之外没有更外在的权威；一切权威只有通过思维才有准效。所以思维是自己规定自己的，是具体的。其次这种本身具体的思维被他理解为某种主观的东西；这主观性的一面就是形式……"[1] 黑格尔的概括深刻地指出了，康德哲学是关于思维的哲学，即康德研究的是思维领域。就我们的论题而言，"存在"问题在思维领域内是如何产生的及其在思维领域内的有效性和意义是什么？

康德哲学的基本观点是——"康德把真正的知识规定为普遍和必然的知识。他同意唯理主义者的观点，认为在物理和数学中有这样的知识。他又同意经验主义者的观点，认为这样的知识是属于观念性质的知识，即关于感官感受的事物的知识。因此，理论形而上学（宇宙论、神学和心理学）是不可能的。他还同意经验主义者的观点，认为我们只能认识我们经验者，感觉是知识的材料；同意唯理主义的观点，认为普遍和必然的真理不能得自经验。感觉提供知识的材料，心灵按照由它的本性所形成的必然的方式予以整理。因此，我们有关于观念的秩序的普遍

---

[1] ［德］黑格尔：《哲学史讲演录》第四卷，贺麟、王太庆译，商务印书馆2013年版，第256页。

"存在"之链上的美学

和必然的知识,这不是关于自在之物的知识。"① 这就引出了一个问题:我们不能超越经验的限制,我们得到的普遍必然的知识其实只是观念的秩序。这就带来了和休谟一样的问题,既然知识只能在自我之内,那么对象世界是什么呢?对象在感性经验中呈现给我们的我们可以知道,这个呈现出来的康德叫作表象,表象之外的我们不可能知道。也就是说,关于实体、存在、上帝等标示自在存在概念,我们能够思维此自在之物,我们可以说它是任何属于感官知觉的宾词都不能描述的某种存在物,我们可以说它们不在时空中、不变化等,但是,没有一个范畴适用于它们,因为我们无法知道是否有一个同这范畴相应的东西实存,这是知觉无法提供的。现在的问题是,这些关于自在之物的观念是如何来的,它既然不是来自经验,既然不可知,那它来自何方又有什么意义?

康德言及"存在"的意义,大多是按此在(Dasein)或实存[Existenz]的意义来思考的,有时也使用[Sein]。这些词是有区别的,康德在使用这些词时显然是有针对性的,是看到它们之间的区别的。关于那个作为最高圆满的"存在"(Sein),康德说:"心理学的理论和宇宙学的理论是从经验出发,经过一个个根据的上升,被诱使去追寻(如果可能的话)这些根据的系列的绝对完整性,而在神学的理念这里则不然,理性同经验完全断绝,从似乎是可以用来做成一个一般事物的绝对完整性的那些仅仅是概念的东西,然后借助于一个最完满的原始存在体(Sein,即英文中 Being)这样的理念,下降到规定它们的实在性。"② 这个从最圆满的存在下降到一般事物的实在性的过程就是以往形而上学的基本推导方法。在这样的推导中,设定有一个最高的圆满存在是逻辑前

---

① [美]梯利:《西方哲学史》,葛力译,商务印书馆2000年版,第434页。
② [德]康德:《任何一种能够作为科学出现的未来形而上学导论》,庞景仁译,商务印书馆2000年版,第135页。

第七章 "我"与此在（Dasein）——康德的存在论对于美学的意义

提，这就是以往的对于上帝之存在进行的证明。这种证明贯穿在自中世纪以来的存在论之中，对上帝之存在的证明实际上也是对最高的being 的证明，如果这些证明不成立，那么作为最高存在的 being 也就不能成立。

康德将以往对上帝存在的证明归结为三种："本体论证明"（上帝是最完全的本体，故必须包括存在性在内），"宇宙论证明"（有果必有因，如此上推，一定可以推出一个必然的最后的无因之因）和"自然神论证明"（从自然的条理推断，一定有一个上帝作为条理的安排者）。他还指出宇宙论的证明事实上来自纯由概念推论的本体论证明，自然神学的证明也不过是本体论证明的一种导引，说到底所有的证明都是本体论证明，而本体论证明则是抽去了一切经验因素，完全用先天的纯粹概念来推论。但康德认为，从经验是得不出那个圆满的 being 的，从概念中也是推不出存在的。

"存在"概念是理性自己的自然倾向中产生出来的，所谓理性是指整理经验材料的纯粹能力，在进行判断推理的过程中我们可以看到理性的形式。比如，当人们意识到有关经验事实的判断都受到某种条件限制的时候，理性实际上已经指向了一切无条件的东西，即受条件制约必指向它的反面——无条件制约。相对于这种无条件的东西，才有"有条件的东西"的意识。无条件的东西，从另一层面来说也指一切可能的条件之和，符合这一切可能条件的，就是绝对的、必然的东西。这就是理性依其本性而产生出来的作为最高原因的"存在"概念。

对上帝之存在的本体论证明与一切关于最高存在的推论都是依据理性的这种本性产生的，与经验无关。对于这样一种超越的"存在"，康德是这样评论其意义的：出于认识的需要，在认识的过程中，为了使逻辑的方法取得一个确定的基础，我们必设定这样一个绝对、必然的存在，这是理之所然。但，"如果我们只须对我们所真正知道的或只是似乎知道的东西形成一个判断，那么以上的结论就显得毫无用处"①。也就是说，这种脱离经验的存在概念对于实际的认识并无帮助，它只是在认识中用那种逻辑方法自身推演的结果，只具有逻辑的意义而不具有现实意义。

对于德语的"存在"（sein）这个词，康德说："存在显然不是一个实在的谓词，就是说，它不是关于某个东西的概念，能够加在一个事物的概念上。它只是对于一个事物或者对于某些自在的规定本身的断定。"② 这意味着，在一般判断中，主词与谓词连起来，通过这种联结，主词的内容因加入了具有实在内容的谓词而丰富了，尽管实在的谓词对主词的丰富作用不涉及主词所言谓之物是否实际地实存。但即使与这种仅增加事态内容的实在的谓词相比，存在如果也作为谓词来看，如"这石头存在"的判断中，没有任何内容增加于石头概念，而只是对石头所包含东西在这里存在的情况，只是对所断言之物的自在的规定本身的断定，也不是关于与他物的联系的规定。因而，康德在《表明上帝存在的唯一可能的根据》中说："存在是一个事物的绝对断定，因而不同于任何类型的谓词，其他谓词每一次所断定之物都与他物相关。"③ 从这方面理解的话，存在作为谓词的规定性"少于"其他实在谓词。也就是说，"存在"作为一个概念是没有必要的。康德明确指出，引入存在概念本身就产生了矛盾。通过批评自中世纪以来的人们关于上帝存在的探讨，

---

① Kant, *Critique of Pure reason*, tr. by F. Max Miller, Anchor Books, Now York, 1966, p. 395. 译文参考了蓝公武译本第 424 页译文。

② Kant. *Critique of Pure reason*. tr. by F. Max Miller, Anchor Books, Now York, 1966, p. 401. 译文参考了王路《是与真》第 258 页译文，俞宣孟《本体论研究》第 429 页译文与蓝译本第 430 页译文，以下所引译文均是四个文本相综合的结果，以后不再说明。

③ 转引自 Heidegger, Martin, *The Basic Problems of Phenomenology*, tr Albert Hofstadter, Blooming, Indiana University Press, 1982, p. 40。

第七章 "我"与此在（Dasein）——康德的存在论对于美学的意义

康德指出："每一个时代人们都在谈论那绝对必然的本质，而且人们并不努力理解是不是能够思考这样一个事物，而是努力证明它的存在。尽管这样一个概念的名词解释是非常容易的，即它是某种这样的东西，它的不存在乃是不可能的，但是通过这样的做法人们丝毫没有变得更聪明，同样看不出怎样可能把一事物的不是看作绝对不可思考的东西，而实际上人们想知道，我们通过这个概念究竟是不是可以普遍地思考某种东西。"①

另外，康德也不同意用 Existenz 这个概念来思考存在问题。这个词是近代哲学本体论，特别是笛卡尔、莱布尼茨、休谟等人使用的术语，一般译为"实体"，也可译为"实存"。康德认为，这个词实质上和 being 一样没有用处："当人们将事物的存在 Existenz 概念引入一事物的概念时，就已经有了矛盾，尽管人们只是想思考它的可能性，而且冠以各种巧妙的名义。如果人们承认这一点，那么就赢得了表面的胜利，但是事实上什么也没有说。因为这里仅仅是同义反复。我要问：这或那事物（我们承认它是可能的，无论它是什么）存在 Existenz，这个句子是一个分析句还是一个综合句？如果它是一个分析句，那么通过这个事物的思考没有增加任何东西，但是这样一来，要么你们具有的思想预先假定了一种属于可能性的存在 dasein，然后根据前面确定的东西从内在可能性推论出这种存在，而这不过是一种贫乏的同义反复。……如果承认每一个存在句都是综合的，正像每一个理性的人都必须承认的那样，那么你们会如何断言存在这个谓词是不能没有矛盾地被扬弃的呢？这种性质其实只适合于分析句，因为它恰恰依赖于分析句的特征。"②

---

① Kant, *Critique of Pure reason*, tr. by F. Max Miller, Anchor Books, Now York, 1966, p. 400.

② Ibid., pp. 400–401.

所谓分析句，其特征是谓词包含在主词之中，它并不给主词增加什么东西；所谓综合句，其特征是谓词完全在主词之外，因而扩展了主词的表达。对于二者之区分，康德的典型范例是：说物体是有广延的，这是分析；说物体是有重量的，这是综合。因为广延在物体中而重量不在物体中（这是当时人们的看法）。这就是说，"存在"这个词只使用在分析句中，它没有对我们对事物的认识增加什么东西。也就是说，我们根本没有必要引入存在这个概念，"我若不是发现了人们有一种几乎无可救药的幻想，即希望可以用一个逻辑谓词替换一个真正的谓词（即替换对一事物的规定），我也会希望通过确切地规定存在这个概念而直截了当地终止这种煞费苦心的论证"[①]。这说明康德对引入存在概念持彻底的否定态度。

这样一来，康德就从两个方面否定了存在概念：一方面通过对上帝存在之证明的反驳，他推翻了作为最圆满的无限的绝对的最高存在 first being，认为它仅仅是理性推导的结果；另一方面，他否定了"实存——实体"这一观念，认为它们是没有必要的。但认识需要对象，这是康德不能否定的。他否认作为普遍与一般的"物自体"，但并不否认我们的知识有其对象。这是康德与休谟与贝克莱之间的根本差别。那么，什么是这个认识对象的"存在"呢？康德用了"此在"（Dasein）这个词。

单从文本的角度来说，康德基本是用"此在"这个词来解释"存在"，或者说，他理解的"存在"就是"此在"，那么这个词和以往用表述存在的词，如 Eens、Existenz、Being 之间的差异是什么呢？康德之所以要用"此在"取代"实存"，或许是因为 Dasein 是地道的德语，而 Existenz 却是一个外来词，但更主要的原因是二者在含义上的区别：Da-

---

[①] Kant, *Critique of Pure reason*, tr. by F. Max Miller, Anchor Books, Now York, 1966, p. 401.

第七章 "我"与此在（Dasein）——康德的存在论对于美学的意义

sein 是 Da 与 sein 两个词的组合，Da 表示某确定的时间、地点或状态。而这两个词的组合正是 ist da 的名词形式，它的意思是"是在那里"，用康德自己的解释是"是被给定的"（ist gegeben），它"主要指某种确定存在物，即存在在某一特定时空中的东西，多译作'限有''定在'"。① 这个词中最主要的东西是对"确定性"的强调，它指的是对象的确定性；更广泛地说，是具体存在者的确定性。在康德看来，存在只能是具体之物的存在，也就是存在者之存在，更具体地说，是对象性的存在。康德对于哲学的贡献就在于指出思维是具体的（黑格尔语），而具体的思维是需要具体的对象的，Dasein 这个词就是这种需要的体现。康德认为，如果说 Existenz 这个词少了些什么的话，Dasein 就比它要多一些什么。

多了些什么呢？海德格尔在《现象学的基本问题》一书中有这样一段话："纯粹［rein］、'存在'［Sein］和'是'［ist］与它们的全部含义和变化一起，归属于一个特有的领域。它们不是物性的东西，对康德来说亦即：不是对象性的东西。"② 这就是说，［Dasein］比存在 sein "多出"了显然是自身完全规定的某物之对象性。在《表明上帝存在 dasein 的唯一可能的证据中》，康德写道："如果不只是这种关系（亦即命题的主词与谓词之间的关系），而是实事［Sache］③ 自在地并且在自身面前设定起来而被考察，那么，这种存在［Sein］就无异于定在［Dasein］。""在一则未注明日期的笔记中（见《康德全集》学院版，第十八卷，第6276条），康德作了简明的概括：'通过此在之谓词，我没有

---

① 引自［德］海德格尔《存在与时间》（陈嘉映、王庆节译，生活·读书·新知三联书店 1999 年版）一书的附录中陈嘉映先生所作的说明。
② ［德］海德格尔：《路标》，孙周兴译，商务印书馆 2000 版，第 531 页。
③ 这里将［Sache］译作"实事"，本章其余处按照本人理解译作"事态"或"事情"，相应［Sachheit］译为事态性、事情性。

· 179 ·

给事物添加什么，而是把事物本身添加给概念了。也就是说，我在一个实存性命题中超出了概念，并没有走向另一个谓词——作为在概念中被思考过的东西——而恰恰是随事物本身一道走向事物本身，不再，至少不是谓词，只是关于相对断定的绝对断定依然得到了补充思考。'"①

问题又产生了，此在[Dasein]竟然比一般存在[Sein]更丰富吗？Da作为前缀难道不是对Sein的一个限制吗？是限制但同时是丰富，秘密在于：当我们说某物dasein的时候，对象被绝对地设定了，在实存的设定过程中我们不得不超出概念，概念同对象、同实际存在的关系是被综合地加于概念的。② 一个事物存在和一个事物作为对象存在之间有什么区别呢？"对象的本性"意指超过一般存在sein的实存dasein的本质，dasein的本质是对象性，这个问题在《纯粹理性批判》中被康德置入"与我们认知能力的关系中"得到了思考。知识对象与我们认知能力的关系被模态范畴所规定，模态范畴不能扩大对象的实在的概念规定性，而仅规定这种关系。此在相对于一般存在而言，其"多出来"的东西就是现实性之"多于"可能性的东西，即不仅仅与经验之形式条件相一致，而且要与知觉[Wahrnehmung]相关联。康德说道："作为可能性是……对于知性来说一个事物的仅仅断定，因此现实性（实存）就是该物同时与知觉的结合。现实性、实存（定在）是绝对的断定，相反，可能性则是相对断定。"③ 也就是说，在康德看来，所谓存在，就是对象性的存在，因为只有对象性的存在是与现实性、确定性、当下性，即与具体的知觉与具体的思维联系在一起的，而sein或existenz等揭示的都是事物的可能性，并不是从认知的角度思考事物之存在的。

---

① 转引自[德]海德格尔《路标》，孙周兴译，商务印书馆2000版，第533页。
② Martin Heidegger, *The Basic Problems of Phenomenology*, tr Albert Hofstadter, Blooming, Indiana University Press, 1982, p.41.
③ Ibid., p.40.

第七章 "我"与此在（Dasein）——康德的存在论对于美学的意义

这构成了康德存在论中最为独特的地方：不讨论作为逻辑推演之结果的最高存在，不讨论无益我们认识之增加的 Existenz，认定存在就是具体的认识对象的存在，是具体的被给"定"了的 Dasein，认识论以它的要求改造了形而上学，把无所不包的最高存在 being 凝定为具体的存在 Dasein。这构成了康德存在论的基础。

这个 Dasein 可以看作对休谟关于对象是什么的回答。康德存在论的另一个方面，也最被人们所乐道的方面，是对"我"的确立，这是对感知主体是什么的回答。笛卡尔确立了"我思主体"的实在性，这就确立了理性实体的确定性，问题是，这个"我"究竟是如何样的？如果我们不满足于那个抽象的"我"，那么就得指明这个"我"具有什么样的结构与能力，它与现实世界是什么关系。这是康德哲学与存在论的核心。

在笛卡尔的存在论中"我思"与"我"是一回事，而康德证明"我思"是一个经验事实而"我"则标示着先验自我，什么又是"自我"呢？这个问题是康德存在论的焦点，也构成了他的先验演绎部分，回答这个问题是一个非常复杂的过程，需要区分"我"与"思"的关系，区分作为"客体"的"我"与"我自身"（指"我"的现实存在或者说社会存在），还要区分我自身与"纯我"，也就是实存的"我"与纯粹的自身意识，这个纯粹自我意识被称为"康德的认识论之谜"。好在我们无须承担解说这一谜的重担，我们只需要提取出结论即可。康德说：

> 我一般于其下思维的，并因此其纯为我的主体的性质的条件，应当对于一切思维者同等有效，而且我们竟能要求把必然的、普遍的判断建基于一个貌似经验的命题之上，就是：一切思维者，其性质皆如自我意识宣告我所有的性质——一开始必定令人惊奇。但是

其原因在于：我们必定必然地先天地赋予诸事物做成我们唯在其下思维事物的条件的一切特性。关于思维的存在体，我通过外部经验绝不能有丝毫表象，而仅通过自我意识能有表象。因则这样的对象不外是把我的这种意识转置于其他事物之上，其他事物仅仅通过这种方式才被表象为思维的存在体。①

这段话告诉我们，通过自我意识我们可以认识到一个使一切思维者之思维成为可能的"纯我"，用黑格尔的话说就是"客观思想"。更简明地说，康德曾说："我们在事物上先天认识到的东西，只是我们自己放进事物的东西。"② 那个"纯我"就是我们自己放进事物的东西，是先天性的纯粹思维，提取出这个"纯我"被黑格尔认为是理性批判中最深刻、最正确的思想，包含着真正把握概念本性的开始（详见黑格尔《逻辑学》下卷，第247、254页）。这个被提炼出来的"纯我"构成了康德存在论的另一个基点，在这个基点之上，康德建立起了感受并认识着的"主体"。这个主体不单单是"纯我"，而是在"反思"中实现了自身的"纯我"。"反思"是康德存在论中一个重要的环节，因为只有在反思中，"纯我"的能力才得到体现（详见《纯粹理性批判》中《先验分析论》和附录《反思概念的两重意义》）。这个反思着的"纯我"此时展现为"心之状态""自我意识"，从而具有感受性与自发性。如果说"纯我"仅仅是纯思维形式、纯直观能力，那么反思着的"纯我"就成为具有表象能力的"我思"之"我"，成为意识的统一体。这个"我"的自发性的活动具有先天的联结能力，就是康德所说的"统觉"。在统觉中纯我

---

① 译文转引自谢遐龄《康德对本体论的扬弃》，湖南教育出版社1987年版，第110—111页。可参见蓝译本第271—272页。
② 《西方哲学原著选读》下卷，北京大学哲学系外国哲学史教研室编，商务印书馆1982年版，第244页。

第七章 "我"与此在（Dasein）——康德的存在论对于美学的意义

实现为"主体自身"，因为统觉是知识的先天根据，而且统觉有能力获得经验内容形成"内感"，即形成经验性的知识，一切对象都来自先验的统觉。也就是说，在统觉中对象成其为对象，而主体成其为主体。

康德关于纯我、我思、反思、统觉、想象力、意识、心等概念的解析极其复杂，把它们条分缕析地摆出来不是我们的任务。我们只需要知道，在这一系列概念中，康德确立起来的是一个充实的作为实在的"我"，笛卡尔存在论的二元性在这里终于完成了。"完成"在这里意味着，概念的内涵及内涵的每一个方面都得到充分的展开并获得了现实性。笛卡尔的二元论确立了"我"与"物"的并立，但笛卡尔没有说清楚什么是"我"，而是把"我"和"思"等同起来，但"我"和"思"之间的关系没有被揭示出来，因而这个"我"还没有被确立起，它只是"思"的一些规则与属性。尽管在斯宾诺莎与莱布尼茨、沃尔夫等人处，理性的内涵被一步步确立起来，但理性（这里指的是笛卡尔所说的那种包含全部主体意识活动的"思"）的内在原则与运作机制只有在康德这里才以系统的方式展现出来或者说确立起来。这样，一个能够"思"，能够"感知"，具有知性、理性、想象力，具有统觉功能的"我"。也就是说，一个真正具有认识能力的"我"，获得了存在论上的不可怀疑的地位——当"思"被证明是一个有序可循的系统活动，那么"我"的"在"也就是自明的了。这个自明的"我"就是通常所说的"主体"，康德确立了主体的存在论地位。

在"此在"（Dasein）与"我"的二元对立中，物质被理解为具体的有条件的"此在"，而这些条件又是在被主体认识到的过程中展现出来的。因此这个"此在"尽管是实存，却又是被动的，因而它成为"客"体，是对象性的存在，因为只有对象性的存在是与现实性、确定性、当下性，也就是说，与具体的知觉与具体的思维联系在一起的，而

Dasein 或 existenz 等揭示的都是事物的可能性，并不是从认知的角度思考事物之存在；而"我"作为认识行为的发出者，作为认识活动的执行者，是"主"体，是思维着并实践着的存在者。自古希腊以来存在论上谁是"实在"的问题在主客二元的对立中获得了了结，精神的实在性得到了最后确认并被落实为认识着的"我"；质料的实在性得到了确立并现实化为被认识的"客体"。存在论上的二元性被统一到了认识活动中，并在认识活动中得到确认，这是康德对于存在论的最大贡献。①

确立主客体二元对立的存在论模式，这对于美学而言具有决定性的意义，因为它决定了美学作为一门学科研究的问题域：主体与对象及其关系。这个问题域第一次以系统的方式出现，第一次展现为一个有机整体。我们的任务不是系统地介绍康德美学的体系，这方面的著作早已汗牛充栋，而是要揭示这个美学体系依托的存在论根基，即研究康德美学思想的主体部分与其存在论的关系。这一研究要从两方面进行：一方面是揭示其存在论对美学的方向性作用；另一方面是揭示康德的具体的美学观点与其存在论的联系。

存在论之二元性的最终确立，要求在美与艺术领域内也体现出这种二元性，这种二元性在康德之前的美学思想之中有反映，但没有确立起来。这一点体现在，在康德之前的美学中，美的主体性没有建立起来。从客体角度研究美的方法古已有之，如希腊人从客观的理念或者事物的客观属性的角度对美进行研究；与此相应的是中世纪和近代经验主义者从"主观性"而不是"主体性"的角度（关于主体性与主观性的差异我们稍后再作区分），从愉悦的角度对美的研究。现在，需要从主客体

---

① 通常人们认为康德扭转了存在论的方向：要么是从宇宙本体论转向理性本体论，要么是从客观转向主观。但"转向"这个词似乎过重了，在康德这里，有偏胜而没有偏废，他完成了存在论上的二元对立，而不是转向。

第七章 "我"与此在（Dasein）——康德的存在论对于美学的意义

两个方面，也就是存在论的两个方向上揭示出：第一，美作为客体，应当是什么样的客体，它作为认识对象和其他对象有什么区别；第二，审美作为主体的一种认识活动具有什么样的内在机制，是规律性吗？第一个方向要求回答美与艺术作为审美活动的"对象"，它具有什么样的独特性；第二个方向要求回答，审美作为一种主体活动它的主体性是如何确立并体现出来的，或者说，什么是"审美主体"。这两个方面就是美学研究的两个方向。让我们首先来看第二个方向，审美活动的主体性如何确立起来？

自经验主义崛起之后，没有人怀疑审美活动中有主观因素，这个主观因素按当时流行的术语，人们称之为"趣味"。主观的趣味在审美活动中具有重要作用，这是经验论在美学领域内的积极成果，但问题是，这种主观因素是不是存在论之一元的主体的一个部分。也就是说，"我"作为一个理性统一体是存在的，那么在"我"之中趣味居于什么样的地位？"我"如何进行着趣味判断？这是关于趣味判断的主体性反思。"主体性"意味着什么呢？主体性并不是主观性，主体性意味着趣味活动应当作为理性统一体的主体自身的一部分。也就是说，这种活动本身是主体的一种活动机制，用康德的话说是一种"先天性"；而主观性则意味着这一活动本身并不是主体自身的机制决定的，并不建立在主体之为主体的那种先天性之上。主体性是就存在论上的一元——主体而言的，凡有主体性者必是主体的一部分；而主观性则意味着经验性，即不具有主体的实在性也就是先天性。康德的存在论确立了"主体"的存在论地位，那么在美学上相应的问题就是——审美活动具不具有主体性即具不具有先天性？这是决定美学是不是理性知识体系之一部分的重大问题，是决定美学是不是可以称之为"学"的问题。

康德最初对这一点持否定态度,在《纯粹理性批判》第一版中,康德说:

> 唯有德国人现在用 Asthetik 一词来表示其他国家的人称为趣味批判的东西。这种用法源于优秀的分析家鲍姆加登的错误愿望,即想把对美的批判评价归之于理性原理,并使其规律上升为科学。但这种努力是徒劳无益的。因为这类规律或准则就其源泉来说仅仅是经验性的,因而绝不能成为我们的趣味判断必须遵循的先天法则。①

但幸运的是,康德后来改变了这种看法,在1787年给朋友的一封信中他说:

> 我正在从事趣味的批判工作,我已经发现了一种与以前观察到的原理不同的先天原理。因为存在着三种心灵能力:认识能力、愉快与不愉快的情感能力和欲求能力。在《纯粹理性批判》里,我发现了第一种能力的先天原理,在《实践理性批判》中,我发现了第三种能力的先天原理。我也试图找到第二种能力的先天,虽然我曾认为找到这样一种原理是不可能的,但是上述对人类心灵能力的分析的系统本性允许我去发现它们,这同时给我的余生以一种奇异而又可能的研究资料。这样,我承认哲学有三个部分,每一部分都有它的先天原理,这些原理都可以列举出来,并且人们可以准确地界定以这些原理为基础的知识……这部著作将题名为《趣味的批判》。②

这就意味着,康德认为审美判断力本身也是人类理性统一体的一部

---

① 转引自曹俊峰《康德美学引论》,天津教育出版社2012年版,第120页。
② 同上书,第121—122页。

第七章 "我"与此在（Dasein）——康德的存在论对于美学的意义

分，而理性的本质和功能就是提供先验原理，所以说，审美判断力是具有主体性的，判断力有其先天原理。而揭示出这一主体性，就是《判断力批判》的总任务。这个任务以这样的路径实现：首先，确立判断力的先天立法能力，也就是提出反思判断力概念。在反思判断力中，特殊的经验性的东西呈现出一种规律性，"就好像有一个知性（即使不是我们的知性）为了我们的认识能力而给出了这种统一性"①。反思判断力的能力给自己而不是自然界提供了规律，但它体现为自然的形式的合目的性。这个自然的形式的合目的性是一个特殊的先天概念，它植根于反思性的判断力中，却是判断力的一个先验原则。这个原则的特殊性在于："它完全没有加给客体（自然）任何东西，而只是表现了我们在着眼于某种彻底关联着的经验而对自然对象进行反思时所必须采取的唯一方式，因而表现了判断力的一个主观原则：因此当我们在单纯经验性规律中找到了这样一种系统的统一性，就好像这是一个对我们的意图有利的侥幸的偶然情况时，我们也会高兴（真正说来是摆脱了某种需要）：尽管我们必定将不得不承认，这是一种统一性，它并不是我们所能够看透和证明的。"②

这样一种自然的合目的性判断是主体性的，它是"主体"这一理性统一体的有机部分。这一判断只关注对象的形式，而这一形式对主体而言只是对象的表象，当这种先天的自然的合目的性判断对这一表象进行判断时，就产生了审美表象。康德把这一自然的合目的性判断称为"鉴赏判断"，如果这一判断带来了愉悦，那么这一被判断的对象就是"美的"。由于这一判断只就对象的形式进行判断，它既不建立在任何有关于对象的现成概念之上，也不带来任何对象概念，它只是反思对象的形

---

① ［德］康德：《判断力批判》，邓晓芒译，人民出版社2002年版，第15页。
② 同上。

式是不是对象带来的愉悦的根据。如果是这一判断就说明：主体在判断中得到的愉悦与对象的表象是结合在一起的，因而每一个进行这种判断的人都能得到这种愉悦——这就是趣味判断领域内的先天原则。这样，康德就让审美判断即鉴赏判断成为认知主体的先天本质结构的一个部分，从而确立了审美判断的主体性。也就是说，他让愉悦的感觉分享了理性的性质，从而确立了美的主体性。

但这种美的主体性的确立并不意味着美的"主观性"，单凭主体自身是得不到美的，审美判断必须有其对象，那么这个"对象"应当具有什么样的性质呢？审美是先天综合判断，先天的意味着审美具有主体性，而"综合"则意味着，审美必须具有经验对象，这个对象按康德的存在论，就是 Dasein 此在。

上文我们已经讲到，Dasein 是 Da 与 sein 两个词的组合，Da 表示某确定的时间、地点或状态。而这两个词的组合正是 ist da 的名词形式，它的意思是"是在那里"，用康德自己的解释是"是被给定的"（ist gegeben），它主要指某种确定存在物，即存在在某一特定时空中的东西，这个词中最主要的东西是对"确定性"的强调，它指的是对象的确定性，更广泛地说，是具体存在者的确定性，Dasein 的本质是对象性。以此我们可以推断，审美判断的对象应当是"一个"[①] 此在，即被给定的确定的存在者。那么，审美判断是不是可以在所有的这种确定的存在者处获得愉悦？这也就是问，那些被鉴赏判断判定为"美的"事物，应当具有什么样的不同于其他存在者的特性？从审美判断的主体性出发，康德不认为美是物质的客观属性，但审美作为先天综合判断又不能脱离对象性的此在。事实是，并不是所有的事物都可以被判定为"美的"，那

---

① 汉语不能直接表明单复数。按康德对此在的解说，凡此在必是具体的、个别的，因而总是指"一个"，这关系到对象有具体性与综合判断的具体性。

第七章 "我"与此在（Dasein）——康德的存在论对于美学的意义

么什么样的此在是美的呢？

根据康德的存在论，不存在抽象的、超验的"存在"，凡存在必是具体的。这在美学上就可以引申为，没有抽象的"美"，只有具体的"美的"。所以，细绎康德在《判断力批判》对美的思考，他总是正确地问：什么是"美的"，而不是问什么是"美"。美的事物是什么样的？让我们以这个问题为引导，来思考一下康德令人困惑的"美的分析"。

对美的分析出现在对审美判断力的分析这一总目之下，似乎是在分析审美判断的性质，但得出的结论是"什么是美（的）"。如果他是在分析鉴赏判断，那我们不明白，为什么要用"质、量、关系、模态"这四个范畴？鉴赏判断是一个"活动"，对于一个活动，无所谓质与量，这四个范畴更多的是对事物之存在的解说。那么，难道说康德的四个分析是对美的事物之存在的解说？让我们逐一来看：

第一，"鉴赏是通过不带任何利害的愉悦或不悦而对一个对象或一个表象方式作评判的能力。一个这样的愉悦的对象就叫作'美的'"①。鉴赏不是认识，与客体的存在无关，因此这种判断的根据不在客体身上，只能在主体。在主体的什么呢，是愉悦或不愉悦的情感吗？不是，因为愉悦不能在判断之先，② 应当是判断带给我们愉悦，而不是以愉悦的心情进行判断。但此处分明写的是通过愉悦进行评判，康德的论述在此很矛盾，较为积极的解释是：审美判断是综合判断（主客体统一的），也是反思判断（目的论的），所以对象作为此在必须在这一判断中表现出来，所以愉悦是目的，凡以非功利的方式达到这一目的的此在就是"美的"。也就是说，美的事物从本质上讲，是不以自身的功利价值而能实现"主体的愉悦"这一目的的事物，之所以能够实现是因为它的表象

---

① ［德］康德：《判断力批判》，邓晓芒译，人民出版社2002年版，第45页。
② 这一观点详见《判断力批判》第一卷第9节。

与愉悦是结合在一起的。

第二,"凡是那没有概念而普遍令人喜欢的东西就是美的"[1]。这很明确,非概念而普遍令人喜欢,说的不是审美判断,而是审美判断之对象的性质。这个美的东西是"无概念地作为一个普遍愉悦的客体被设想的"。这里有趣的是"一个"这个定语,美的东西作为此在必定是单数的,而愉悦作为主体性的一部分,必定是普遍的。这个表述的重点应当是"一个",美的事物在鉴赏判断中展现出来,它一定是当下具体的,是个体性的。这就是从量的角度对美的事物的推断。

第三,"美是一个对象有合目的性形式,如果这形式是没有一个目的的表象而在对象身上被知觉到的话"。美是对象的形式,或者说对象的形式是鉴赏判断的依据,这和"美在形式"这个古老的思想有多远的距离呢?康德无非是说,一个对象只要自身的形式结合着作为主观目的的愉悦,它就是美的。这更进一步说明,美具有主体性,但不是主观的,美是对象按其形式纯粹地展现自身,是对象展现自身的一种状态,它不是此在的属性,却是此在的状态。

第四,"美是那没有概念而被认作一个必然愉悦的对象的东西"。对象被"认作"必然可以使我们愉悦,为什么?是因为它的形式具有主观的合目的性,这种合目的性不是理论的,而是观念的,而且它只存在于反思中。也就是说,它存在但不可论证,这就是"非概念性"。概念代表着一般,而此在总是具体的。从作为审美判断之对象的此在的角度来说,它当然不是一般,但它必然能与主观的目的——愉悦——相结合。所谓的模态,是指宾词表示的属性与主词结合的紧密程度,可分为必然具有、可能具有和具有。可能、必然这样的词叫作"模态词",这样的

---

[1] [德]康德:《判断力批判》,邓晓芒译,人民出版社2002年版,第54页。

判断叫作"模态判断"。康德在这个命题中所说的主词是美,而不是审美判断,审美判断不必然带来愉悦,否则就不是"判断",而只有美的此在才必然与愉悦相结合,这是反思判断的结果。因此,康德的这个命题是说,美的事物必是能带来愉悦的事物。

这里看起来在研究"美",而实际上是对美的事物的存在论状态的思考,因为每一个分析的起点都是"美",而终点却是"……的",从一个抽象出来的具有一般性的"概念",落实到一个名词性的具体。这说明,抽象的美只能以具体的形态展示出来。这四个命题确立审美客体的存在论性质:必然引起非功利性的精神愉悦;必须是感性的具体的对象;必须具有情感的合目的性;必然引发具有普遍性的愉悦。通过康德对美的分析,我们可以说,康德在这里分析的不是"美感",而是"美的事物",是分析而不是综合(二者的区别在于,在分析判断中得到的结论在对象中本已包含,而综合判断相反),那些被我们判断为"美的"事物的性质,而不是分析美感的性质。从康德存在论的二元性来说,研究鉴赏判断的组成与机制,这是对"我"的研究的一部分,是主体性的。二元论还要求确认并研究对象的组成与性质,如果做不到这一点就谈不上二元论,所以在他的美学体系中必然出现对美的事物的分析。

这种分析是立足于审美主体性的,是从审美主体性的角度来审视它的对象的存在状态。四条美的分析揭示的就是"审美客体"的存在论性质。审美客体只有体现出必然令人愉悦的性质、非概念的普遍性、无目的的合目的性,才是审美客体。以往的审美客体论,或者从客观的角度对美的探索,停留在对一些感性因素的关注上,从亚里士多德开始,色彩、线条、结构、比例、有机整体性、对立统一性等形式因素就被当作美的构成因素。这种理论的问题在于,哪一种客观事物的存在不是由这些感性因素构成的呢?这些因素并不是对象成为审美对象的充分条件,这些因素与其说是美的原因，不如说是审美的结果。换言之，只有让对象呈现出审美对象应具有的存在论性质，才能让客体的感性因素转化为审美客体的构成要素。

康德建立的审美客体的客体性，使得我们足以把审美判断与以自然概念为基础的理论哲学区分开——这种哲学指向知识何以可能，而"知识"则意味着概念对实体的把握；它也使得我们可以把审美判断和以自由概念为基础的对象的客观的合目的性的实践哲学区别开来，这种哲学指向"善"，是欲念和意志对对象之实存的统摄。而审美客体本质上是"建立在自由概念之上的对象的主观的合目的性"，它指向自由，而这种自由的根基，却是"主观的合目的性"。这就意味着，审美客体是审美主体按其先天能力建构出来，审美主体对对象的直观不是一种反映性的、接受性的直观，而是一种建构性的，以愉快或不愉快的情感为目的，在先验想象力推动下的直观。这种直观给出的对象，不再是对象的纯然的外在性，而是一种合目的性的形式，这种由主体建构出的合目的性的形式，成为"审美对象"。仅仅作为表象而被主体所直观，这是审美客体根本的特征——不具有客观性的客体，不具有实体性的客体。而这也揭示出，审美客体的本源，实际上是审美主体性。

审美主客体性的确立，以及建立在这个基础上的鉴赏判断力的先天原则的确立，意味着审美判断可以成为先天综合判断。按照休谟确立的"趣味无争辩"的原则，美学是没有必要的，因为趣味判断或者鉴赏判断无法从主观性之中走出来。因而，趣味判断的结果本身不具有普遍性，完全是随机的和偶然的，那就意味着它还不能成为一门"学"的对象。但康德终于把趣味判断上升到了先天综合判断的高度，鉴赏判断获得了自己的先天机制和原则，审美由此可以成为系统的理论反思的对象。

第七章 "我"与此在（Dasein）——康德的存在论对于美学的意义

在这样一种理论体系中，审美主体的主体性得到了确立；审美客体的客体性得到了一个性质上的划定，这种确立和划定对于美学学科而言，是它得以成立的前提，同时，也划定了美学在确立之初的问题域：对构成审美主体之诸种能力的深入探索；对应用这种能力的原则与机制的探索；对审美对象的性质与构成的探索；对鉴赏判断的机制的探索，对鉴赏判断的意义的探索，等等。而所有这些问题的前提，就是审美主体与审美对象的对立。因此审美主客体性的确立对于美学来说，是决定性的事件。这一事件背后是现代文化的必然诉求：为何审美？如何实现审美？如何应用审美？如何创造美的事物？这就是审美现代性追问与建构的基本问题，也是美学的使命。

这一事件同时埋下另一个问题：在后形而上学时代，在反形而上学与反主客二分的时代，是否可能实现对审美主客二分的超越？

"超越"不是消解，也不是否定，超越的前提是"肯定"，没有对对象的肯定，就不可能去超越对象。因此，从否定的角度超越审美上的主客二分是不可能的，如果不能从认识论的方法视野中走出去，审美主客体性就会作为美学的基石而无法被挖除。在这个理论维度中，真正的问题只能是：审美主客体如何统一在一起？只要有认识发生，这种统一就是设定了的终点，我们能做的，是详细描述这一过程是如何发生的。这就意味着，审美经验现象学必然会成为康德之后美学的一个基本课题，要么从主体性的角度描述审美经验，要么从社会存在的角度描述审美经验。这就需要在存在论上有所突破，从 Dasein 的存在论视域中走出来，以现象学的生成性的存在论，或者以马克思的实践存在论来超越建基 Dasein 的存在论，而这两种存在论，实际上是为 Dasein 的存在论奠基，是深入其背后去。理论上的超越，仅仅是指更深入的描述，而不是放弃。

第八章

黑格尔的存在论与其美学体系

康德对形而上学的批判历来被认为是深刻而有力的。人们一般认为,在康德之后要建立形而上学的存在论几乎是不可能的,但事情的发展不是这样的,离康德辞世不远,就出现了黑格尔的存在论。黑格尔扭转了存在论在近代以来的颓势。这种扭转并不是否定,而是以一种海纳百川之势,吸收了自古希腊以来所有存在论思想的菁华,从而构成了一个大全式的体系。但这种综合还不是黑格尔的真正贡献,他的贡献在于两个方面:第一,坚持了对"存在"的思考是对自在自为之真理的探索,这是对近代经验论的和康德主义的存在观的反驳。他指责康德说:"康德这种哲学使得那作为客观的独断主义的理智形而上学寿终正寝,但事实上只不过把它转变成为一个主观的独断主义,这就是说,把它转移到包含着同样有限的理智范畴的意识里面,而放弃了追问什么是自在自为的真理的问题。"① 追问自在自为的真理,寻求世界的真正统一性,这才是探讨"存在"问题的根本动因。如果放弃这种追问,那么哲学就

---

① [德]黑格尔:《哲学史讲演录》第四卷,贺麟、王太庆译,商务印书馆2013年版,第258页。

放弃了最崇高的使命和最根本的意义，因而这不单单是对康德的指责，也是对所有反形而上学者的质问，是对自奥康以来凡在"存在"范畴上执取消主义态度者的反驳，这包括洛克、休谟、贝克莱、康德等思想家。

黑格尔在"存在"问题上的第二个贡献在于：他从运动和发展的角度思考"存在"问题，将整个世界的"存在"视为一个过程。在黑格尔这里，辩证逻辑取代了形式逻辑。辩证逻辑是这样一种方法：思维从最简单、最抽象的概念开始，前进到比较复杂、具体的概念，最后成为一个包含一切的"大全"，对存在范畴的思考在这一辩证逻辑中取得了质的飞越。这种飞越体现在，"什么是存在"这一追问获得了真正的内涵，"存在"概念从绝对的抽象走向抽象的具体。如果说以往的存在论是一步步地剥离具体事物后得到最后的空壳，那么黑格尔则将这些被剥离的内容又一点点还给"存在"概念。以往的"存在"都是不可再追问的绝对，是基质，是最高统一性，而在黑格尔这里，"存在"是一个诸多环节结合成的整体。我们试图用"存在"概念的发展史证明"存在"概念本身是一个链条，而黑格尔则将这个链条摆出来给我们看，并且指出全部世界就是这样一个链条。黑格尔的存在论实质上是向我们指出了，"存在"就是整个世界的"存在"。"存在"被黑格尔理解为绝对精神的"运动过程"，而这个过程是诸多概念依次结成的整体。

黑格尔的存在论必须分为两个层面来理解：第一个层面是世界的存在，也就是整个真实界的存在。黑格尔将整个世界（既包括精神的也包括物质的）理解为一个整体，这个整体他称为"绝对精神"。这个绝对精神是自在自为的真理、最高的真实，是世界本身。这个概念构成了他解释世界的起点，但这个起点又包含着全体，所以这个概念既是世界本身，也是理解世界的起点。这就要求以辩证的方法，也就是从对象中推演出对象本已包含的内容的方法，将整个世界从这个无所不包的起点中推演出来。这个逻辑推演的过程也就是整个世界展现自身的过程，从而可以形象地理解为绝对精神自身辩证运动的过程。这个绝对精神是一个逻辑上的规定，是世界的最高统一性，但它只是一个辩证法要求的逻辑预设，并不是客观上的实存，正如黑格尔所说，就时间而言自然存在于绝对精神之先。它只是辩证思维与思维的辩证运动的起点，而不是世界之母。但作为一个"大全"，它本身是思维与存在的统一。世界是一个运动过程，思维也是一个运动过程，黑格尔将这两个过程统一起来，将它们理解为同一个过程的不同环节，即绝对精神辩证运动的过程。整个世界（包括思维与存在）因此就成为一个运动过程的各个环节所组成的整体，这个运动是按辩证法的正题、反题、合题三元展开的，而且运动的第一个环节也是按辩证法的三元展开的。这样，世界（最广义上的）的存在就展现为一个环环相扣、节节递推、无所不包的整体，这个整体体现为下面的外部模式：

就精神的绝对内容而言，当精神处于自在阶段，即所谓"自在的精神"阶段，它处于范畴领域，这个领域黑格尔称之为"逻辑学"。《逻辑学》将这个领域发展为存在论、本质论和概念论。就精神的外在化而言，"自为的精神"是自然，自然又展现为力学、物理学、有机体学三个环节。当精神由外在世界恢复到它自身时，它成为自在自为的精神。自在自为的精神又分为三个阶段：首先是主观精神；其次是作为法、道德、国家和历史的客观精神；最后是作为艺术中的直观、宗教中的表象、哲学史中的概念的绝对精神。

这个外部模式实际上是一个运动的过程，这个过程"从无内容的存在开始进展到内在的本质，又从这里进展到自我理解的理念；因此经验世界的形式从物质上升到无法估量之物，逐步上升到有机物、意识、理性、法、道德、国家的社会道德；在艺术、宗教和科学中领悟绝对精神；因此哲学史从物质存在的范畴开始，在经过各种命运之后完成于自我理解的理念学说；因此，最后，通过人们自己弄清楚了人类精神如何从感官开始并受到意识矛盾的驱使越来越高，越来越深刻地把握自己，直到在哲学知识中、在概念科学中找到自己的宁静……"① 这个过程与其说是绝对精神自我发展的过程，不如说是世界将自身的存在展现出来的过程：内在世界和外在世界统一在一起，以具体的环节将自身展开出来。这个过程既是世界的客观过程，也是思维认识世界的过程，是人自身精神的发展过程。这个过程就是世界之"大全"，是世界的总体性的存在。巴门尼德的存在论学说在黑格尔这里以一种逻辑的形式转化为具体的环节，因此，黑格尔的整个哲学大全，就是他的存在论。这是黑格尔存在论的第一个层面。

第二层面是从世界之存在，也就是世界之统一性的存在论，是世界的逻辑过程。就具体的"存在"范畴而言，黑格尔将这个范畴发展为他的逻辑学。他的逻辑学就是"存在"范畴的内涵被一步步揭示出来的过程，这正是我们研究的重点。

黑格尔把"存在"理解为一个运动的过程，并且认为对存在的规定就是来自这个过程，他认为：

> 存在首先是对一般他物而被规定的；第二，它是在自身以内规定着自身的；第三，当分类的这种暂时的先行性质被抛弃去之时，它就是抽象的无规定性和直接性，在这种直接性中，它必定是开端。
>
> 依照第一种规定，存在与本质相对而区分自己，所以它在以后

---

① ［德］文德尔班：《哲学史教程》下卷，罗达仁译，商务印书馆1987年版，第845页。

的发展中表明了它的总体只是概念的一个领域,只是与另一领域对立的环节。

依照第二种规定,它自己又是一个领域,它的反思的各种规定和整个运动都归在这个领域之内。在那里,存在将自身建立为下列三种规定:

1. 作为规定性,而这样的规定就是质;
2. 作为被扬弃了的规定性,即大小、量;
3. 作为从质方面规定了的量,即尺度。

这里的分类,与导论中提到过的这些一般分类那样,只是暂时的列举;它的规定要从存在本身的运动才会发生,并由此而得出定义和论证。①

在这个过程中我们可以看到,存在作为绝对的直接性——无、作为实在 Dasein(也就是上段引文中所说的"他物")、作为本质 essence(在自身以内规定着自身的),以及在之后我们将看到的将存在作为实存 existenz、作为自在的"一",直到存在作为世界本身,存在概念的所有内涵都被摄入一个整体,从而使得"存在"概念成为具有无比丰富性的一个运动的整体。

"存在"范畴在黑格尔的整个体系中处于他所说的绝对精神发展的第一个阶段,在这个阶段中,绝对精神还没有外化到自然,它表现为抽象的逻辑概念之间转化与过渡,而"存在"就是这个概念体系的开端。那么这个开端是要解决什么样的问题呢?在黑格尔看来这个问题是关于事物之"质"的问题,这个"质"不是事物的本质,相反,本质包含在

---

① [德]黑格尔:《逻辑学》上卷,杨一之译,商务印书馆1981年版,第66页。出于理论需要,将杨译本中的"有"(德文为 sein)均译为"存在"。

"质"之中,"质"作为一个概念,黑格尔指的是与存在同一的、事物的"规定性"。这个规定性更直接一些的解释应当是"确定性",事物之存在,它的存在之显现,就是它被一步步规定下来的过程,而被规定下来就意味着,事物获得自身的确定性。

从规定性的角度,从事物被确定下来的历程中来思考存在,这构成了黑格尔思考存在问题的基本出发点,而存在也就成为规定性发展的全部过程。这个过程的全部内容如下:

> 存在是无规定的直接的东西,存在和本质对比,是免除了规定性的,同样也免除了可以包含在它自身以内的任何规定性。这种无反思的存在就是仅仅直接地在它自己那里的存在。
>
> 因为存在是规定的,它也就是无质的存在;但是,这种无规定性,只是在与存在规定的或质的对立之中,才自在地属于存在。规定了的存在本身与一般的存在对立,但是这样一来,一般的存在的无规定性也就构成它的质,因此要指出:第一,最初的存在 sein,是自在地被规定的,所以:第二,它过渡到 dasein 实在,但是实在作为有限的存在,扬弃了自身,并过渡到与自身的无限关系,即过渡到第三,自为之存在。①

这个过程简单地说就是:sein—dasein—自为之 sein(德语原文为 Fürsichsein),现在让我们来看一看这究竟是一个什么样的过程。

这个过程在黑格尔这里是从"无"开始的,这无疑引起许多误解,因为以往关于存在的思考中,特别是当对存在的思考与对上帝的沉思结合在一起的时候,存在被设定为包含一切规定性于其中的"最完满的"

---

① [德]黑格尔:《逻辑学》上卷,杨一之译,商务印书馆1981年版,第68页。

概念，而这个最圆满的概念在黑格尔这里却被设定为"纯粹存在"，并且黑格尔认为它的同义词是"纯无"。

存在、纯粹存在——没有任何更进一步的规定。存在在无规定性的直接性中。只是与它自身相同，而且也不是与他物不同，对内对外都没有差异。存在假如由于任何规定或内容而使它在自身有了区别，或者由于任何规定或内容而被建立为与一个他物有了区别，那么，存在就不再保持纯粹了。存在是纯粹的无规定性和空。——即使这里可以谈到直观，在存在中，也没有可以直观的；或者说，存在只是这种纯粹的、空的直观本身。在存在中，也同样没有可以思维的；或者说，存在同样只是这种空的思维。存在、这个无规定的直接的东西，实际上就是无，比无恰恰不多也不少。[①]

那么"无"又是什么呢？

无、纯无；无是与它自身单纯的同一，是完全的空，没有规定，没有内容，在它自身中并没有区别。——假如这里还能谈到直观或思维，那么，有某个东西或没有东西被直观或被思维，那是被当作有区别的。于是对无的直观或思维便有了意义；直观或思维某个东西与没有直观或思维什么，两者是有区别的，所以无存在于我们的直观或思维中；或者不如说无是空的直观和思维本身，而那个空的直观或思维也就是纯有。——所以，无与纯粹存在是同一的规定，或不如说是同一的无规定，因而一般说来，无与纯粹存在是同一的东西。[②]

---

① ［德］黑格尔：《逻辑学》上卷，杨一之译，商务印书馆1981年版，第69页。
② 同上。

第八章 黑格尔的存在论与其美学体系

这种将存在与无等同的观点表面上看是对存在概念的否定性规定，如果我们将这种否定性规定看作黑格尔对于存在概念的全部理解，那么这种理解根本没有把存在理解为一个过程，没有将之理解为一个整体，必须看到，黑格尔强调，这种规定——纯粹存在，也就是纯无，仅仅是一个开端，是一个起点，而不是最终的结论。什么是开端呢？或者说，开端意味着什么呢？在黑格尔看来开端有两层含义。第一："离开开端而前进，应当看作只不过是开端的进一步规定，所以开端的东西仍然是一切后继者的基础，并不因后继者而消灭。前进并不在于仅仅推演出一个他物，或过渡为一个真正的他物——而且只要这种过渡一发生，这种前进也便同样又把自己扬弃了，所以哲学的开端，在一切后继者的发展中，都是当前现在的、自己保持的基础，是完全长留在以后规定的内部的东西。"[①] 这就是说，开端是贯穿于整个发展历史的，是长留在以后发展之中的内在的东西，而不是被扬弃、被否定的前在者，开端仅仅是第一步，决定性的是后继者是什么。第二："开端的规定性，是一般直接的和抽象的东西，它的这种片面性，则于前进而失去了；开端将成为有中介的东西，于是科学向前运动的路线，便因此而成了一个圆圈。——同时，这也发生了如下的情况，即那个造成开端的东西，因为它在那里还是未发展的、无内容的东西，在开端中将不会被真正认识到，只有在完全发展了的科学中，才有对它的完成了的、有内容的认识，并且那才是真正有了根据的认识。"[②]

理解黑格尔所说的"开端"就是理解黑格尔存在观的钥匙，开端并不是真正的认识。也就是说，作为开端，纯无的存在并不是对"存在"的真正认识，如果仅仅将黑格尔的"存在"理解为"无"，那么这种理

---

① ［德］黑格尔：《逻辑学》上卷，杨一之译，商务印书馆1981年版，第56页。
② 同上书，第56—57页。

解还没有开始，只有当存在概念之内涵完全展现出来后，这才实现了对"存在"概念的理解。因此，说存在是"无"仅仅是一个开端，除此之外没有否定性的意义。

在这个开端中，黑格尔将纯存在与"无"辩证地统一在一起。在巴门尼德的"存在"概念中，由于概念的至大而无外，我们将之思辨地归纳为"无"，将无与存在视为是同一的，而黑格尔则即承认二者是同一的，又指出二者间的绝对区别。他认为：

> 所以纯存在与纯无是同一的东西，这里的真理既不是存在，也不是无，而是已走进了——不是走向——无中之有和已走进了——不是走向——有中之无。但是这里的真理，同样也不是两者的无区别，而是两者并不同一，两者绝对有区别，但又同样绝对不曾分离，不可分离，并且第一方都直接消失于它的对方之中。所以，它们的真理是一方直接消失于另一方之中的运动，即变在这一运动中，两者有了区别，但这区别是通过同样也立刻把自己消解掉的区别而发生的。①

这种你中有我、我中有你，即同一又有绝对区别的状态黑格尔称之为"变"，或者说，产生这种状态的原因就在于"变"（werden）。在这个思想中，巴门尼德关于纯粹的存在，赫拉克利特关于流变的思想在此达到统一，存在由绝对的静止转而获得运动能力，世界的运动性这个不可违抗的经验事实在存在论中获得了切实的根据。这正是莱布尼茨在规定单子是"力"时想要达到的目的。"变"在黑格尔这里是绝对的，变决定了存在（旧译为"有"）与无之间的绝对区别，在这种绝对区别中，

---

① ［德］黑格尔：《逻辑学》上卷，杨一之译，商务印书馆1981年版，第69—70页。

产生规定性的下一个逻辑环节——此在（Dasein）。"只有在规定了的光明中——而光明是由黑暗规定的——即在有阴翳的光明中，同样，也只有在规定了的黑暗中——而黑暗是由光明规定的——即在被照耀的黑暗中，某种东西才能够区别得出来，因为只有阴翳的光明和被照耀的黑暗本身才有区别，所在也才有规定了的存在，即此在。"①

Dasein 这个词正如黑格尔所说，是一个含义很多的字眼，因为它是在以各种不相同的甚至相反的规定来使用的。在黑格尔这里这个词的内涵与近代哲学中讨论的 existenz 相当，称之为"实在"或许更恰当一些，但这个词是黑格尔继承康德的，为了体现出两者之间的延续性，我们仍然译之为"此在"。我们仍然可以说它与上帝之存在（existenz）是同一个词，黑格尔在《逻辑学》的一则注释中说："谈到实在（即此在）这一名词，必须提一提从前形而上学的上帝概念，它主要用来作为所谓上帝存在的本体论证明的基础。"② 而 existenz 这个词也正是斯宾诺莎思考的"实在"，因此，可以说 Dasein 是指具体的存在者，关于这一点黑格尔有一个如下说明："此在相当于前一范围的存在（指无规定性的纯粹存在——笔者注），不过，存在是不曾加规定的，因此在存在那里并不发生规定。但此在却是一个规定了的存在，是一个具体的东西，因此，在它那里，但立刻出现了它的环节的许多规定和各种有区别的关系。"③ 此在是具体的东西，具体的东西就是有规定性的东西，按黑格尔的思路，在存在处还没有显现出来的规定性，在此在这里彰显了出来："此在是规定了的存在 sein，它的规定性是存在的规定性，即质。某物由于它的质而与他物对立，是可变的和有限的，它之被规定，不仅是与一个

---

① ［德］黑格尔：《逻辑学》上卷，杨一之译，商务印书馆1981年版，第88页。
② 同上书，第104页。
③ 同上书，第102页。

他物对立,而且是对这个他物的绝对否定。它在最初对立中出现,而在无对立的无限中,即在自在自为的存在中,这种抽象的对立便消失了。于是此在的研究便有了这样三部分:甲,此在自身;乙,某物与他物,有限;丙,质的无限。"① 这三部分实际上是此在的三个规定性。这三个规定是说,此在自身是一个具体存在物,更恰当地说是一个"个体",个体间的差异构成了个体的规定性,而这个规定性则形成了个体间的相互否定。这就是斯宾诺莎所说的一切规定皆否定,在相互否定中,个体融入或者说整合为质的无限。

这很难理解,但如果我们沿着整个"存在"之链上溯,那么在亚里士多德关于 ousia 的规定中,我们能够看到相似的理论。在此我们做这样一个不算很恰当的指引:黑格尔关于纯粹存在与无的思想,可以视为对巴门尼德思想与赫拉克利特思想的吸收,而他关于此在的思想,其根源在亚里士多德关于 ousia 的思想中。让我们回忆一下亚里士多德关于 ousia 的两个规定:(甲)凡属于最底层而无由再以别一事物来为之说明的,(乙)那些既然成为一个"这个",也就可以分离而独立(见《形而上学》1017^{b23-25},汉译本第 97 页)。第一个规定就是黑格尔说的"此在自身",第二个规定就是黑格尔强调的此在作为具体东西(如果不考虑表述的困难的话,应当说是具体的"精神")与他物的对立性,也就是此在自身的独立性。但黑格尔并不是重复亚里士多德的思想②,这体现在黑格尔最终将此在化入"质的无限"之中。这个化入质之无限中的此在,就是黑格尔所说的"自为的存在"。

自为的存在是存在概念自身的第三个阶段,它是存在和 dasein,也

---

① [德]黑格尔:《逻辑学》上卷,杨一之译,商务印书馆1981年版,第100页。
② 相当说,黑格尔的 dasein 仅仅是亚里士多德所说的第一性的 ousia,是 ousia 之中最基础的部分。

第八章　黑格尔的存在论与其美学体系

就是"有限存在"的统一,它消融了具体存在于其中,事物的具体性在之中被扬弃。所以,在黑格尔看来自为的存在就是无限的存在,是自我决定的,它不为别物所规定和决定。"自为存在,作为自身联系着的直接性,作为否定的东西的自身联系就是自为存在着的东西,也就是一。一就是自身无别之物,因而也就是排斥别物之物。"① 这里所说的"一"并不是巴门尼德所说的一(巴门尼德的"一"是黑格尔所说的纯粹存在或无),对这个作为自在之存在,在《逻辑学》中的术语是"为一之存在"。

黑格尔对自为的存在有这样一个解释:"自为存在是完成了的质,既是完成了的质,故包含存在与此在于自身内,为其被扬弃了的理想的环节。自为存在作为存在,只是一单纯的自身联系;自为存在作为此在是有规定性的。但这种规定性不再是有限的规定性,有如某物与别物有区别那样的规定性,而是包含区别并扬弃区别的无限的规定性。"② 当我们说某物"完成"了时,我们是在指什么呢?第一,某物存在;第二,某物是有规定性的确定存在;第三,认识到某物有区别但又处在普遍的联系中。在第三步中,我们可以说,某物向我们完全显现了出来。这个时候,它自身是处于"完成"态的,它既处于与他物的引力也就是联系之中,也处于与他物的差异也就是斥力之中。这个处于完成态的某物,被黑格尔称为"一",存在的这样一种状态,就是"为一之存在",在这时既有纯粹存在也有此在,又包含着普遍的差异与联系,这就是亚里士多德的 ousia(也就是第一性的 ousia 与第二性的 ousia 与隐德来希三者的统一)。这个概念想要表达的是,这个"一"就是包含着无限丰富性的

---

① [德]黑格尔:《小逻辑》,贺麟译,商务印书馆1980年版,第221页。贺先生译 dasein 为定在,笔者为了求统一,均改为"此在"。
② [德]黑格尔:《小逻辑》,贺麟译,商务印书馆1980年版,第211—212页。

个体。在这个"个体"中包含着原子论（德谟克利特）、单子论（莱布尼茨）等从单一个体研究事物之"存在"中的积极成果。在这个"为一之存在"，黑格尔完成了"存在论"，所谓完成就意味着，从质的角度规定事物之存在的"确定性"，这一"确定性"在达到自身之独立性、与他者之差异性以及联系的丰富性时，获得了确认，现在需要把这一丰富性展开，这就是接下来的"量论"。

"存在"在黑格尔是这样一个过程：存在—此在—自为的存在。这个过程本质上是"变"，是诸环节之间的"变"或者说是使诸环节显现出来的"变"。他有过这样一个概括："我们曾经首先提出存在，存在的真理为'变易'，变易形成到此在的过渡，我们认识到，此在的真理是'变化'。但变化在其结果里表明其自身是与别物不相联系的，而且是不过渡到别物的自为存在。这种自为存在最后表明在其发展过程的两个方面（斥力与引力）里扬弃其自己本身，因而在其全部发展阶段里扬弃其质。但这被扬弃了的质既非一抽象的无，也非一同样抽象而且无任何规定性的存在或实存，而只是中立于任何规定性的存在。存在的这种形态，在我们通常的表象里，就叫作量。"① 这样，黑格尔把存在理解为一个过程，并将这个过程统一于"变"，然后在"变"中引出事物存在的新层面——量。

这个层面就是事物的存在在其具体性，也就是量与度的层面上的展开。量展开为纯量、定量、程度，当存在之量获得其确定性，进一步深化为度：特殊的量、此在的尺度、向本质的过渡。在量这个层面上，核心是此在之"此"，是存在之条件性、规定性、具体性的展开。当这一展开完成之后，我们达到了存在的绝对无区别状态，因为对于所有存在

---

① ［德］黑格尔：《小逻辑》，贺麟译，商务印书馆1980年版，第217页。

者而言，质与量都是它们存在的最基本的内涵，是它们最基本的规定性，仅仅肯定了事物之存在具有质与量上的规定性，仅仅是承认事物之存在是斯宾诺莎意义上的"实体"甚至可以回到更为古老的基质观念。这种实体观本身是否定性的，对这一实体而言一切规定既否定，但事情不应停留在无区别状态之中。这种状态应当被扬弃也必将被扬弃，因为自在之有本身包含着规定与被规定，这是事物之独立性的根基，存在必须被"反思性"地重建起来，只有在反思中，我们才能克服"存在"这个概念所指示的"直接性"。所谓"直接性"，就是说事物的存在还停留在直观的层面上，它的内在规定性与外在联系性，它自身包含的对立与差异还没有向我们展示出来，精神的发展与认识的需要要求我们突破这种直接性的存在，从而达到——"本质"（Wesen）。

什么是本质？

> 本质，作为通过对它自身的否定而自己同自己中介着的存在，是与自己本身相联系，仅因为这种联系是与对方相联系，但这个对方并不是直接存在着的东西，而是一个间接的和设定起来的东西。在本质中，存在并没有消逝，但是首先，只有就本质作为单纯的和它自身相联系来说，它才是存在；其次是存在，由于它的片面的规定，是直接性的东西，就被贬抑为仅仅否定的东西，被贬抑为假象。——因此本质是反映现在自身中的存在。①

《小逻辑》中的这个规定非常抽象，其重点在于"本质"是"间接的和设定起来的东西"，是存在的"映现"，是处于存在与概念之间的我们的"知"。在中世纪，曾经有一场关于本质与存在之关系的争论，是

---

① ［德］黑格尔：《小逻辑》，贺麟译，商务印书馆1980年版，第241页。

存在决定着本质，还是本质决定着存在，何者在先？黑格尔的存在论思辨地将本质纳为存在的一个环节，使这个问题得以圆通地解决。在一个附释中黑格尔说：

> 当我们一提到本质时，我们便将本质与存在加以区别，而认存在为直接的东西，与本质比较起来，只是一假象。但这种假象并不是空无所有，完全无物，而是一种被扬弃的存在。本质的观点一般来讲就是反思的观念。反映或反思这个词（Reflexion）本来是用来讲光的，当光直线式地射出，碰到一个镜面上时，又从这镜面上反射回来，便叫作反映。在这个现象里有两个方面，第一方面是一个直接存在，第二方面同一存在是作为一间接性的或设定起来的东西。当我们反映或反思一个对象时，情形亦复如此，因此这里我们所要认识的对象，不是它的直接性，而是它的间接地反映出来的现象。我们常认为哲学的任务或目的在于认识事物的本质，这意思只是说，不应当让事物停留在它的直接性里，而须指出它是以别的事物为中介或根据的。事物的直接存在，依此说来，就好像是一个表皮或一个帷幕，在这里面或后面，还蕴含着本质。①

这就清楚地揭示了存在与本质之关系：存在是直接的，但我们的知要求获得自在自为的真理，所以知并不停留在直接的东西及其规定上，而是穿透直接的东西，认为在直接性后面有某种不同于存在的他物，而这个他物构成了存在之真理，这就是本质。但问题是，除了说存在是直接的假象和本质是内在的真理外，存在与本质二者之间的真正联系，也就是二者的统一性是什么呢？

---

① ［德］黑格尔：《小逻辑》，贺麟译，商务印书馆1980年版，第242页。

第八章 黑格尔的存在论与其美学体系

凡物莫不有一本质，这无异于说，事物真正地不是它们直接所表现的那样。所以要想认识事物，仅仅从一个质反复转变到另一个质，或仅仅从质过渡到量，从量过渡到质，那是不行的；反之事物中有其永久的东西，这就是事物的本质。至于就本质这一范畴的别种意义及用法而论，我们首先必须指出，在德文里当我们把过去的 sein（存在或是）说成 Gewesen（曾经是）时，我们就是用 Wesen（本质）一字以表示助动词 sein（是或存在）的过去式。语言中这种不规则的用法似乎包含着对于存在和本质的关系的正确看法。因为我们无疑地可以认为本质为过去的存在，不过这里须指出，凡是已经过去了的，并不是抽象地被否定了，而只是被扬弃了，因此同时也被保存了。①

简明地说：本质是过去的存在，但非时间上过去的存在。也就是说，"本质"不单单是知的结果，而且是存在本身的一种样态，是在反思中被把握到的存在的"曾在"。这种曾在被我们的思维把握为本质，这个"本质"是存在的真理，是自己过去了的存在或内在的存在。

在对本质的规定中，我们看到黑格尔把"本质"规定为观念领域内精神对于直接性的"存在"的反思，是观念捕捉到的存在之"曾在"。它既是对存在的直接性的扬弃——因为认识不能停留在"纯存在"上，也是对量之规定的繁复性的扬弃——这是精神对于实在物之多样性的扬弃。这种扬弃就意味着存在被内在化并且被从运动的角度所理解，在这种内在化——也就是反思——的过程中，一切被规定物及有限物都在本质处被否定了。而当存在被引入自身的无限运动中时，它成为绝对的自身，因为对于处于无限运动中的事物，运动就是它唯一的规定，一切他

---

① ［德］黑格尔：《小逻辑》，贺麟译，商务印书馆1980年版，第242—243页。

物和规定性对于它而言都是外在的，都是可以被扬弃的。"这样，它就是无规定的、单纯的统一体，有了规定的东西便以外在的方式从它那里被拿掉。"① 这样的本质，按黑格尔的体系，实际上是回到自身的存在，是无规定性的纯存在，只不过这一次它处于反思之中，处于观念之中，它就是被观念把握到的"纯存在"（sein）。

即使作为反思之中的"存在"，"本质"也是自在自为的存在，它本身自在地包含着规定，或者说它自身要求着规定，它要求扬弃自身的单一性，所以它必会要求过渡到——实存（existenz）。

什么是实存，或者说这个概念的根源是什么？黑格尔在一个说明中说："因为那唯一的概念构成一切事物的实质，所以在'本质'里出现了和'存在'的发展里相同的范畴，不过采取反思的形式罢了。所以，在存在里为有与无的形式，而现在在本质里便进而为肯定与否定的形式所替代。前者相当于无对立的存在的同一性，后者映现其自身，发展其自身成为区别。这样，变易就立即进而发展为此在的根据，而此在当返回其根据时，即是实存 existenz。"② 这个返回了自身的此在本身是直接性的，但这种直接性是通过一个中介——本质达到的，本质来自反思，却又把自己造成反思的根据。这个根据就是在观念中重建起来的"存在"，在这个根据基础上生发出"实存"这个概念。

"实存"这个概念要表达的就是被观念所把握到的"在实际中存在着的事物"。在观念中我们认识事物时，第一步是判定事物存在，这种被我们所判定的存在或者说直接映现出来的存在黑格尔称之为"本质"，在这个基础上我们进而判定事物是实际存在着的，这一判定包括两个方面：第一，该事物是其自身，也就是说有其本质；第二，该事物的存在

---

① ［德］黑格尔：《逻辑学》下卷，杨一之译，商务印书馆1981年版，第4页。
② ［德］黑格尔：《小逻辑》，贺麟译，商务印书馆1980年版，第246页。

被他物反映出来，这就是"实际"这个词所包含的意义。这两个方面是直接统一的，因此黑格尔说："实存即是无定限的许多实际存在着的事物，反映在自身内，同时又映现于他物中，所以它们是相对的，它们形成一个根据与后果互相依存、无限联系的世界。这些根据自身就是实存，而这些实际存在着的事物同样从各方面看来，既是根据复是信赖根据的后果。"①

实存（existenz）一词是关于上帝存在的证明中使用的词，也是近代思考存在问题时用来指称"存在"的一个词，这个词从拉丁文 existere 一词派生出来，有从某种事物而来之意（这是黑格尔的考证）。如果我们把从某物而来的"某物"视为根据，那么实存就是指从某种根据而来的存在，比如雷电使房屋着火，雷电是着火的根据，因其有根据，因而着火就是实存。"一般讲来，根据是实际存在着的世界呈现在反思里的形态，这实存着的世界是无定限许多实存着的事物的自身反映，同时反映他物互为对方的根据和后果。这个以实存着的事物为其总和的表现在花样繁多的世界里，一切都显得只是相对的，即制约他物，同时又为他物所制约，没有什么地方可以寻得一个固定不移的安息之所。我们反思的知性便把去发现、去追踪所有各方面的联系作为其职务。"② 这样，在实存这个概念里，我们就看到了普遍联系着的现实世界，世界在这个层面上彻底显现出来了，因此，黑格尔在《逻辑学》中将其列入"现象"这个名目之下。

在黑格尔的体系中，本质是存在的映现，而这一被映现了的存在包含着同一、区别与矛盾三种反思规定，此三者构成了本质之"本质性"。在此种反思规定中，规定具体化为根据，而根据又体现为绝对根据与被

---

① ［德］黑格尔：《小逻辑》，贺麟译，商务印书馆1980年版，第266页。
② 同上书，第221页。

规定的根据以及条件。在根据之中，观念所把握的存在的直接性，也就是本质，转变为具体的现实，也就是实存。观念的直接性终结于现实的丰富性与具体性，从而成为现实世界的直接显现——现象。①

至此，黑格尔完成了对存在 sein/being/on/ens/esse，对此在 dasein，对本质 essence，对实存 existenz 的体系化整理，西方思想史上每一种关于存在的思想都在这个体系中得到了吸收与批判并且被再规定。在这个体系化过程中，世界的"存在"被分解为一个个环节，而又环环相扣，"存在"被理解为一个从单纯的直接性到现实的具体性的流程与整体。可以说，对世界之"存在"的思考在黑格尔这里达到了真正的深刻与全面。而正是在这样一种存在论的基础上，产生了圣殿般的美学。

在黑格尔那里，西方美学达到了一个前所未有的顶峰，并辉煌如一座圣殿。我们的任务不是描述这座圣殿的每一个细节，而是去探明这座圣殿的基础，也就是黑格尔的存在论与他的美学之间的关系。黑格尔的存在论分为两个层面，他的美学也是在这两个层面上展开的。

黑格尔存在论的第一个层面提供了一个世界之存在的整体结构，这个结构对美学具有深远的意义。以下分三部分予以论述。

首先，这个结构最终促成了美学学科的确立与成熟。

美学自一七五〇年鲍姆嘉通创立成为一门独立学科后，呈现出一种不稳定的发展状态，或者仍然完全依附于哲学，或者与哲学相脱离、相并列，或则蜕变为一种注重鉴赏技巧的具体艺术理论，虽然一时间大家都喜欢用"美学"的名称，但在多大程度上可以称之为独立科学，则很难说。从康德开始，重又把美学纳入哲学体系，

---

① 在这里黑格尔深刻批判了关于上帝存在的证明与康德的自在之物的观点，见《逻辑学》下卷，杨一之译本第117—124页。

第八章 黑格尔的存在论与其美学体系

作为认识论与伦理学之间的中介学科，费希纳、谢林也很重视美学，但只有到了黑格尔，美学才既成为他哲学体系的有机组成部分，又具有相对的独立性，是属于广义哲学范畴的一门艺术科学。……它又不同于形形色色的具体艺术理论，而是站在哲学高度对艺术进行理论概括，所以黑格尔的美学又是艺术哲学；而且，在整个体系中，美学也不是与其他哲学部门无关的孤立的学科，而是与其他各门科学紧密联结、互相交叉，既有各自在体系中的确定位置，又从不同层次、侧面联成一个首尾呼应的科学系统。这样，美学才在真正意义上成为一门既有相对独立性又有系统性的科学。这在美学学科独立走向科学、系统方面迈出了重要的一步，是美学发展史上的一个贡献。[①]

其次，这个结构为美与艺术提供了一个坐标系，这个坐标系让美与艺术明确了自己的地位，更明确了自己的意义与价值，并且从某种程度上说，预测了美与艺术的未来。由于把美与艺术置入世界的整体存在中，这就为确立艺术和美在人类文明体系中的地位与价值给出了参照系。借助这个参照系，美与艺术与人类文明的其他精神活动的差异被明确化了，艺术的独特性与自立性得到了维护，并且，通过使艺术与最高尚的精神活动相并列，赋予了艺术在文化生活中的崇高地位与伟大作用。尽管在谢林的艺术哲学中，我们已经看到了这样的尝试，但直到黑格尔的存在论中，美与艺术的精神地位与价值才真正被认可。这个"真正"体现在：一方面是划定界限，另一方面是找出联系。黑格尔将艺术与美置入世界的存在链之中，将之视为一个必不可缺的环节，这就意味着，必须将艺术与美和人类文明的各个方面进行比较，在比较中划定界

[①] 朱立元：《黑格尔美学论稿》，复旦大学出版社1985年版，第21页。

限，在比较中找出联系。当艺术与美最终出现在精神活动的最高阶段，并且成为这个阶段的一个环节时，艺术与存在论的关系体现出一种新的气质：以往的美学所能给予美的最高地位是对"存在"的"象征"，这是基督教的神学美学和柏拉图主义的美学达到的高度，但这实际上并不是对艺术与美本身的认可，它们仅仅是"存在"的一个定语，而不是存在自身；而在黑格尔这里，艺术成为世界存在（绝对精神）的一个环节，就绝对精神之发展的阶段性而言，它们就是存在自身。这样，美与艺术就和最高存在——绝对精神，也就是黑格尔所说的自在自为的真理，产生了直接的联系。这是对艺术与美的最高评价与毫无保留的赞美。这与古希腊与中世纪那种既想利用之又对其有所怀疑的态度，以及近代以来既承认又蔑视的态度是截然不同的。可以说，借助于黑格尔的存在论，艺术与美达到了它们可能达到的最高地位。

最后，黑格尔的存在论再一次建立了美与存在的直接联系，这种联系曾在近代被认识论的兴起打断了，这也打断了美与真理之间的联系，使得美成为低于理性的愉悦，艺术成为制造这种愉悦的工具。而且，这一打断使得"美"陷入认识论的范式而丧失了存在论上的自立性。当黑格尔提出"美是理念的感性显现"这一命题，将美纳入绝对精神自我发展的过程中时，存在与美的直接联系再一次建立了起来。美的定义中所说的"显现"（schein）是"现外形"与"放光辉"的意思，它与存在（sein）[①] 有着同在的联系，是展现出的存在，是绝对精神，也就是"真"的外在存在。因此，"美是理念的感性显现"这个命题揭示的正是存在与美或艺术的同一关系：美是存在的感性显现。形而上学的最高概念与美再次体现出同一关系，这是黑格尔存在论对其美学最深刻的影

---

① 请注意二者字源上的相似性。

响。黑格尔在存在论与美学的结合中建立起了美学研究的最高理想，奠定了艺术与美的最高理想——展现真理。在《美学》结束语中黑格尔有这样一段话可以看作总结性的概括，他说：

> 这样我们就达到了我们的终点，我们用哲学的方法把艺术的美和形像的每一个本质性的特征编成了一种花环。编织这种花环是一个最有价值的事，它使美学成为一门完整的科学。艺术并不是单纯的娱乐、效用或游戏的勾当，而是要把精神从有限世界的内容和形式的束缚中解放出来，要使绝对真理显现和寄托于感性现象，总之，要展现真理。这种真理不是自然史（自然科学）所能穷其意蕴的，是只有在世界史里才能展现出来的。这种真理的展现可以形成世界史的最美好的文献，也可以提供最珍贵的报酬，来酬劳追求真理的辛勤劳动。因为这个缘故，我们的研究不能只限于对某些艺术作品的批评或是替艺术创作开出方单。它的唯一的目的就是追溯艺术和美的一切历史发展阶段，从而在思想上掌握和证实艺术和美的基本概念。[1]

我们还注意到黑格尔所说的"用哲学的方法把艺术的美和形像的每一个本质性的特征编成了一种花环"，这句话可以看作黑格尔第二层面上的存在观对美学的影响。黑格尔在其《逻辑学》中，以逻辑演绎的方式把存在概念编成了一个花环，以往存在论的全部成果，从"存在"sein/being/on/ens/esse，到"此在"dasein，再到"本质"essence，最后到"实存"existenz，成为一个环环相扣的花环。"存在"之链在黑格尔的逻辑学中成为发展之链，"变"的观念主导着链条的每一个环节，

---

[1] ［德］黑格尔：《美学》第三卷下，朱光潜译，商务印书馆1996年版，第335页。

因此，在《逻辑学》中出现的存在观，实际上是存在概念按逻辑的法则进行的变化的历史，是以逻辑的方法，用存在范畴的各个内涵编成的历史。在这个存在的花环之中，体现出一种新的思想方法：从辩证发展的角度看待事物的存在，将"存在"视为"存在的历史"，这是黑格尔存在观中最伟大的东西。存在论的辩证发展必然使存在论的各个部分都处于这种辩证发展中，美与艺术作为存在论的一个环节，也必将被带入这一发展之流中。因此，黑格尔存在论的辩证历史观对于美学而言造成了至少以下三个方面的深刻影响：艺术史；美的历史；艺术与社会历史的关系以及艺术的命运。

第一，黑格尔将这种辩证史观引入艺术之中，使艺术的存在呈现为一个历史过程，"艺术史研究"真正被确立了起来。在此之前，温克尔曼与谢林已经做过同样的工作，但由于没有辩证的运动观，他们的尝试实际上并不成功：温克尔曼只是停留在古希腊和文艺复兴；谢林则给出了艺术的内在逻辑，却无力让艺术呈现出历史逻辑。历史如果不能成为一个辩证发展的过程，那就仅仅是历史材料汇编，在"史"的观念中决定性的是辩证法。所以，只有黑格尔做到了使艺术呈现为一个辩证发展的历史，黑格尔"第一次试图去全面考察艺术（包括一切艺术）的整个世界史，并且使之成为一个体系"[①]。黑格尔将艺术理解为一个从产生到发展，到高峰，再到衰落，最后直到终结的历史过程。尽管现在看来这个历程由于出自一个19世纪的人之手而稍显武断，但，哪一个事物不是经历着这样一个过程呢？黑格尔的结论或许下得太早，他所说的艺术的发展过程或许过于僵化，但黑格尔的这种对艺术的历史态度永远有效。我们可以推翻艺术所谓从象征到古典再到浪漫的历程，也可以否定

[①] ［英］贡布里希：《黑格尔与艺术史》，转引自《国外黑格尔哲学新论》，中国社会科学出版社1982年版，第405页。

第八章　黑格尔的存在论与其美学体系

艺术的终结论，但不能否定艺术的辩证发展历程。

第二，黑格尔把"存在"观念的发展历程与美的历程结合起来，存在概念从纯无到实在的历程也正是美的发展历程。可以说，理解"存在"概念的逻辑过程是理解黑格尔美学的钥匙。为什么艺术以逻辑性的三段论为发展过程？正是由于在黑格尔的存在观中体现出的——综合中的三位一体和重复应用同一公式辗转的相推——是一切辩证发展最根本原则，这也是一切哲学推理中的重要原则。在这个过程中，体系的要求高于个体的要求，观念按自身的要求处理着历史材料，结果使得历史成为观念的发展史。但我们也要看到，事物在发展的过程中，各种类似的方面总是要在积累中重复自身：当事物向前推进的时候，不仅仅是从一种状态进入另一种状态，而是作为一个诸多要素构成的整体，以整体的方式向前推进。而构成整体的诸要素又在其内部在积累中重复自身，在重复中向前推进。如果我们按分化原则把事物如此分析下去，那么事物的发展就会体现为许多重①"三环节"重复应用同一公式的辗转相推。这里所说的"三环节"就是黑格尔在"存在"概念的发展中体现出的——正、反、合②。"存在"的辩证发展模式就是一切事物发展变化的模式。当这套模式被应用于美与艺术时，我们就看到了美的发展体现为诸多环节的三段发展：自然美——从各自的分立的物体美到有系统的无机物之美，再到自然生命的美；自然生命的美——植物美、动物美、人体美；艺术美——象征型、古典型、浪漫型；艺术门类的体系——从建筑到雕刻再到绘画，从绘画到音乐再到诗，等等。"美"成为一个从简单到复杂，从一般到具体，从低

---

① 按辩证原则这里所说的"许多重"实际上只能是"三重"。
② 它的同义的表达是：肯定、否定、对立统一；自在、自为、自在自为；有、无、变；抽象、具体、具体的抽象。

级到高级的发展史。这个史的中心环节即"理念的感性显现"这一命题指示的理念与感性形式是对立统一的发展过程。这即是美的发展的基本规律,也是美的发展的原动力。"美的本质"在这里被明确地表达为"美的历史",以此,黑格尔为美与艺术的研究奠定了"史"的观念与方法,并使艺术史与艺术体系取得了一致。

第三,当这种"史"的观念确立之后,美和艺术以一种专门史的状态出现,但正如"存在"概念的演绎过程是绝对精神之发展的一个环节一样,这个专门史的过程也是一个更宽泛的"史"的一个环节,这个史就是"社会历史"。将世界艺术史置入世界的社会历史进程中,将二者联系在一起的结合点是理念在社会历史中的具体形态——时代的世界观(时代精神),按黑格尔的说法:"因为先后相随的各阶段确定的世界观是作为对于自然、人和神的确定的但是无所不包的意识而表现于艺术形象的。"[①] 艺术史各个环节体现着不同的时代精神,从而体现着与这个时代精神相应的社会历史的一个环节。这样,黑格尔就确立了这样一种观念:艺术的发展归根到底要受到时代精神,即各时代社会思想文化状态的制约,人类自身的文明水平和认识能力与艺术的发展互为表里,艺术随时代与社会的发展而发展变化。这样一种对艺术的考察方式与艺术的发展观念不是黑格尔首创的,在黑格尔之前,温克尔曼、赫尔德、斯塔尔夫人、席勒、施莱格尔等人都从不同的角度表达过相似的理论要求。但只有在黑格尔这里,历史与逻辑统一在一起,艺术的逻辑发展与社会自身的发展统一在一起。这一思想的伟大已经被历史所证实,因为这一方法在黑格尔的门生那里被发扬光大,

---

[①] [德]黑格尔:《美学》第一卷,朱光潜译,商务印书馆1996年,第90—91页。

第八章　黑格尔的存在论与其美学体系

丹纳、鲍桑葵①、马克思、别林斯基、克罗齐等把这一方法视为考察艺术、理解艺术的最主要方式。

应当这样来概括黑格尔存在观对于美学的影响："美学是辩证法想要着重指出的那种合理联系的一个标本。"②而辩证法按黑格尔的说法，是"存在的本然面目"，这样，美学就是存在论的一个环节与一个标本。

---

① 应当说，黑格尔展现的是艺术史与对审美意识或者说审美精神的历史研究，而不是美学史，他并没有以哲学史的方式整理自古以来的美学思想材料，这个工作是他的后学鲍桑葵按他的思想方式完成的。
② ［英］鲍桑葵：《美学史》，张今译，商务印书馆1997年，第431页。

第九章

意志形而上学——叔本华、尼采的存在论与美学

康德的批判理论留下了一个令人困惑的难题：如果我们能认识的仅仅是经验对象，理性对世界之统一性的认识只会陷入二律背反，那么如何使知识的体系具有统一性而不是陷入不可知论？如何为自然科学、道德学、美学和目的论原则找出一共同的基础，并将其与"自在之物"结合起来以克服康德的批判理论描述出的自在之物的不可知论？这构成了康德之后哲学的使命，康德的后继者们因此去填充"自在之物"，并以"填充物"为存在的最高统一性。在这一填充行为中，哲学家们力图从康德划定的"dasein"的界限中走出去，去追求"being"，追求一切存在者的最高统一性，而不是像康德一样处于二元论的对立与矛盾之中。

这种超越于主客体之上，成为一切存在者之存在的根据与统一性的"自在之物"，成为康德之后的德国唯心主义力图建构出的"存在"。建构的出发点是康德的二元论。康德从18世纪的哲学中继承了现象与本体的二元论，但他通过先验分析扩大了现象的范围。在康德的思想体系中，自在之物是超出可认识的范围的，自在之物显现出的"现象"以及主体以其认识能力经验到的"表象"，成了认识的对象。认识主体的存在是自明的，

第九章 意志形而上学——叔本华、尼采的存在论与美学

有一个反思和认识着的"先验自我";而认识对象的存在,是在经验认识中抽象出来的,因为有认识就必须有认识对象,否则不构成"认识",而被认识的现象背后,还应当有一个承载物,否则"现象"不具有实在性,而这个"现象"背后的实在,就是思维设定出的"自在之物"。

自在之物最初被看作单纯的抽象,是被思维的东西。问题在于,物自体本身是思维的结果,但奇怪的是它不允许被思维,因此批判理论反思出它"不可知"。这就形成了理性批判的矛盾,物自体仅仅是理性抽象出来的观念,而不具有实在性。结果,感性在其自身之后什么也没有,知性在其自身之前什么也没有,只有现象存在。现象在康德的体系中具有实在性,但是只有被转化为主体性的"表象"时它才可被认识,而表象又不具有实体性,这是批判哲学的必然结果,就使得人丧失了对实在的认识。按这个逻辑康德应当抛弃"物自体"这个概念,因为这个概念是站不住脚的,康德之后的唯心论者都认识到了这一点。但是在《纯粹理性批判》之后的康德思想中,这种"自在之物"开始上升为理性的必然结果,进而成为世界统一性的形上基础。按理性能力对统一性的提炼,内在的统一性叫"灵魂",外部的统一性叫"世界",而整体的统一性叫"上帝",理性不会停留于这种三分状态,它势必会追求——理论理性的最高统一性是什么?

康德认为,理性是人类思维的最高统一性,即对知性范畴的统一,但理性有一种自然趋向,要求进一步寻求现象后面的根据,要求把经验、把知性的知识追溯到无限者,这就是存在论上的问题。但是如果在知识领域中建构这种统一性,理性将陷于"先验幻相"。也就是说,"在感性世界里没有与理念相对应的对象"[1],理性虽然有认识无限者的要

---

[1] [德]康德:《纯粹理性批判》,蓝公武译,商务印书馆1960年版,第278页。

求,但却没有能力达到此点;这是理性自身的矛盾,也造成了现象界无法避免的矛盾,即理性的超验使用。这一矛盾没有办法在纯粹理性的范围内解决,但是在研究实践理性的时候,理性的超越使用获得了实践意义上的合法性。在实践领域中,对于自在之物的追问关系到人的行为,其目的指向"自由",在为自由奠定存在论基础的时候,自在之物复活了。

自由的观念是康德所有思想的拱顶石,而自由观念必须有存在论的基础才是理论上现实的。在康德的体系中,自由观念是一切观念可能或可以想象的基础,道德律令的存在证明着这个观念的实在性,自由的观念也是上帝存在的保证,而鉴赏判断更是建立在自由概念基础上的对象的主观的合目的性。没有自由观念,在康德的体系中一切关于上帝、美、善、永恒的观念都是不可思议的。自由是观念世界的基础,那么自由观念的基础又是什么呢?对这个问题的追问使得康德不可能放弃"物自体"概念,否则自由观念是没有存在论基础的。在纯粹理性批判中,康德停留在了理论理性的层次。在他看来,人没有理智直观,因此不能同自在之物直接会面。他没有去进行形而上学的建构,没有去建构一个作为"存在"之根据的形而上的自在之物,没有去充实"物自体"概念,而仅仅是预备式地追问:未来任何一门作为科学出现的形而上学何以可能?康德对于知识的普遍有效性的分析,特别是他的经验主义的立场,使得他把形而上学的最高概念仅仅视为理性建构的结果,并且认为这种建构无法避免源自理性局限性的二律背反,似乎形而上学在这种批判哲学的分析下,已经成为不可能了,而对于存在的追问,也只能停留在经验性的"dasein"的层次上。但是在实践理性领域中,自由是需要存在论基础作为最终的保证的,因此康德重建了自在之物。

重建借助于一个中间环节——人的自由意志。自由意志这个概念可

第九章　意志形而上学——叔本华、尼采的存在论与美学

以说是德国唯心论最重要的概念之一，这本身是一个源自基督教神学的概念。"意志"这个概念，最初是为了解释人的行为的动力问题，亚里士多德指出，出于自身欲求或冲动的行为就是有意志的行为，出于外在迫力的行为就是无意志的行为。① 最早将"自由"作为人的意志的一种特性，提出"自由意志"的是基督教神学家奥古斯丁。人有选择接近或远离上帝的自由，人是有意志的、有独立性的，"因此我意愿或不意愿，我确知愿或不愿的是我自己，不是另一个人；我也日益看出这是我犯罪的原因"。② 奥古斯丁认为，人的灵魂有两方面的爱好——永远的真福和尘世的享受。人的灵魂在两种意愿之间摇摆不定，自由意志就是人的灵魂在两种意愿之间做出选择的能力，这种能力铸成了人的原罪，也是人类之所以有尊严的原因——他还可以选择善，选择趋向上帝。当亚当选择了偷吃禁果，就代表了人类对尘世各种欲求的选择，由此远离上帝，远离真福，自由意志从此变为一种恶。"原罪"就是意志自由的象征，同时是世界作为欲求（痛苦）的本质的象征。另一方面，奥古斯丁认为，人类意志不是因行动自由而蒙受恩惠，毋宁说是因上帝的恩惠而取得自由。也就是说，上帝让人类灵魂发生变化，赐给他超自然的禀赋及对善的喜爱。

对人的自由意志的讨论在文艺复兴时期转变为人文主义的核心观念，皮科·米兰多拉在《论人的尊严》这篇著名的演讲中借造物主之口说了这样一段话："亚当，我们没有给你固定的位置或专属的形式，也没有给你独有的禀赋。这样，任何你选择的位子、形式、禀赋，你都是照你自己的欲求和判断拥有和掌控的。其他造物的自然一旦被规定，就

---

① 参见 Philip P. Wiener editor in chief, *Dictionary of the History of Ideas*, Vol. 2, New York, 1974, pp. 236b – 248b。
② ［罗马］奥古斯丁：《忏悔录》，周士良译，商务印书馆1963年版，第116页。

都为我们定的法则所约束。但你不受任何限制的约束,可以按照你的自由抉择决定你的自然,我们已把你交给你的自由抉择。我们已将你置于世界的中心,在那里你更容易凝视世间万物。我们使你既不属天也不属地,既非可朽亦非不朽;这样一来,你就是自己尊贵而自由的形塑者,可以把自己塑造成任何你偏爱的形式。你能堕落为更低等的野兽,也能照你灵魂的决断,在神圣的更高等级中重生。"①

人的自由意志由此成了人的自由的神学前提,也是人的自由的先天条件。自此以后,自由都是从意志角度被认识的,后来休谟说:"所谓自由只是指可以照意志的决定来行为或不来行为的一种能力,那就是说,我们如果愿意静待着也可以,愿意有所动作也可以。"② 按照这样来说,人们的行为是自己意志决定的结果,人们就没有理由把责任推卸给不可抗拒的因果必然性。

什么是意志?从广义的角度来说,在人与动物身上,意志表现为被观念或表象决定的动机因素;在有机体的本能和植物性的生活中表现为由刺激造成的应激反应,在经验世界的其他形体中表现为机械的变化过程。一切行动背后的动力因,都可以被称为"意志"(will)。意志又可以分为两种,康德对于实践理性的研究继承了人文主义的传统,但康德思考的意志是一个狭义概念,狭义的意志(Wille)指理性的、自由的意志,不包括Willkuer——欲望或者说是选择的能力或力量。广义的Wille则包括Willkuer,英文通常将后者翻译为choice(选择)。康德在使用Wille时多数是狭义的。处于感性世界之中的理性存在者只具有有限的理性,因而不能与Wille,与自由意志完全合一。狭义的Wille——自由意志只存在于智性的世界。二者之间有矛盾,广义的意志有"冲动"的

---

① [意]米兰多拉:《论人的尊严》,樊虹谷译,北京大学出版社2010年版,第25页。
② [英]休谟:《人类理解研究》,关文运译,商务印书馆1982年版,第85页。

第九章　意志形而上学——叔本华、尼采的存在论与美学

意味，仍然有不自由的意味，而狭义的意志是自由选择。二者的关系在于，自由意志是立法者，面向人的有限的理性和人的 Willkuer（选择能力），使人乐意服从自由意志制定的各项理性的实践法则。实践法则和至善都是人设定的努力目标。Wille 虽然是自律的，通过实践理性为自身立法，并且在实践法则的保证下为自己获得实践内容，但法则的贯彻实行必须由 Willkuer 来执行和完成。立法不等于执行法则，即使在立法中也不能忽视 Willkuer 的作用。

根据康德的自律原则——"自律原则就是在同一意愿中，除非所选择的准则同时也被理解为普遍规律，就不要做出选择"。[①]——这个原则一方面揭示了 Wille 为 Willkuer 立法的主动功能，这是康德的本意；但另一方面，Wille 不能独立立法，更无法具体执行法则。道德法则的形成离不开 Willkuer 的选择，正是这一选择促成法则的成立。Wille 作为实践法则，只是理性的形式，缺少发动行为的力量，后一因素恰好在 Willkuer 身上具有。Willkuer 作为欲望和选择的能力就是具体的行为，作为感性世界的存在体，Wille 是我们的法则、我们高悬的目标，但具体的行动离不开 Willkuer 的力量。道德法则的存在是以广义的 Wille 为前提的，只有 Wille 和 Willkuer 共同努力才可使道德法则永远存在。与此同时，Willkuer 将 Wille 的作用范围限定在感性世界。道德法则和至善作为先验的理念，其作用范围只能在感性的经验世界。

在此康德把人两重化了，"人们必须以双重方式来思想自己，按照第一重方式，须意识到自己是通过感觉被作用的对象；按照第二重方式，又要求他们意识到自己是理智，在理性的应用中不受感觉印象的影响，是属于知性世界的"[②]。第一重方式是 Willkuer，第二重是 Wille。这

[①] [德]康德:《道德形而上学原理》，苗力田译，上海人民出版社2005年版，第94页。
[②] 同上。

带来了一个矛盾：自由意志对道德法则的实现如果由 Willkuer 来获得力量，则必然同道德法则以理性形式为前提相矛盾；但自由意志如果不以 Willkuer 获得实践的力量，自由意志又如何实现道德法则？自由意志以理性法则为前提，因而是纯粹的，不掺杂任何感性内容。意志只有形式没有内容，意志的内容与感性世界无关。感性世界的存在由自由意志不能获得说明。如何才可以用自由意志来说明感性世界的存在？这本是一个实践理性层面上的问题，但对它的回答使得关于自由意志的追问转变为一个存在论问题。

自由意志与感性经验无关，它以实践理性为依据，保障无条件者的客观实在性。它是人类理性的最为直接的实践功能，以一个先天的道德法则（纯形式）为前提，在实践中自己为自己立法，自己为自己创造价值，并在实践中通过理性为自己获得了对象——"至善"。这个"至善"，实际上是具有超越性的"自在之物"，由于只有"自由意志"能提出"自在之物"的问题[①]，"自在之物"也只向"自由意志"显现。在实践领域，"自在之物"获得了客观实在性。《纯粹理性批判》中只是"可思想"的"自由意志"，在实践理性中变为具有"实在性"的"自由意志"。

康德的这一转变成了德国唯心论的前进之路。

康德关于自在之物和作为认识主体的先验自我之间的对立，以及作为自在之物的物自体和作为自在之物的自由意志之间的对立，对德国哲学的发展带来了一个课题，如何超越这种对立而达到世界的统一性？这种对立是在观念中发生的，结果哲学家们就努力地在观念领域中去超越这一对立，德国的唯心主义哲学由此产生，先是费希特和谢林，然后是

[①] 参见叶秀山《康德的"自由""物自体"及其他》一文中的论述，载《叶秀山文集》哲学卷（下），重庆出版社 2000 年版。

第九章 意志形而上学——叔本华、尼采的存在论与美学

黑格尔,最后是叔本华和尼采。除了黑格尔之外,我们可以用"意志形而上学"来概括德国唯心主义哲学的存在论与形而上学。

康德的理论造成了本体与现象、主体与客体之间的分裂,分裂是在精神领域中发生的,也应当谋求在精神领域中解决。这个领域被称为"心灵"。这个心灵实际上指称的是康德的二元论中主体性的部分,是先验感性、先验知性与先验理性的综合体,当然还要加上先验想象力与判断力。由于批判哲学的核心是自由观念,而这种自由实际上是只能在主体建构的主体性的世界中得以实现,因此德国唯心主义哲学的对象实际上是这个"主体性的世界",而不是康德所说的自在之物的世界。

唯心主义本质上是在经验过程中剖析被经验到的世界,是对被认识到的主体性世界的研究。在这个由认识产生的主体性的世界中,主体是自我决定者,它进行着自由自觉的活动。就这个主体性的世界而言,自我本身,或者说意志,是真正实在的,其他的都是被动的存在。主体及其智性,或者说心灵,是经验世界的前提,是知识依据的基础,是世界的真正的统一性。更重要的是,德国唯心主义哲学的目的是指引与改造生活,是"行动",正如费希特所说:"你的行动,也只有你的行动,才决定你的价值。"[①] 对于行动的强调势必研究行动的主体,研究行动着的"自在",因此唯心论是在实践理性和判断力层面上对主体的反思与建构,本质上是对主体以及主体性世界的研究,而不是对客观世界或者外在自然的研究。唯心主义沿着康德开创的对于实践理性的研究,导向一种人生观,而不导向科学的自然观。因此,唯心主义者把康德哲学中主体性的部分放大了,聚焦于心灵,进而把心灵,把自由意志作为自在之物,作为世界统一性的原则。

---

① [德]费希特:《论学者的使命·人的使命》,梁志学、沈真译,商务印书馆1997年版,第148页。

对德国唯心主义哲学善意的理解是：他们在认识论的基础上对人认识到的主体性的经验世界进行研究，以主体为核心，以人的自由为目的，为了指引与改造生活，把世界的本质与统一性归之于心灵，进而把整个世界心灵化了。而对其恶意的理解是：他们从主观的角度看待世界，把心灵实体化，而把世界虚化为主体的意志或者表象，从而否认了世界的客观性。

无论哪种理解，不可怀疑的事实是，德国唯心论推动了存在论的主体性转向，而这一转向对于美学来说，对于审美这种主体性活动来说，都产生了巨大的推动意义。

唯心论者从两个角度追问统一性问题：先验的和形而上学的。康德认为当我们追问物必有因时，这就是形而上学的思维；当我们认定物必有前提时，这就是一种先验思维。在人的经验的个别意识中，虽然充满偶然性与主观性，但人们仍然可以反思出一种必然性，这就是知识学的最重要的任务。从先验的角度来说，统一性体现为"经验的前提是什么？"从形而上学的角度来说，统一性体现为"经验世界的原因是什么？"当两个问题得到了同一个回答之后，形而上学性质的存在论就产生了。这个回答需要一个本源性的"存在"，这个存在是所有可认识的世界的支点："现象性要求一个非现象者作为现象的自在之物，而相对性在逻辑上要求一个绝对者作为其材料。"① 一个作为绝对的自在之物，就在这样一种追问方式中诞生了，先是康德在实践理性中推导出的客观的自由意志，而后是真正作为本体的"意志"。

德国唯心的存在论的真正起点是费希特，而费希特体系化的思维方式，把"意志"推上了存在论的核心概念的高度，让它既成为经验的前

---

① ［德］西美尔：《叔本华与尼采》，莫光华译，上海译文出版社2006年版，第21页。

提，又成为经验的原因。他认为，一门科学之为科学，必须具有一个融贯在一起的命题的整体，在一个"首要原则"的指引下，这些命题结合为一个整体性的系统。这个"首要原则"以及各命题形成的"系统性的整体"，构成了一切科学的前提，或者说确定性的源泉，它是自明的和必然的，是一切学科之判断的有效性与科学性的保证。这就类似于康德所说的在"先验"层面上对认识得以可能的前提的探索和在"形而上学"层面上对事物的原因的探索。现在，体系化的要求把两个问题结合为一个整体，需要一个即可作为前提又可作为原因的观念。

一切经验认识与理性认识的先验性的前提，即认识得以可能的条件，被当作心灵自身，或者自我意识，而心灵本质上是由先验原则构成的体系。相对于心灵自身，认识的诸种活动，无论经验认识还是理智认识，都是自我意识发展的手段，正是在理智认识的诸种活动中，心灵才是自由与自觉的。

问题是，理性思维是如何产生的？什么力量推动着它活动？唯心论者坚持一个原则：哲学不是由事实开始的，而是由活动开始的。在这个原则下，理性思维也应当是"活动"的结果。通过反思性的推论：认识只能理解我创造的东西，而不可能理解我的创造之外的东西，这个推论可以从康德的"人替自然立法"中得出，因此得出结论——认识不是被动地反映世界，它不是外在的东西引发的，而是自发的活动与创造，是自我的活生生的历程。这个纯粹的自我及其创造与活动，就是认识的不证自明的先决条件，是认识的前提与出发点。但要让作为自我的心灵活动起来，创造起来，需要有推动力，而这个推动力就是"意志"（will）。它既是活动的原因，又是经验世界的原因。通过这种推论，前提与原因被统一在了一起，意志既是理性思维的原因，也是经验世界的前提。它因此取代了没有功能的物自体概念，构成了思维与存在的真正的统一。

"自我"这个概念对于意志的形而上学化具有重要意义。自我直接意识到它本身的自由活动，自我不是经验的对象，不是因果系列中的一个环节，而是经验的前提，是超越于一切经验的某种实在的东西。一个独立的、自在的、作为实存的自我是一切经验活动的前提，它是唯一可以确定的实在，因此费希特把一切实在都建立在自我上。"既然自我是万物，外界就没有什么东西，即没有在一个独立的心外的物体意义上那样的自在之物"[①]，这就是唯心主义的基本观念。唯心主义的主要问题是：那些似乎仅仅是主观的东西怎么会具有客观的实在性？费希特的回答是：如果没有自我的感觉和必要的机能或活动，我们永远不会造成我们知觉的现象世界。或者说，经验世界的本原就是作为自我的经验活动，在这个活动中，自我以自身的实现与完善为目的，因此就摆脱了自然的因果论而获得自由。在这个逻辑中，世界是实现人类目的的手段，因此它究竟是实在还是现象，无关紧要，重要的是自我作为自我活动的存在物，需要一个对立的世界，在那里它通过奋斗，能够意识到自身的自在自为，意识到自身的自由。而为了实现这一自由，它要求按自己的意志安排这个世界。从这个角度讲，这个世界就是意志的结果。

理一条思路：被经验到的世界是被作为主体的自我建构出来的——自我在理性活动中——意志是自我的理性活动的原动力——因此，意志是经验世界的本原，意志就是自在之物，就是"存在"。这就是客观唯心主义的秘密。

意志作为一切行动背后的动力因，一旦被形而上学化为到单一的、普遍的宇宙意志，那么它就是自在之物，是形而上的最高实在。

这里所说的"自我"，不是作为个体的自我，而是作为主体的

[①] ［美］梯利：《西方哲学史》，葛力译，商务印书馆2000年版，第481页。

第九章 意志形而上学——叔本华、尼采的存在论与美学

"我",即纯粹的自我、纯粹的活动、宇宙的理性,它超越一切人,超越个体,是普遍活动着的"理性"。"意志是理性活生生的本原,当理性纯粹地、独立地加以把握时,意志本身就是理性;理性是通过自身进行活动的,这就意味着纯粹的意志是单纯作为这样的意志而发挥作用和进行统治的。"① 纯粹的意志作为绝对的自我或者宇宙的理性(费希特的术语),是支配一切个人意识的普遍的生命过程。当然,世界并不仅仅是属于人的,费希特推论说:在人以外还有其他有理性的生命,他们以同样的方式表象着世界,这表明同样的生命的力量、同样的普遍的意志在一切自我中活动着,自然不是个别的自我的创造,而是普遍的意志生成的结果。这就完成了形而上学从一到多的演绎和从多到一的抽象,意志作为世界的存在论基础得以确立。

费希特的后继者——谢林,是这种客观唯心主义的积极的解释者与深化者,并且把意志与生命结合起来。"自然"是谢林探讨的核心,而自然作为实在,按照谢林的观念,归根到底是类似人类精神的一个活生生的过程,而不是死寂的或者机械的。自然像人的精神一样,有其理性和目的,它也在进行自我决断,因而活动、生命和意志是自然和自我所共有的,二者是一体的。正如哲学史家梯利概括出的:"一切事物的绝对基础、泉源或根源,是有创造力的能、绝对的意志或自我,是一个无所不在的宇宙精神;一切事物都潜在于其中,一切现实的事物都从那里产生。理想和现实、思想和存在在其根源上是同一的。"② 这种同一性,"本身就既不能是主体,也不能是客体,更不能同时是这两者,而只能是绝对的同一性"③。这个绝对的同一性,就是绝对理性或者绝对自我,

---

① [德]费希特:《论学者的使命·人的使命》,梁志学、沈真译,商务印书馆1997年版,第187页。
② [美]梯利:《西方哲学史》,葛力译,商务印书馆2000年版,第493页。
③ [德]谢林:《先验唯心论体系》,梁志学、石泉译,商务印书馆1997年版,第250页。

谢林的哲学因此被称为"大同哲学"。在追求作为绝对的"大同"时，意志被上升到了存在论的最高概念。

寻求这样一个"绝对"是德国唯心论哲学为解释经验到的世界而建构出的逻辑起点与存在论基础，黑格尔由此建立起了他的一整套"绝对精神"的世界。而叔本华则是沿着康德、费希特与谢林的道路，由康德实践道德的自由意志而来，强调一个非理性的"自由意志"作为其哲学的出发点。这个意志是感性的、实在的力，并且是积极主动的，具有原创性，在存在论上是理性的基础。它促使人们去考虑一种自由创造的力量，而这种力量是行动与存在的本原。

更为重要的是，意志论者和形而上学家的区别在于，形而上学家们想把世界组织成一个完整的体系，而意志论者更关心人的生存以及人的行动。意志论者需要形而上学，但不是为了给出一个世界的完整图景，而是给生活与生命一个终极的目的。甚至可以这样说：意志论者转变了形而上学的目的，让它从解释性的体系建构转变成了人生目的的建构与人生实践的推动。对于人而言，"活着"仅仅是一切活动的前提，而不是目的，人生需要一个绝对目的，否则人们的精神会迷失在生活的多样性与复杂性之中。为此，基督教给出了一个通过信仰而可达到的彼岸与救赎的可能，并且把自由意志作为推动人们去追求彼岸与救赎的动因。而费希特在建立自己的意志形而上学时，思考的问题却是"人的使命"。叔本华的意志论秉承了这一点，他的思想是现代人对"绝对目的"之需要的哲学表达，我们的意志就是世界和我们自身的真正本质，是我们生命的实体，也是世界之存在的实体。我们的一切活动源自意志的追求，意志之生，意志之表现，意志之超越，意志之寂灭，就是我们的生活的全部原因，而意志的解脱就是我们生活的终极目的。这个"意志"因此是值得形而上学化的，现象要求一个非现象者成为其本体，而相对性在

第九章 意志形而上学——叔本华、尼采的存在论与美学

逻辑上要求一个绝对者作为其材料，意志既适合做本体，也适合做材料。叔本华由此建构出一套意志形而上学。

对叔本华来说，理性只有形式，内容来自直观中的感性材料。所以，他更注重知性，知性是直观中的经验，为理性提供内容。但知性只有内容，而缺少先验因素；理性只有形式，而缺少运动的力量。叔本华继承了康德的这种划分，并且继承了康德对于纯粹理性的认识，"纯粹理性"即独立于一切经验的先天原理。经验虽然确实存在，但它是由理性根据自身预先确定的原理设计出来的。理性开始完完全全地指引自然，以自己的原理去设计自然，"人替自然立法"。但理性并不是本原，它只是建构着表象世界，在这种建构活动背后还有一种"力"，它高高悬踞于理性之上，与理性不在同一个世界，理性只是命定为它服务。这个本原就是意志，即康德所说的"自在之物"。这个作为"自在之物"的意志是无目的的创造的力量，不需要任何规范和法则。理性的先验性固然是不可缺少的，但先天直观形式和知性范畴都无法满足意志的要求。意志不会做出具体的安排，意志只是无目的的、没有止境的创造力，由此创造出了一切：感性、理性、理念直至整个世界。不管是感性内容还是理性形式都是意志本有的，感性和理性被置于意志之中。

在意志和理性的关系中，作为本体的意志是第一位的，最原始的；理性只是派生的，作为意志现象的工具而隶属于意志。或者我们可以说，意志以理发为手段显现为表象的世界。理性展示的只是一个表象的世界、一个必然的王国，解决"为什么"的问题。意志则在表象世界之外，它只知道"去行动"，而不管"做什么"，意志是一种彻底盲目的创造力，但它不再是康德的自由因。人认识他要的东西，而不是要他认识的东西。在有任何认识之前，人已是他自己的创造物，认识只是对这个创造物的说明。我们首先是作为一个欲求者存在，其次才是作为一个认

识者存在。理性的产生是为了实践的目的——保持生存和种族繁衍，进一步说，理性的出现是为了满足欲求和需要。理性是随人的需求和欲望的多样化和复杂化而产生的。动物只关注眼前的、当下的身体需要，因而直观认识就可以满足动物的需求。但人更多的是为长远的利益设计，人的欲望和需要复杂化、多样化，由此理性得以产生。理性首先是认识欲求的对象，然后是设计实现对象的方法和手段。理性的作用是实践的，理性无法获得对本质的认识。

叔本华倒转了理性主义建立起来的理性与意志的关系。他并不反对理性，但他把意志放在更本原的地位，将它放在理性之后，甚至是理性的对立面。这是一次哲学史上的轴心转换，齐美尔认为这一"轴心转换"，是一场影响深远的认识运动的前兆和要素——哲学中的非理性主义。

在叔本华看来，康德所说的超越一切可能经验的超验的理性，"据说是一种'超感觉的'能力，或者说一种'理念'的能力；总之是一种直接为形而上学设计出来的处于我们内部的神奇力量"。[1] 这种理性是来自我们自身的神圣的力量，可以推动一切，认识一切。但理性只有形式，没有内容，这种理性观无法解释"行动"，无法解释世界的运动与变化，它不是一种推动性的"力"。叔本华认为，理性必须有外在感性世界材料的加入，在获得物质内容后才可动起来。因而，叔本华认同的理性就是由经验而来的，理性就是对经验材料的概括总结。它是人类的思维、反思的能力，而不是天赋的才能或推理的能力。理性是对直观表象进行概括，从而形成抽象表象的能力。理性不再积极主动，不再具有

---

[1] Schopenhauer：*On the Fourfold Root of the Principle of Sufficient Reason*（以下简称 FR 或《根据律》），trans. Mme. Karl Hillebrand, London：George Bell&Sons，1903，p132. 引文参考了叔本华《充足理由律的四重根》，陈晓希译，商务印书馆1996年版。

强大的力量。它自身不可能动,它是消极的、静观的,但同时是沉稳的、实在的,它是由经验而来的。这就是叔本华认同的理性、意志哲学中的理性。

纯粹理性认识的定理只有《充足理由律的四重根》中被称为"超逻辑真理"的四个定律:同一律、矛盾律、排中律、充分的认识根据律。而这四个定律,实际上是理性在认识表象世界时遵循的四个原则。理性不能逾越表象的世界,这是康德的纯粹理性批判得出的结论,因而四个定律也只是在表象世界里有效。问题是表象世界是谁的表象?那个作为实体的"自在之物"究竟是什么?

叔本华把康德在实践理性领域中保留下来的自在之物,以及被费希特与谢林形而上学化了的"意志",作为这一"自在之物"。在叔本华的理论中,意志就是自在之物,是这个世界的本质。意志也是本质自身运动的源泉和力量,因为意志首先是实在的感性内容,也是一切理性形式的前提与原因。叔本华确信这个世界是不真实的,但它之所以存在,是因为它背后有本真的实在,意志是这个世界最本原、最确定的东西。但意志的本性又是盲目的、无目的的,没有中止的,没有根据的,意志是最不确定的、混沌的。世界的确定性存在于不确定之中,世界就是意志涌动的过程。一种新的观念在这里诞生了:"我们追求,不是因为我们的理性为我们设定了价值和目标,而是,我们出于我们的本质根据,在持续地、毫无间歇地追求着,因此我们才有了目标。"[①] 这就是说,因为有意志,我们才有了理性。

"意志"像物自体一样是不可知的,而"自由意志"又不一样——它是非理性的,那么我们怎么知道它存在?意志是我们在自我意识中直

[①] [德]西美尔:《叔本华与尼采》,莫光华译,上海译文出版社2006年版,第37页。

接获得的，它是自明的，这种直接认识不可证明，但又是确定的。这说明人类行为和意识中有不依赖于现象法则存在的东西，人类有属于本体的另一面，因而有把握现象之外本体的能力。叔本华将理性置于意志之下，真正的意志活动不包括决断、思虑等理性思维活动，而是直接的认识活动，这是它与"自由意志"不相同的部分。直接认识不同于抽象的理性活动，它自身不需要也不可能被理性说明，它自身就是一种活生生的认识活动，这种直接认识我们也可以称为"直观"。叔本华说，它表现在艺术中、在圣者的生平事迹中。但在这种直接认识中存在的作为本体的意志到底是什么？

按康德在《实践理性批判》中的意志观，"意志乃是能够产生与表象相照应的对象的一个官能，或竟然是决定自己来实现这些对象（也就是决定自己的原因性）的一个官能（无论物理的能力是否足够实现这些对象）"。[①] 意志是一个自由因，由自身出发实现对象；尽管理智认识无法完成这一任务，因为理智只有形式而没有内容，没有运动的力量，但理性为意志自由留下了地盘。意志具有开启一系列行动的能力。叔本华的意志哲学是接着而来的。他将康德的自由意志由实践—道德领域进一步扩展到一切领域，并且将之置于不同的关系——自由律和自然律中，在悟知性格和验知性格的同一中，找到了寻求意志的方式，即从身体和意志的同一出发，在自我意识中直接发现意志。

叔本华认为身体以两种方式存在：表象中的客体与直接认识中的意志，两种存在方式分别属于身体（表象）活动与意志活动，因此两者不可能是因果关系，因为因果关系只是表象之间的关系；相反，两者合而为一，统一于身体，是同一事物，只是表现方式不同而已。意志的每一

---

① ［德］康德：《实践理性批判》，蓝公武译，商务印书馆1960年版，第13页。

活动都立即表现为身体的活动，身体的活动就是直观的或说可见的、客体化的意志活动。身体活动是意志活动的可见性。对意志的直接意识离不开身体。身体是我们认识自己意志的条件。我们只能通过自己的身体、身体的活动去直接认识意志，认识意志和身体的同一性。在统一的身体中，自我意识直接认识到意志。对意志的直接认识离不开身体，这同时证明了叔本华强调的认识的经验来源。在《康德哲学批判》中，叔本华多次提出：世界之谜的解决必须来自对这世界本身的理解，因而形而上学的任务不是越过经验，而是彻底地理解经验。

身体是时间中的存在，对意志的认识离不开身体，这又反过来证明了我们只能认识意志在时间中的各种状态，而不能认识本来的统一的意志。所以，叔本华说我们不可能整个地认识意志，不可能在本质上完整地认识意志，而只可能在个别的意志活动中即在时间中认识它。

意志作为存在、自在之物，它是一切存在者的本原，它会在客体化的过程中呈现自己，会在表象世界里呈现自己，因而意志可以呈现为表象。在客体化了的表象处，我们可以反思与描述出意志的特征，叔本华对意志或其特征的描述大约可以归为以下七点：单一的、统一的；一贯趋向较高客体化的冲力；无理由的、无目标的；无法遏制的，无止境的；意志是欲求与欲望；意志不断处在自我分裂中；意志是饥饿的，并在自我吞噬。

叔本华的意志存在论体现出一种"美学性质"，意志总要客体化自身，要让自己呈现为感性实在；被意识到的意志总是一种现象，因而我们可能通过对于感性现实的直观而反思出对象背后的"意志"。这种认识意志的方式与审美的方式是相似的。意志本身是"一"，而其客体化的结果却是无限的，"一切表象，不管是哪一类，一切客体，都是现象。唯有意志是自在之物。作为意志，它就绝不是表象，而是在种类上不同于表象的。它是一切表象,一切客体和现象,可见性、客体性之所出。它是个别的,同样也是整体的最内在的东西,内核"①。这就是说:意志是单一的、统一的。既然意志在时空之外,在充分的认识根据律之外,意志必然不服从时空中的法则。现象中的事物遵从根据律,有一个此时此地的存在理由与目的。它们是被决定的、有条件的,因而是必然的、有结果的;而意志是决定,而不被决定,它只是去欲求,至于欲求什么,则是时空中的事情。意志不受根据律制约,它是自由的、独立无所待的,也正因此,意志是无法遏制的、无止境的。

意志既然没有目的,因而是无止境的;但没有目的也可以导致静止不动,为什么意志却不停止呢?主要因为意志在本质上是自我分裂的。意志的存在方式就是不断地向外客体化,也就是向外给予。意志是充溢、是饱满,意志因充溢而有力。更重要的是这种力量的源泉又是从自身产生的,意志必须自己解救自己的饥饿。意志不再仅仅是理性形式,意志获得了感性内容,感性却又不失主动性。意志是实在的力,具有创造性。正是这种自我给予、自我满足的力使意志不断运动下去而没有停止之时。意志是无法克服的盲目的冲动,意志是一种冲力,一种趋向于较高客体化的冲力。由此,意志生化出一切:意志客体化的各个级别——各种理念(自然力和人)、随人而来的理智认识(根据律)、理智认识构成的表象世界。

需要说明的是"作为欲求的意志"。在叔本华哲学中,意志具有双重意义:第一,作为本体的意志。它是现象单一的、统一的本质,时空之外的存在,因而不可认识。同时这一意志又运用理智认识的手段创造出整个世界,因而这个意志具有实质性的活生生的力。第二,各种感性

---

① [德] 叔本华:《作为意志与表象的世界》,石冲白译,商务印书馆1995年版,第165页。

第九章 意志形而上学——叔本华、尼采的存在论与美学

欲求，即具体的意志活动存在于时间中的个别活动，简单说就是"七情六欲"，它是属于表象层次的。二者之间有矛盾，叔本华解决矛盾的办法是把欲求形而上学化，使其成为意志活动的动因，因为欲求刺激意志去创造。欲求是缺乏，是不足，它促进人去追求、去努力。欲求虽然是感性的，却又成为现实的创造力，具有主动性，欲求即意志。

在叔本华的体系中，产生了作为绝对的自在之物的意志和作为欲求的意志之间的对立。在这种对立中，"叔本华以一种崭新的、尚无人超越的深度，感觉到这个最初由费希特作为纯粹自我和经验自我之对立表述过的问题：我们在我们心灵的每一个别行为中，察觉到一种承载它并且超出它以外的能量，此能量似乎无须外部动机就能在自身中更新自己；而它的每一个特殊表达却都有因果性动机，它是一个支撑着我们的有限性和相对性的无限和绝对。这种一直难以得到完美表达的存在感，在叔本华的意志形而上学中得到了解释：同任何别的解释相比，其直观性或许令问题变得更加透彻"①。如何从经验自我上升到纯粹自我，这构成了意志自我发展的内在历程，也构成了意志的诸多表征。

意志的诸多"表征"决定着表象世界中意志呈现自身也有多种层次。意志的自我分裂就是意志的外化和显现，就是意志客体化的各个级别。但这种分裂并不分裂意志，因为意志客体化的各个级别是对意志本质的不同程度的体现，即"被显现者"是不同的，但意志作为"显现者"是统一的、不变的。意志的自我分裂相反证明了意志本质上的统一性。在分裂过程中，每一级别都在和另一级别争夺物质、空间和时间。一个较高的级别必然是在与较低的级别的斗争中，降服了较低的级别后显现出来的。意志的自我分裂造成了意志客体化各级别（自然力）之间

---

① ［德］西美尔：《叔本华与尼采》，莫光华译，上海译文出版社2006年版，第32页。

的斗争，即意志的自我斗争。意志的自我分裂同时是意志创造性的体现。意志客体化的各个级别既是意志的直接显现、意志的可见性，又是意志创造性的体现。

但是意志的分裂并不直接就是现象，在现象和自在之物之间有一个桥梁——理念。表象世界以根据律为指导原则，因而是一个认识的世界。意志则在表象之外，人的认识无法达到。但我们必须从意志出发到达表象。因为它是我们一切认识的出发点和目标。它虽然不可知，根据律却试图将其转化为可知的，因而这种可知是不完善的。它不够透明、清晰和完整，在一定程度上也自然成为理智的幻象，同时造成了意志和表象的矛盾。那么如何通达意志？如何认识意志和表象的关系？叔本华以理念作为桥梁。

叔本华为了理论的系统性，为了解决意志与现象之间的矛盾，在自己的存在论体系中吸收了柏拉图的理念论。意志是"一"，现象是"多"，简单二分法无法解释现象世界的多样性，以及这个多样性在低一层次上体现出的统一性。比如说，有意志，有一个具体的桌子，在作为本体的意志和具体的桌子之间，应当有一个桌子的"理念"，它是表象世界局部的统一性。柏拉图的理念论中，理念是范型，是事物的一般性的根据，是脱离现象的真知识，理念先于概念。同时理念又是通过对可见世界现象的思考，以抽象的、理性的认识方式获得的，理念就是种类概念。它可以被反思，被"模仿"，但不能被直观。叔本华称柏拉图的理念为偶然的、形式的理念（亚里士多德后来的作为"形式"的潜能），桌子、凳子等的理念仅属于人的概念。相反，他自己的理念是由本质（意志）而来，是意志客体化的一个过渡状态，桌子、凳子的理念是在其单纯的材料——"物质"中已经表现出来的理念。例如，重力、内聚力、固体性等，它们是物质的属性，是意志的最微弱的客体性，也是艺术的对象。物质的每一属性都是一个理念的显现。没有这些属性，物质就绝不称其为物质，桌子也就不可能是桌子。理念不同于作为形式的概念，理念是形式和内容的统一、具体的共相。理念是不可分的，只有通过个体化原理，通过认识的主体才可能由"一"进入个体的"多"；认识的主体又可以通过自身富有的理性认识能力而将"多"抽象概括为"一个"普遍的概念。因此，理念先于理性认识活动，先于概念；理念不是由理性认识，而是由直观认识方式掌握的，叔本华又称之为"纯粹认识"。理念本于意志，因而具有生命力。

理念先于概念同时说明直观认识先于理性认识。直观认识和借助于概念的理性认识根本是对立的。在前者的范围内始终是理念，而后者却属于根据律。直观认识是独立于根据律之外的观察事物的方式，它不再执迷于对表象的各种关系的认识，摆脱了为意志服务的枷锁，因而不需要概念和推理。直观认识是通过眼前的具体形象对原型——理想的典型（Ideal）——理念的直接领悟，是知性对原因和结果的直接认识。它只关注眼前的对象，不需要任何中介的，并且是不证自明的，因而不同于概念和推理的理性认识。理性虽然是对直观认识的抽象总结，或说概念式的解说，但只可能是不完全的。

这就形成了意志论的存在论体系：本体是意志，意志客体化为力，力客体化为理念，理念客体化为表象。意志—力—理念—表象，这构成了叔本华的存在论体系。

这样一套意志存在论是艺术的福音，也是审美理论的一个转向的契机。对于艺术而言，它找到了一个形而上学的本体论根据，对于审美而言，美也找到了个客观化的本体论根基。

先说"美"。正如叔本华指责的，康德的美学不是从"美本身"出发的，他研究的是趣味判断或者鉴赏判断，美完全是主体性判断的结果，本身不具有本体论上的根据。叔本华从意志存在论的角度对美进行了本体论奠基。

在叔本华的意志形而上学的体系中，意志作为一个形而上的本体，只能在客体化的过程中呈现出自己来。也就是说，"意志"必须感性显现，而美就是意志感性显现的副产品。意志客体化的过程中有一个"理念"的环节，因而在叔本华的体系中，理念的客体化决定了美的产生。

"意志客体化的最低的一级表现为最普遍的自然力。"① 这种自然力表现为事物的诸种物理与化学的属性，它们是意志的直接呈现，无异于人的行动；同时它们的呈现没有理由，就像人的性格。然后是意志较高层次的客体化，在这个层次"个性"出现了，实际上是各种事物的个体性。这种自然力和个性，都属于"永恒的理念"，实际上叔本华把所有的一般性都称为"理念"。"力"和"理念"在叔本华的体系中是一张纸的两面，"理念"本质上是"力"表现出的一般性，所以当他说理念或者力时，表达的意思是相近的，区别仅仅在于，理念是"力"客体化的结果之一。"力自身是意志的现象，是不服从根据律的那些形态，也即是无根据的。力在一切时间之外，是无所不在的，好像是不断地在等待着一些情况的出现，以便在这些情况下出现，以便在排挤了那些直至当前还支配着某一定物质的力之后，能占有那物质。"②

正如他所说："哲学在任何地方，所以也在自然界，所考察的只是普遍的东西；在这里原始的力本身就是哲学的对象。哲学将原始力认作意志客体化的不同级别，而意志却是这世界的内在本质，这世界自在的本身。至于这个世界，哲学如果把本质别开不论，就把它解释为主体的

---

① ［德］叔本华：《作为意志与表象的世界》，石冲白译，商务印书馆1995年版，第191页。
② 同上书，第199页。

单纯表象。"① 力作为一般性，理念作为一般性，变成了哲学考察的对象，拨开诸种神秘气息与概念的繁复，叔本华的哲学实际上是哲学对一般性的追求与19世纪初期物理学、化学和力学的发展在哲学上的投影。这对19世纪初期的哲学来说，或许是个新东西。

意志客体化的最初级的层次是盲目的冲动，是无机界的冲动与奋斗，这种盲目的冲动充斥着生命界，无论是自然的运行还是植物或者动物，直到在动物中产生的那种直观的认识和悟性的认识，直至理性的认识，认识相对于冲动，是意志客体化的第二个层次。在第一个层次，意志把自己客体化到现象中，呈现为生命现象；在第二个层次上，意志开始客体化为表象。哪儿有意志，哪儿就有生命。在第三个层次上，意志直接客体化为理念，再经由理念客体化为表象世界。

在这个过程中意志与认识之间具有矛盾，而这种矛盾的表现与解决构成叔本华美学与艺术理论中最核心的逻辑线索。

矛盾是这样的：意志是在其客体化的级别——理念——中进入表象。意志和表象不发生直接的关系，两者之间需要理念的沟通。因此，如何达到对理念的认识？这个问题就成了保证体系完整性的当务之急。叔本华认为，在认识理念的过程中，认识的主体必须发生一个转变：在认识发生之前，主体是作为肉身而为意志服务的，被意志所左右着，而当对理念的认识发生之后，主体转变为不带意志的，摆脱肉身的纯粹主体。这种转变昭示着认识与意志之间的矛盾冲突：既然认识是意志展现表象世界的方式，那么认识对意志的服务范围也就限于表象世界。但转变意味着，认识的主体从表象世界的认识方式——根据律及其建立的各种关系中摆脱出来，根据律的诸形态不再起作用。这个纯粹主体忘

---

① [德] 叔本华：《作为意志与表象的世界》，石冲白译，商务印书馆1995年版，第205页。

记了意志而且忘记了个体自我，不再为意志服务、打开自我的枷锁，不再忙碌于根据律建立的各种关系，完全沉浸于"直观对象""自失于对象中"，成为对象自身。只有在直接的直观认识中，主客体才能同一，才能认识到理念。

一方面是意志的客体化过程，另一方面是认识与意志的矛盾冲突过程，实际上也是纯粹主体产生的过程。这两个过程构成叔本华美学与艺术思想的基础，也是叔本华为美学和艺术做的本体论奠基。

在这套存在论之上的美学中，实际上是把美作为意志客体化的表现形态，或者说是在意志客体化的过程中呈现出来的。是力或者理念的感性显现："在有机体降服那些表现着意志客体性低层级别的自然力时，各按其成功的或大或小，有机体便随之而成为其理念的较圆满或较不圆满的表现，即是说或较近于或较远于那理想的理念；而在有机体的种属中，美就是属于这典型的。"①

这个观念把"理想的理念"确立为美的本体，"理想的理念"在这里的意思是：事物特性的最完善的，或者说圆满的呈现状态，美与不美，取决于表象呈现理念的圆满程度。这个观念就在理念及其表象之间给出了一个张力场，即理念与表象的关系不是一张纸的两面，而是处在动态的张力场中：或者表象离理念较远，或者两者合一。这当然还关系到欲念与纯粹认识之间的张力性关系，有些认识离欲念近，而有些认识与欲念无关而成为纯粹认识。这两个张力性关系实际上是一致的，是一种状态从两个方面看的结果。根据这种张力性关系，叔本华把美分为两类：优美和壮美。他认为两者在本质上并没有区别，都是对理念的展现，但两者在两种张力性关系中的状态不同。在优美感中，主体对对象

---

① ［德］叔本华：《作为意志与表象的世界》，石冲白译，商务印书馆1995年版，第212页。

第九章 意志形而上学——叔本华、尼采的存在论与美学

进行纯粹直观，直观认识与意志之间没有斗争，主体自始至终都以直观的认识方式沉浸于对理念的观赏中。在壮美感中，主体首先要有意识地、强力地挣脱对象对意志的刺激，即欲念，摆脱受意志支配的状况，然后才会进入纯粹的直观认识，而一旦个别的意志被对象激动，认识将再次进入受意志奴役的状况，壮美感消失，观赏的宁静亦将不复存在。在壮美感中，直观认识是经过与意志的斗争获得的，因而更加可贵，更加令人喜悦。

由于这种张力性关系的存在，西美尔正确地指出："叔本华或许不得不承认，自在自为的理念并不美；准确地说，美，正是以一定程度的清晰性和圆满性让理念变得可见的那个东西，而且它之美的程度，与它对它的这项功能实施的优劣程度相反，与它让我们对此理念把握的准确程度相当。从而，我们称之为丑的或者没有艺术性的东西，就会是这样一类东西或者作品：我们透过它所描绘的现象，清晰地窥见其理念，窥见这个现象预定要表现的、存在的那个级别。"[①] 没有一个美自身，美属于理念，但并不是理念自身，而是在感性事物上显现出的理念的清晰性与圆满性，本质上是理念与感性材料之间的张力性关系。

根据这两个张力性关系，叔本华对美（主要指壮美）的形态进行了层次划分[②]：

第一个级别："在严寒的冬季，大自然在普遍的僵冻之中，这时，我们看一看斜阳的夕晖为堆砌的砖石所反射，在这儿只是照明而没有温暖的意味，即只是对最纯粹的认识方式有利而不是对意志有利。"[③] 叔本

---

① [德] 西美尔：《叔本华与尼采》，莫光华译，上海译文出版社2006年版，第112页。
② 本书借鉴了王嘉军博士在其博士学位论文《叔本华的崇高理论》中对壮美所作的层次划分。这种划分非常利于对叔本华美论的梳理与说明，不过由于对每一层级的说明与王博士的文章有异，因此没有进行直接引用，但对叔本华的美论划分明晰的层级的做法，本书认为值得借鉴。
③ [德] 叔本华：《作为意志与表象的世界》，石冲白译，商务印书馆1995年版，第284页。

华认为"光是完美的直观认识方式的对应物和条件,而这也是唯一绝不直接激动意志的认识方式"①,当太阳照着砖石,而不产生温暖的时候,就是最利于我们客观欣赏的,"不过在这里,由于轻微地想到那光线缺少温暖的作用,缺少助长生命的原则,这状况就已要求超脱意志的利益,已包含着一种轻微的激励要在纯粹认识中坚持下去,避开一切欲求;正是因此,这一状况就已是从优美感到壮美感的过渡了"②。尽管微弱,但这是壮美的第一层级。

第二个级别:我们进入一个空旷的、寂寞的地区,"没有动物,没有人,没有流水,〔只是〕最幽静的肃穆"。那么,此时,这个环境就给我们发出了一个摆脱欲求,转入严肃,进行观赏的邀请,"单是这一点就已赋予了这只是寂寞幽静的环境以一些壮美的色彩了"。因为这个环境不给意志提供任何对象和条件,"谁要是不能作这种观赏,就会以羞愧的自卑而陷入意志无所从事的空虚,陷入闲着的痛苦"。③

第三个级别:把上面所说的那个空旷之地的植物也去掉,我们只能看到赤裸裸的岩石,这个地区成了一块名副其实的荒地。此时,由于缺乏我们生存下去的有机物,我们的自我保存本能被激发起来,意志也受到了威胁,这个时候,"我们的心情也变得更有悲剧意味了。这里上升至纯粹认识是经过更坚决的挣脱意志所关心的利害而来的,在我们坚持逗留于纯粹认识的状况时,就明显地出现了壮美感"④。

第四个级别:当我们处于"大自然在飙风般的运动中;天色半明不暗,透过山雨欲来的乌云;赤裸裸的、奇形怪状的巨石悬岩,重重叠叠挡住了前面的视线;汹涌的、泡沫四溅的山洪;全是孤寂荒凉;大气流通过

---

① 〔德〕叔本华:《作为意志与表象的世界》,石冲白译,商务印书馆1995年版,第279页。
② 同上书,第284页。
③ 同上。
④ 同上书,第285页。

第九章　意志形而上学——叔本华、尼采的存在论与美学

岩谷隙缝的怒号声。这时，我们就直观地形象地看到我们自己的依赖性，看到我们和敌对的自然作斗争，看到我们的意志在斗争中被摧毁了"。不过，此时只要对于我们个体危急的担忧没有占上风，虽然外界如此强力，但我们还是继续着对于美的观赏。此时，纯粹的认识主体透过大自然的斗争，透过被摧毁了的意志，而宁静地、无动于衷地、不受影响地把握着那些为意志所恐惧的对象，并且在这些对象之中认识了理念，"壮美感就正在于这种［可怖的环境和宁静的心境两者之间的］对照中"①。

　　第五个级别：这个级别类似于康德所说的力学的崇高，在其中，自然力的斗争规模更为巨大，水波翻腾，震耳欲聋，飙风狂怒，此起彼伏，乌云中电光闪烁，水花高溅入云，拍打岩岸。在观察这些情景而不为所动的时候，纯粹认识主体的"双重意识便达到了明显的顶点"。这里的"双重意识"需要做进一步的解释，它关系到认识主体与意志之间的冲突，纯粹主体一方面置身于令人恐惧的环境中，但另一方面由于摆脱了意志的控制，从而可以对对象进行纯粹静观，这正是第四个级别所体现出的状态，但不同在于，这种意识又更深入了一步："他觉得自己一面是个体，是偶然的意志现象；那些［自然］力轻轻一击就能毁灭这个现象，在强大的自然之前他只能束手无策，不能自主，［生命］全系于偶然，而对着可怕的暴力，他是近乎消逝的零，而与此同时，他又是永远宁静的纯粹主体；作为这个主体，它是客体的条件，也正是这整个世界的肩负人；大自然中可怕的斗争只是它的表象，它自身却在宁静地把握着理念，自由而不知有任何欲求和任何需要。这就是完整的壮美印象。"② 主体在这个对象面前获得了一次胜利：主体意识到可怕和对象只

---

①　［德］叔本华：《作为意志与表象的世界》，石冲白译，商务印书馆1995年版，第285—286页。
②　同上书，第286页。

是我的表象，它们赖于我而存在。

第六个级别：康德崇高理论中的"数学的崇高"，"借想象空间辽阔和时间的悠久也可产生［壮美］印象，辽阔悠久，无际无穷可使个体缩小至于无物"，然而与此同时在个体缩小之后，我们的意识又让我们起而"反抗我们自己渺小这种幽灵［似的想法］"，这又是一种"对照"。不过，我们只要"忘记［自己的］个体性，就会发现我们便是那纯粹认识的永恒主体，也就是一切世界和一切时代必需的，作为先决条件的肩负人"，意识到"在某种意义上（唯有哲学把这意义弄清楚了）人和宇宙是合一的，因此人并不是由于宇宙的无边无际而被压低了，相反的却是被提高了"①。这就是一种由无限而来的超然于个体之外的数学崇高。叔本华举的例子是极高大的圆顶建筑物，如罗马的圣彼得教堂或伦敦的圣保罗教堂也是一种数学崇高。借此叔本华把崇高理论或者说美论拓展到了艺术的领域，这是一个理论的进步，因为严格地说，康德的美论与崇高理论是对自然美的解释。

第七个级别：康德在论述崇高时曾提到："一个坚定地执着于自己内心的那些始终不变的原理的人的那种无激情，也是崇高，并且是具有更高级得多的性质的崇高，因为它同时在自己那方面拥有纯粹理性的愉悦。"②康德的这个思想使得崇高进入伦理领域，成为人的一种精神品格，叔本华继承了这一点。他认为，"我们对于壮美的说明还可移用于伦理的事物上，也就是用于人们称为崇高的品德上"。这种品德的产生也是因为主体在刺激意志的对象面前，却不为所动，泰山崩于前而不形于色，用认识超越意志，这样他就进入了一种对世界的纯粹客观关照之中。此时，他的内心波澜不惊，不憎不恨，不妒不慕，无欲无念，任何

---

① ［德］叔本华：《作为意志与表象的世界》，石冲白译，商务印书馆1995年版，第287页。
② ［德］康德：《判断力批判》，邓晓芒译，人民出版社2002年版，第112页。

第九章　意志形而上学——叔本华、尼采的存在论与美学

不幸都不会影响到他。叔本华说，这类有崇高品德的人"在自己的一生和不幸中，他所注意的大半是整个人类的命运，而很少注意到自己个人的命运，从而他对这些事的态度［纯］认识［的方面］［常］多于感受［的方面］"。①

这种关于美的形态的区分，相对于康德美学而言，是理论的进步，而且弥补了康德美学的一个不足，即只从主体的角度研究，反思鉴赏判断的机制，而对审美对象，关涉甚少。对于审美对象的分级意味着美有其本体，本体的显现程度决定着美的等级。这种关于"美"的本体论奠基与黑格尔的思路有脱不开的关系，但又体现着理论的发展：意志和认识的冲突以及纯粹自我的显现过程使得美的形态与程度的复杂性得到了本体上的根据。更重要的是，意志和纯粹主体之间的二元对立，使得审美在主客体之间的生成性获得了本体论上的支撑。由康德确立起来的审美的主体性以"纯粹自我"的形式继承下来，而审美对象的客观性，以意志及其呈现出的"理念"的方式奠定基础。同时，无论审美主体还是审美对象，又可以统一到"意志"这一"本体"之一。且不说这种美学理论中不是具有实践上的完善性，就理论自身的体系性而言，美学在叔本华处更加严密了：审美主体与审美对象都获得了本体上的根据。这是叔本华的意志存在论对于美学的意外之喜，当然叔本华也有令人赞叹的本领——他能把审美活动的各个方面都最终纳入意志本体，和尼采相比，他是真正的形而上学家。而审美主客体的意志存在论的奠基对于解释审美客体的多样性，对于解释审美感受的多样性与复杂性，都给出了本体性的支撑。更加有趣的是，叔本华说明了"美"居然是可以区分等级的。这种可区分性意味着，美的对象的本体构成是被确定无疑地作为

---

①　［德］叔本华：《作为意志与表象的世界》，石冲白译，商务印书馆1995年版，第288页。

前提的，它不仅仅是鉴赏判断的结果，而且是鉴赏判断的对象。在这套理论中，无论是关于美感，还是关于美的对象，都更加丰富而多样了。

再说艺术。叔本华的艺术理论由于其存在论，特别是理念论的原因，对德国古典哲学的艺术观念进行了理论推进。康德及其之前的艺术理论，一直努力使艺术摆脱"技艺"而寻求自律性，或者努力把自身上升到自由艺术（liberal arts）领域，摆脱机械的艺术。这个工作在文艺复兴的艺术家瓦萨里处就已经有了阶段性成果，在康德处得到了理论上的彻底说明。康德认为，艺术是理性的自由创造："我们出于正当的理由只应把通过自由而生产，也就是把通过以理性为其行动基础的某种任意性而进行的生产，称之为艺术。"① 这种生产行为还在目的上有其特殊性，它和机械的艺术的不同之处就在于："如果艺术在与某个可能对象的知识相适合时单纯是为了使这对象实现而做出所要求的行动来，那它就是机械的艺术；但如果它以愉快的情感作为直接的意图，那么它就叫作审美的（感性的）艺术。"② 以愉快的情感为目的的自由创造，这就是康德的艺术观，同时他还把艺术类比作"游戏"，认为把艺术"看作好像它只能作为游戏，即一种本身就使人快适的事情而得出合乎目的的结果（做成功）"。③

这样一种艺术观是在认识论的基础上对于艺术与技艺行为的再区分，它揭示了艺术行为的特征——自由创造；艺术行为的目的——愉快的情感，而"这愉快不是出于感觉的享受的愉快，而必须是出于反思的享受的愉快；所以审美的艺术作为美的艺术，就是这样一种反思判断力，而不是把感官感觉作为准绳的艺术"④。这就奠定了艺术行为的理性

---

① ［德］康德：《判断力批判》，邓晓芒译，人民出版社2002年版，第146页。
② 同上书，第148页。
③ 同上书，第147页。
④ 同上书，第149页。

第九章 意志形而上学——叔本华、尼采的存在论与美学

基础,这一点被黑格尔高度肯定。黑格尔评价康德的这种艺术观时说:

> 因此,艺术美成为一种思想的体现,所用的材料不是由这思想自外来决定,而是本身自有地存在着。这就是说,自然的、感性的事物以及情感之类东西本身具有尺度、目标与协和一致,而知觉与情感也被提升到具有心灵的普遍性,思想不仅打消了它对自然的敌意,而且从自然里得到欢欣。这样,情感、快感、欣赏就有了存在理由而得到认可,所以自然与自由、感性与概念都在一个统一体里知道了它们的保证和满足。①

这种区分和描述确立了艺术作为一种人类行为的特殊性与自律性,但不能从"艺术品"的角度认识艺术的本质特性。康德的理论缺少一个客观性的维度,同时,艺术作为创造性行为,它的非理性的特征仅仅用"天才的自然力"是不够的。更为重要的是,艺术对于人类精神的重要性,康德将之从主体的角度归之于主体精神的自由,给出了一个认识论的说明,却没有本体论上的支点——康德的美学似乎从理论上小心翼翼地与形而上学保持着距离。

回答艺术对于精神的意义,是德国古典美学的重要维度,黑格尔的美学最重要的贡献就在这里。黑格尔把艺术作为心灵的绝对需要,作为绝对精神自我显现的一种方式,从而把艺术与美都形而上学化了。遗憾的是黑格尔的理论中对于主体的创造性的强调,以及艺术中的非理性因素肯定不够,或者说不能从"绝对精神"的角度解释艺术创造。创作这一行为在黑格尔的美学理论是重视不够,而在意志存在论的土壤上,长出了一片真正具有现代性的美学理论。

---

① [德]黑格尔:《美学》第一卷,朱光潜译,商务印书馆1979年版,第75页。

费希特的形而上学化的"自我"及其理性创造,构成了创造理论的存在论基础,特别是当他强调意志对于自我的创造行为的原动力的时候,"创造"变成了形而上学化的"我的意志"的必然,艺术由于体现着创造性,所以成为解说意志的创造力的最有效的对象。在这里要感谢谢林,他自觉地把意志存在论与艺术结合起来。由于创造性,在艺术中自我意识的发展达到最高阶段,有创造性的艺术家模仿自然的创造活动并意识到它,即意识到绝对的活动,同时"绝对"也意识到自己的创造力,因而艺术成为确认作为"绝对"的"意志"的手段,因此是人类最崇高的职能。这就是意志存在论给予艺术的本体论奠基。这一奠基扭转了艺术哲学的方向——以往的艺术理论总是致力于通过比较分析出艺术的特征,而德国唯心论却是从形而上学的角度阐释艺术的使命。在谢林看来,艺术的使命是使作为绝对的意志得以显现,并且在审美和谐中使得统一性与个别性的矛盾得以和解。

谢林生活在一个伟大的诗与艺术的时代。在艺术中,审美的直觉是艺术创造性的表现之一。这种直觉式的认识和自我对绝对的认识是一致的,因此关于绝对的直觉和关于艺术的直觉被交织在一起,成为艺术形而上学的一部分。根据这种形而上学,在艺术作品中,主体与客体、理想与实在、形式与质料、精神与自然以及自由与必然等因素是同一的,达到了哲学期望的和谐,而且只有在艺术中才能达到这种和谐。因而在谢林看来,艺术是真正的哲学;自然是伟大的诗篇,而只有艺术才能揭示它。谢林以自然为可见的精神,精神为不可见的自然,自然因此被赋予了生命与精神,而通过艺术家的直觉,自然中的精神被认识到;在艺术创造中,自然中的精神被表现出来,艺术因此成为"绝对"在场的方式。这种观念实际上包含了黑格尔美学的基本命题——美的艺术是绝对精神的一种状态,是理念及其感性显现的统一。

第九章 意志形而上学——叔本华、尼采的存在论与美学

谢林的这种意志存在论的艺术观在叔本华的体系中成为一套完整的艺术哲学理论。康德将艺术视为理性的自由创造，这就带来一个问题：一切理性的产品都具有目的性，作为某种手段实现理性目的，因而都应具有功利性。但康德要求艺术具有非功利性。艺术是如何作为一个理性产品而又具有非功利性的呢？康德对此的解释是艺术的理性目的具有不同于一般目的的特殊性："审美的（感性的）艺术要么是快适的艺术，要么是美的艺术。它是前者，如果艺术的目的是使愉快去伴随作为单纯感觉的那些表象，它是后者，如果艺术的目的是使愉快去伴随作为认识方式的那些表象。"① 美的艺术是反思性的情感上的愉悦，快适的艺术仅仅是单纯感官上的快乐，没有反思、判断的环节。通过这种方式，康德把艺术区分为"美的艺术"与"快适的艺术"。

这完全是从认识论的角度展开的，而且，艺术在这个理论体系中本质上是一种愉悦的方式。这显然不能让德国唯心论者满意，他们一定要把艺术纳入自己的形而上学体系中。无论谢林、黑格尔，还是叔本华，都是这种思路。

从整体上来讲，叔本华的艺术理论首先是对其意志哲学的一个论证。特别是叔本华的理念论。什么是艺术？——对意志的复制。他说："艺术复制着由纯粹观察而掌握的永恒理念，复制着世界一切现象中本质的和常在的东西；而各按用以复制现实的材料是什么，可以是造型艺术，是文艺或音乐。艺术的唯一源泉就是对理念的认识，它的唯一目标就是传达这一认识。"② 这听起来像是柏拉图的模仿说，但又透露着二元论的艺术观：作为现实材料的艺术和作为内涵或者本质的理念。以现实材料呈现出来的理念就是艺术，这和黑格尔的命题没有多少差别，但叔

---

① ［德］康德：《判断力批判》，邓晓芒译，人民出版社2002年版，第148页。
② ［德］叔本华：《作为意志与表象的世界》，石冲白译，商务印书馆1995年版，第258页。

本华沿着康德的传统强调了艺术的认识论特性——"我们可以把艺术直称为独立于根据律之外观察事物的方式。"① 独立于根据律之外意味着艺术能够借纯粹观审而认识理念。

在叔本华的理论中，美感有两个来源：一是"领会已认识到的理念"，是认识本身的喜悦；二是"纯粹认识摆脱了欲求，从而摆脱了一切个体性和由个体性而产生的痛苦之后的怡悦和恬静"②。以这两种美感为目的的行为，只要借助于物质材料，都是"艺术"。这就形成了一套艺术形而上学——一方面，艺术是"理念"的表象，是对理念的模仿，因而艺术作品就成为一个以理念为内核的结晶体，而这个结晶体独一无二，再也不承载任何外来成分。另一方面，艺术是纯粹认识摆脱了欲求，拒绝了意志，经纯粹无意志的状态而达到物我两忘的自由之境。这套艺术的形而上学成为叔本华进行艺术鉴赏与艺术批判的理论范式。理念如何被传达出的与欲念如何被超越的，他的艺术解释总是从这两点出发的。

理念是什么？根据律之外的事物在各个方面的一般性，外在于根据律意味着，一般性的得出是仅就事物自身的，而之所以说理念是"一般性"或者说特性，是因为叔本华的下面这段话："在人类生活纷纭的结构中，在世事无休止的变迁中，他也会只把理念当作常住的和本质的看待。生命意志就在这理念中有着它最完美的客体性，而理念又把它的各个不同方面表现于人类的那些特性，那些情欲、错误和特长，表现于怎么仇恨、爱、恐惧、勇敢、轻率、狡猾、伶俐、天才等等；而这一切一切又汇合并凝聚成千百种形态个体而不停地演出大大小小的世界史……"③ 当艺

---

① [德]叔本华：《作为意志与表象的世界》，石冲白译，商务印书馆1995年版，第258页。
② 同上书，第296页。
③ 同上书，第256页。

术表现出这些特性或者说一般性，它就表现出了"理念"！对理念的认识和表现，是艺术最根本的任务。"在考察理念，考察自在之物，也就是意志的直接而恰如其分的客体性时，又是哪一种知识或认识方式呢？这就是艺术，就是天才的艺术。"①

借助这一逻辑，在艺术与理念之间形成了必然性的关系。实际上按叔本华的体系，只有艺术才能认识到理念，理性认识到的实际上是"概念"。理念和概念的区别在于，理念是以直观的方式掌握到的事物自身的特性，而概念则是根据律得到的事物与他物的关系。只直观事物本身，而无关概念，这是康德美学的影响，但显然叔本华把康德与柏拉图结合在了一起。直观一个对象，把握到对象的特性，而不仅仅是形式，这是叔本华的理论比康德深入的地方。康德的理论导向审美上的形式主义，而叔本华在形式之外，关涉的主要是"理念"，却又认识到了审美与艺术的非概念性与直观性。可以说，叔本华的美学吸收了康德美学的所有积极的成果，诸如审美的非功利性、非概念性、直观性，但又不停留在"对象的主观的合目的性的形式"，而是把"美"建基在事物的"理念"上。这就超出了康德所说的"审美理念"。

在叔本华的存在论体系中，理念就是美感愉悦的本源：

> 通过艺术品，天才把他所把握的理念传达于人。这时理念是不变的，仍是同一理念，所以美感的愉悦，不管它是由艺术品引起的，或是直接由于观审自然和生活而引起的，本质上是同一愉快。艺术品仅仅只是使这种愉悦所以可能的认识较为容易的一个手段罢了。我们所以能够从艺术品比直接从自然和现实更容易看到理念，那是由于艺术家只认识理论而不再认识现实，他在自己的作品中也

---

① ［德］叔本华：《作为意志与表象的世界》，石冲白译，商务印书馆1995年版，第258页。

仅仅只复制了理念，把理念从现实中剥离出来，排除了一切起干扰作用的偶然性。①

把美建基在"理念"上，这带来了一个问题：审美究竟是直观的认识，还是反思判断？按康德的认识，应当是建立在直观基础上的反思判断，由于鉴赏的非概念性，所以反思判断仅仅是愉悦判断。叔本华的理念论则是把审美作为直观，只不过这个直观不是对于形式的直观，而是对于"理念"的直观，即对事物特性的直观。在康德的理论中，直观只能获得感性杂多，不能达到知性，叔本华则认为，直观是对理念的直观，而不是对形式的直观。这种理念的直观和理性的认识或抽象的认识根本是相对立的，在前者范围内的始终是理念，而后者却是认识根据律所指导的。借此，叔本华的鉴赏或者说审美是建立在理念直观之上，把对于一般性与特性的认识纳入到审美之中来，这是理论的进步。

问题是，直观怎么可能达到"理念"？直观不反思，通过直观怎么可能达到一般性？这与经验事实是不相符的。这个问题叔本华从两个方面来回答：首先，"理念"不是概念，它不是抽象的，而是具体显现出的事物自身的一般性，因此它可以被直观；其次，对理念的直观并不是单纯的观看，而是对对象的纯粹观审，而这种纯粹观审并不是任何一个个体可以轻易做到的。为此，叔本华引入了天才理论。

"完全浸沉于对象的纯粹观审才能掌握理念，而天才的本质就在于进行这种观审的卓越能力。这种观审既要求完全忘记自己本人和本人的关系……从而一时完全撤销了自己的人格，以便（在撤销人格后）剩了为认识着的纯粹主体，明亮的世界眼。"② 实际上只有天才才具有直观理

---

① ［德］叔本华：《作为意志与表象的世界》，石冲白译，商务印书馆1995年版，第272页。
② 同上书，第259—260页。

第九章 意志形而上学——叔本华、尼采的存在论与美学

念的观审能力，这就完成了审美的本体论向认识论的过渡——理念作为美的本体，它是如何被认识的？——被天才通过纯粹观审认识到！而"把现象中徜恍不定的东西拴牢在永恒的思想中——这就是天才的性能"①，凭借此性能，天才直观到理念、传达出理念，而借感性材料传达出的理念就是艺术作品。这一"直观—传达"活动，就是艺术活动的本质。康德认为，美的艺术只有作为天才的作品才有可能。叔本华继承了这个观点，他认为天才有这样一种能力："在真正的天才，这种预期是和高度的观照力相伴的，即是说当他在个别事物中认识到该事物的理念时，就好像大自然的一句话才只说出一半，他就已经体会了。并且把自然结结巴巴未说清的话爽朗地说出来了。他把形式的美，在大自然尝试过千百次而失败之后，雕刻在坚硬的大理石上。把它放在大自然的面前好像是在喊应大自然：'这就是你本来想要说的！'而从内行的鉴赏家那边来的回声是：'是，这就是了！'"② 这就是说，对于理念的高度的观审能力，再加上形式美的创造力，二者结合起来就是天才。康德强调天才，是为了强调艺术中的独创性与自由，而叔本华是为了"美"。

天才观念在意志存在论中承担着中介地位。通过天才的观审，作为意志之客体化的"理念"呈现出来；同时通过这种观审，欲念也被超越，从而进入纯然静观状态，主体成为"纯粹自我"。在理念与纯粹自我之间，天才是把二者共同实现的载体，或者说是一种把二者合而为一的理想状态，这个状态是理念客观化的最高状态。叔本华对于艺术的解释，就是在两极之间的张力性关系中体现出的理念客观化的程度上展开的，因此艺术在叔本华的体系中也是可以划分等级的。

先说静物画，叔本华说："他们（指荷兰人）把这样的纯客观的直

---

① ［德］叔本华：《作为意志与表象的世界》，石冲白译，商务印书馆1995年版，第260页。
② 同上书，第308—309页。

· 257 ·

观集中于最不显耀的一些对象上而在静物写生中为他们的客观性和精神的恬静立下了永久的纪念碑。"① 通过对静物的纯粹观审，对象的客观性呈现出来，因此这种艺术带来的美感就在于纯粹对象自身，而纯粹自我还没有实现。静物画还只是让纯然之物呈现出来，还没能让纯粹认识主体呈现出来，因此还是一种低级的艺术。

关于建筑艺术，叔本华说："建筑艺术在审美方面唯一的题材实际上就是策略和固体性之间的斗争，以各种方式使这一斗争完善地、明晰地显露出来就是建筑艺术的课题。"② 固体性是意志客体化的低级状态，而"策略"也是理念客体化的初级状态。这门艺术因此不是意志客体化的最佳状态，因而建筑的美感更多在于客观性，而不在于主观性——纯然之物得以显现，但纯粹自我还没有呈现出来。

按这种诠释艺术的方式，在所有艺术门类中，"最后直接地、直观地把这种理念，即意志可以在其中达到最高度客体化的理念表达出来是故事画和人像雕塑的巨大课题。……人的美是一种客观的表现，这种表现标志着意志在其可被认识的最高级别上，最完美的客体化上，根本是人的理念完全表现于直观看得到的形式中"③。这种解读方式当然还可以应用在肖像画上。叔本华的这个观念令人哑然失笑之处在于，如果把"意志的客体化"换为"精神的对象化"，就和他极力对抗的黑格尔的艺术理论没什么区别了。

需要特别谈一谈叔本华的悲剧观，这是与他的意志形而上学结合最紧的艺术理论。叔本华将建筑艺术放在了表现理念的最低级别，与之相对的另一极端就是悲剧。悲剧是意志客体化最高级别理念的表现，在叔

---

① ［德］叔本华：《作为意志与表象的世界》，石冲白译，商务印书馆1995年版，第275页。
② 同上书，第298页。
③ 同上书，第306页。

第九章 意志形而上学——叔本华、尼采的存在论与美学

本华的体系中悲剧是文艺的最高峰。悲剧的美感源自理念，是对人的理念及其痛苦的最完美的表现。"文艺上这种最高成就以表现出人生可怕的一面为目的，是在我们面前演出人类难以形容的痛苦、悲伤，演出邪恶的胜利，嘲笑着人的偶然性的统治，演出正直、无辜的人们不可挽救的失陷；这一切之所以重要是因为此中有重要的暗示在，即暗示着宇宙和人生的本来性质。这是意志和它自己的矛盾斗争。在这里，这种斗争在意志的客体性的最高级别上发展到了顶点的时候，是以可怕的姿态出现的。这种矛盾可以在人类所受的痛苦上看得出来……"[①] 描述痛苦还不是悲剧的美感所在，痛苦是由意志的自我分裂和自我斗争造成的，而这正是宇宙和人生的本来状态。悲剧性的痛苦有两个来源：第一，偶然和错误。第二，人类自身的斗争。偶然和错误是人类命运的主宰，人类自身的斗争则是意志的各个现象之间的斗争，是必然的。叔本华的重点显然是后者，从本质上看，这就是意志的自我分裂和自我斗争。斗争的结果是：

> 意志在某一个体中出现可以顽强些，在另一个体中又可以薄弱些。在薄弱时是认识之光在较大程度上使意志屈从于思考而温和些，在顽强时则这程度又较小一些；直至这一认识在个别人，由于痛苦而纯化了，提高了，最后达到这样一点，在这一点上现象或"摩耶之幕"不再蒙蔽这认识了，现象的形式——个体化原理——被这认识看穿了，于是基于这原理的自私心也就随之而消逝了。这样一来，前此那么强有力的动机就失去了它的威力，代之而起的是对于这世界的本质有了完整的认识，这个作为意志的清静剂而起作用的认识就带来了清心寡欲，并且还不仅是带来了生命的放弃，直

[①] [德]叔本华：《作为意志与表象的世界》，石冲白译，商务印书馆1995年版，第306页。

"存在"之链上的美学

至带来了整个生命意志的放弃。所以我们在悲剧里看到那些最高尚的［人物］或是在漫长的斗争和痛苦之后，最后永远放弃了他们前此热烈追求的目的，永远放弃了人生一切的享乐；或是自愿的，乐于为之而放弃这一切。①

放弃在这里的意思是"解脱"，从生命意志带来的痛苦中解脱出来，是意志的自由的自我扬弃，在这种自我扬弃中意志认识到了自身的本质与归宿。这构成了叔本华艺术形而上学最核心的观念。在诠释宗教艺术的时候，叔本华指出，艺术"已成为取消一切欲求的清静剂了。从这种清静剂可以产生绝对的无欲——这是基督教和印度智慧的最内在精神——可以产生一切欲求的放弃，意志的收敛，意志的取消，随意志的取消也可以产生最后的解脱。那些永远可钦佩的艺术大师就是这样以他们的作品直观地表出了这一最高的智慧。所以这里就是一切艺术的最高峰。艺术在意志的恰如其分的客体性中，在理念中追踪意志，通过了一切级别，从最低级别起，开始是原因，然后是刺激，最后是动机这样多方的推动意志，展开它的本质，一直到现在才终于以表示意志自己自由的自我扬弃而结束。这种自我扬弃是由一种强大的清静剂促成的，而这清静剂又是意志在最圆满地认识了它自己的本质之后获得的"②。

这样就把艺术编成了一个链条，链条一端是意志客体化的最低状态"物"，另一端是意志客体化的最高状态——意志自我扬弃之后的自我，链条的各个结点是诸多"理念"，而链条的主线就是"意志"。

结合我们在前面讲述的美与美感论，叔本华的美学理论形成了一个

---

① ［德］叔本华：《作为意志与表象的世界》，石冲白译，商务印书馆1995年版，第350—351页。
② 同上书，第323页。

第九章　意志形而上学——叔本华、尼采的存在论与美学

以意志为核心的体系。这就是意志存在论在美学中的反映，或者说，建立在意志存在论基础上的美学的基本形态。

叔本华的思想在美学领域中产生了深远的影响。关于意志，关于自我，关于解脱，关于对欲念的超越，这些命题深深地吸引了19世纪后期与20世纪初期的一批艺术家；他对各门艺术的理解，特别是对美感的描述，引领着艺术家们的创作。他的声望出现得很晚，令人惊讶的是，他的著作中首先吸引人的是他晚年一本论说文集：《附录和补遗》。他的声望不是来自职业哲学家的圈子，不是来自学院派，而是来自社会中上阶层对于思想与艺术的喜好。他的杂烩式的却又有感染力的学说，相比于黑格尔或者康德更容易被这个阶层接受，因此这本论说文集在学术界外，特别是艺术界，为叔本华赢得了意外的成功。在文学艺术领域中，受叔本华影响的有：陀思妥耶夫斯基、托马斯·哈代、普鲁斯特、瓦格纳、艾略特等。当然，他的思想在哲学界后来也得到了广泛的认可，并影响了一批哲学家，他的意志存在论，特别是建立在意志存在论基础上的艺术形而上学，产生了广泛的历史回响，如柏格森和尼采。特别是尼采，意志存在论在他那里产生了奇异的变化，在叔本华处作为生命本体的"意志"，翻转为作为意志之本质的"生命"，生命以"强力意志"的形态被形而上学化，从而产生了一套伟大的艺术哲学。

尼采究竟是不是一位形而上学家，这是个模棱两可的问题。驱使尼采进行思考的不是形而上学家的气质，而是道德学家的本能，当然还有一些修辞学家的矫情。他关心的不是存在及其本质的问题，而是人类的生命状态与建基其上的精神追求。但是海德格尔刻意把尼采形而上学化了，这种刻意的合理性在于：尼采仍然有意志形而上学的影子。这是叔本华的身躯在他身上投下的影子，他像形而上学家一样强调着某种最高

价值，尽管他并没有把最高价值等同于"最高存在"。在他的思想体系中，最高价值是"生命"。

对于叔本华来说，意志是形而上的最高存在，是单一者，生命是意志的一种表现形式或者在场状态。但是叔本华又陷入一种悖论中，在他的体系中，还有比意志更本体的东西，就是弃绝意志之后的"无"。这样一来，意志本身被抽象化为最高存在，因而没有具体内涵，但同时，意志仅仅是一个需要被扬弃层次上的本体，"无"的地位似乎更高。一种否定性的逻辑占据着叔本华的整个体系，表象否定感性事物，理念否定表象，生命否定理念，意志否定生命，而意志又可以被否定为"无"。这就使得叔本华在存在的每一个层次上，都想着如何解脱出去，每一个环节似乎都不值得留恋。

除了这一否定性的逻辑，还有作为绝对的自在之物的意志和作为欲求的意志之间的对立，这个对立本质仍然是否定的逻辑在作怪。作为自在之物的意志否定着作为欲求的意志，但作为自在之物的意志又是通过欲求的意志而存在的。一旦前者否定了后者，皮之不存，毛将焉附？二者之间的矛盾在叔本华的体系中仍然是死结——既然存在，何苦否定！

但作为一个形而上学家，叔本华不得不以否定的逻辑推导出一个更高的存在，因此他从形而下的层面上给出现实的意志，而后又在形而上的层面上给出绝对意志，甚至是绝对之"无"。叔本华无须为现实的生命意志现象负责，毕竟那是要被扬弃或者说要被超越的东西，但正是这一点，他受到了尼采的批判。

尼采认为叔本华贬低了作为欲求的意志："叔本华对意志的基本误解（仿佛渴求、本能、欲望就是意志的本质要素）是典型：把意志贬值到萎缩地步。对意愿的仇恨亦然；试图在'不再意愿''毫无目标和意

第九章 意志形而上学——叔本华、尼采的存在论与美学

图的主体存在'('纯粹的无意志的主体')中,见出某种更高级的东西,实现这个更高级的东西、富有价值的东西。"① 这种试图在本体之外追求一种更为本体的东西,也就是通过对于意志的弃绝后找到的"无",在尼采看来是"虚无主义"。在尼采看来,意志并不具有叔本华赋予的形而上意义,意志就是欲求、渴望,意志根本上完全是把渴求当作主人来对待、为渴求指明道路和尺度的东西,因此他才将叔本华的"世界作为意志和表象"改成"世界作为性欲和沉思"。

简单地说,尼采停留在了叔本华的形而上学体系的第二个层次,也就是生命与力的层次。他肯定生命及其"强力",不再谋求对生命的超越,他肯定生命,进而肯定生命的所有欲求,或者说"意志"。这样一来,他没有去寻求更高的统一性,而是停留在生命的强力上,以一种肯定的姿态回观人的生命样态,并将生命的强力作为重估一切价值的尺度。

从形而上学的角度来说,尼采的理论是半吊子,生命是终极性的,"力"是它的呈现方式,但这个生命又不是绝对的,它就是一切生命体的诸种"生命特质"的总和与抽象,并不上升到存在者之存在,也不上升为绝对存在。在这个意义,尼采不具有形而上学家的气质。但是他关于生命及其强力的理论,又是从叔本华的形而上学体系中借用来的,因而仍然有一些存在论因素,只不过,这个存在论仅仅是指"人的存在"。仅就人的存在而言,尼采把生命之力形而上学化了,生命强力成了生命本体,也构成了一切生命活动的原因。就人的存在论而言,相信人的一切活动皆有其因,这就是一种形而上学的态度,这个终极性的"因"被尼采归之为"生命强力"。

---

① [德]尼采:《权力意志》,张念东、凌素心译,商务印书馆1991年版,第228页。

"存在"之链上的美学

从这个生命强力的角度出发，尼采采取了一种肯定性的逻辑来弥合叔本华的虚无主义造成的分裂。叔本华的虚无主义源自形而上学的传统：世界划分为两部分——现象的（表象的）和本质的（理念的或意志的）。现象的世界是表面的、虚幻的和不真实的，本质的世界则是理想的、永恒的和真实的。形而上学的目的之一就是穿过现象认识本质，摆脱虚幻的不真实的世界进入理想的世界。叔本华的意志形而上学秉承了这个传统：摆脱表象世界的一切不自由——渴望、欲求等，进入一个自由的世界——纯粹的无意志。这个世界是一个真正自由的世界与真实的世界，此外的一切不过是虚幻的表象，应该予以否定。这种悲观主义直接造成了对于生命自由的否定和对感性世界的放弃。尼采则恰恰相反，他彻底否定了关于两个世界的划分，以肯定的姿态承认现实的感性世界的真实性，认为它是最真实的、最充盈、最明朗的。对这个现实世界的否定就是虚无主义，就是对生命的诋毁和否定，而对彼岸世界的追求就是意志委顿的象征，是弱者的表现。就生命自身而言，尼采相信，肉体支配精神，欲望是最大的力量的来源，生命自有强力。

虽然生命崇拜不能算是一种形而上学，也不构成新的存在论，但是在生存论的意义上，具有形而上的意味：生命被抽象或者归结为一种强力，而这种强力是一切生命活动的原因与评判一切价值的尺度。在这个意义上，尼采腰斩了叔本华的形而上学，将其意志存在论转化为意志生存论，以生命的强力作为终极价值，从而形成生存论意义上的生命形而上学。

何为生命？从形而下的层面上，尼采说生命是"起源于胃、肠、心跳、神经、胆汁、精液的一切现象"[①]，是本能、是欲望、是疾病、是健

[①] ［德］尼采：《偶像的黄昏》，周国平译，光明日报出版社1996年版，第14页。

第九章 意志形而上学——叔本华、尼采的存在论与美学

康、是器官的活动。一句话,生命就是肉体活动本身。对肉体的关注具有强烈的反形而上学的意味,结果形成了尼采的一些很奇怪的想法,他认为"佛教的传播在很大程度上取决于印度人过多地,几乎是清一色地食用大米,以及由此造成的普遍的身体虚弱"①;认为气候温和的国家易于产生专制者,认为"'拯救人类',这与其说取决于神学的奇迹,不如说取决于:营养问题"②;他甚至认为他之所以写出了那么好的书,是因为他的一个很好的胃。他在解释"我为什么这样聪明"时说:"你们一定会问我,究竟我为什么要叙述这些微不足道的琐事呢。因为,假如我命中注定要担当大任,那就是越发害了我。我的回答是,这些琐屑小事——营养、地域、气候、休息,一切自私自我的诡诈——这是超越一切的概念,比迄今为止人们所认为的一切重要的东西还要重要。"③ 为什么重要?因为"这乃是生命的基本条件"。正是在这些奇奇怪怪的言论中,体现着尼采对生命的理解:生命就是肉体活动,是吃、喝、拉、撒、睡,是人的心理、生理的一切活动的总和。

当这种肉身化了的"生命"成为重估一切价值的天平时,就意味着肉体的感性活动成为评判价值的标准。这是对形而上学的彻底颠覆,肉体和感性在形而上学中作为需要被扬弃和克制的东西,现在被摆到了价目表的最高一层。或者说,它们作为最高价值已经超出了任何标准所能框范的范围,因为它们就是生命,而"生命的价值不可能被估定"。④

但是尼采同时把生命抽象化,或者说形而上学化了,他把生命又归结为"强力",及其呈现出的"强力意志"⑤。

---

① [德]尼采:《快乐的科学》,黄明嘉译,漓江出版社2007年版,第156页。
② [德]尼采:《看哪这人》,张念东、凌素心译,中央编译出版社2000年版,第20页。
③ 同上书,第38页。
④ [德]尼采:《偶像的黄昏》,周国平译,光明日报出版社1996版,第14页。
⑤ The will to power 一直被译为"权力意志",power 确实有掌控的意思,但不能说是"权",因而笔者认为应当译为"强力意志"。

尼采的强力意志并不是一个严格意义上的形而上学概念，它不是一个单一的实体，而是经验概括的结果，是一个多元的组合。"假如我们成功地把我们全部本能生活解释成一种基本形式的意志，即权力意志的发展和繁衍，假如可以用所有的有机功能来指示权力意志，那么，我们有权把所有的活力都毫不含混地定义为权力意志。"[①] 强力意志在尼采的不那么明晰的观念体系中，似乎就是生命活动，甚至是本能活动所体现出的"活动性"，类同于叔本华所说的作为欲念的意志。它存在于生命中，生命就是对强力意志最为直接、最为明确和清晰的显现，同时生命的过程就是追求最大限度的强力感。强力意志不再需要任何推理和证明，它直接由感性的生命活动而来，可靠而真实。

这个观念不像是形而上学，更像是"生理学"！既然"生命—肉体"是评判一切价值的标准，肉体活动是反思一切问题的起点，那么，一切问题当然都可以转化为生理学问题，这正是尼采的基本思路。显然，这是一种泛化了的生理学。生理学最初是研究人及其他有机生命的正常生命活动的规律的科学，它研究生命体的能量代谢、器官系统以及生命体与环境之关系，等等。在尼采生活的年代里，生理学随着贝尔纳等人开创的现代生理学而得到了长足的发展，开始有了测量肌肉活动和血压的生理测量仪，生命的奥秘逐渐在人类面前显现出来。任何一种科学的重大发现都会在人文思想领域内发出自己的声音，显然尼采正是生理学在人文领域内的代言人。作为一个人文思想家，尼采敏感地追问道：是什么在支撑着生命活动；生命活动与其他人类活动，比如科学、哲学、宗教、艺术等之间是什么关系，它们对于生命活动又有什么意义。反过来，这些活动作为建基于有机体的基本生理活动之上的上层建筑，在多

[①] *Nietzsches Werke*, ed. by K. Schlehta, Munich, 1995, Vol. 2. p. 610, 转引自赵敦华《现代西方哲学新编》，北京大学出版社2001年版。

大程度上会受到有机体生理状况的影响？这两个方面构成了尼采反思一切人文社会问题的出发点。

更为关键的是，当尼采说生理学的时候，他确实是在强调肉体状态，而当他强调肉体的时候，他往往把肉体变化与心理变化混合起来，将之视为一个整体——有机体的全部生命活动。尼采的生理学实际上是现代意义上的生理学、生物学和心理学的结合。这正是尼采应用"生理学"一词时最令人感到困惑的地方，这里既包含着尼采对生理学的误解，也包含着尼采对生理学的期望。借助于生理学揭示的生命——肉体活动的现实性及其内在规律，尼采形成了这样一种思路："假如我们的'自我'对我们来说是唯一的存在，我们要按照它的样子理解一切存在，很好！那么，人们怀疑这里是否有远景式的幻想，就是合情合理的了——表面上的统一，情形就像在地平线上的情形一样，一切现象都融为一体了。肉体教科书展示了无与伦比的多样性。为了初步了解较为贫乏的事物的目的，就要使用这个更适宜的、可探究的、更丰富的现象，这在方法上是许可的。最后，假设一切皆是生成，那么认识只能建立在对存在的信仰上。"① 这一段话对理解尼采的生理学来说极其重要，它包含了三个层次的意义。首先，按照自我肉体生命的样子理解一切存在，因为一切现象都可融为一体，也就是都可统一为生命——这里尼采赋予了"肉体—生命"最高统一性，从而为作为最高学科的生理学奠定了基础，指明了根据。其次，正是由于肉体—生命的最高统一性，使得我们可以在方法上通过对肉体的了解而达到对其他事物的了解，因为尼采认为"肉体这个现象乃是更丰富、更明晰、更确切的现象。因为，它按部就班、依次向前发展而不追究其最终的意义"② ——这是尼采赋予生理

---

① ［德］尼采：《权力意志》，张念东、凌素心译，商务印书馆1991年版，第210页。
② 同上书，第631页。

"存在"之链上的美学

学的现实意义。最后，存在就是生成，生命的本质就是生成，一切认识的最终根基就是生命的生成——这是尼采对生理学之哲学意义的最高概括。

通过以上的分析我们发现，尼采实际上把"生理学"抽象化和泛化为一种思维模式：通过对人的生殖、生理、心理等有机活动的兴衰过程的观察而发现其运动的内在规律和形式，进而以这种规律和形式来审视宇宙万事万物的存在过程，将这种过程生命化，从而发现世界的本质在于——生成和永恒轮回。因而，尼采在应用"生理学"这一词时，往往会指向三个方面：第一，追问关注的对象对人的生命活动会有什么意义和影响；第二，追问人的生命状态对于建基其上的人文社会活动会有什么影响；第三，关注对象本身的发生、发展、消亡过程。"生理学"一词在尼采著作中体现为一种方法，一种以以上三方面为指导的研究方法。在这种方法的支撑下，尼采关注的实际上是人的生存，而不是世界的存在。

借助这种方法与生命观，尼采提出"要以肉体为准绳……因为，肉体乃是比陈旧的'灵魂'更令人惊异的思想。无论在什么时代，相信肉体都胜似相信我们无比实在的产业和最可靠的存在——简言之，相信我们的自我胜似相信精神"[1]。尼采更是明确地提出："根本的问题：要以肉体为出发点，并且以肉体为线索。肉体是更为丰富的现象，肉体可以仔细观察。肯定对肉体的信仰，胜于肯定对精神的信仰。"[2] 当肉体取代了"我思"成为最可靠的出发点时，尼采翻转了形而上学框架内的所有问题：什么是认识？尼采这样解释道："在产生一种认识以前，每一种本能都必然首先对这一事物或发生的情况提出单方面的看法，然后，各

---

[1] ［德］尼采：《权力意志》，张念东、凌素心译，商务印书馆1991年版，第152页。
[2] 同上书，第178页。

· 268 ·

种单方面的看法彼此斗争,从斗争中产生折中,达到平衡和各方的认同,达到公平和契约。这些本能借助这公平和契约便可保存自我,维持彼此的权利。我们只要明白了这一较长过程中所达到的最后和解和结论,并据此认为,所谓思考,实则为一种和解的、公平的、良好的、本质上与本能完全相反的东西,只不过是各种本能相互间的某种关系罢了。"① 西方认识论和以康德为代表的对先验主体本质建构的探索在尼采这里转变成了本能学说:什么是精神?"精神本身只不过是新陈代谢的一种形式。"② 什么是真理?"在其所有知识追求的最后,人们认识的最终真理是什么?是他们的器官。"③ 通过对这些重要范畴的颠覆,通过肉体这把标尺,尼采判定:"过去,人类郑重称道的东西,都是不真实的,纯粹的臆想,确切地说,是出自病态、有害的(最深刻意义上的)天性的恶劣本能——诸如'上帝'、'灵魂'、'美德'、'彼岸'、'罪恶'、'真理'、'永恒生命'等等,所有这些概念……但是人们却在这些概念中寻求人性的伟大,人性的'神性'……这样一来,一切政治问题,社会制度问题,一切教育问题,都从根本上弄错了,以致人们误将害群之马当成伟人——以致人们教诲别人要轻视'琐事'。"④ 于是,生理学取代传统形而上学获得了最重要的地位。

这场翻转并不意味着形而上学的终结,因为在这个思维中:一方面,生命活动被收缩到或者说抽象到生理性的层面,"强力"变成了它的最高规定性;另一方面,生命的生理模式被放大到社会存在的普遍性的程度。这是典型的形而上学思维,"力"这个意志形而上学的阶段性概念在尼采这里成了意志生存论的最高概念,而后"力"本身的一些属

---

① [德]尼采:《快乐的科学》,黄明嘉译,漓江出版社2007年版,第251页。
② [德]尼采:《看哪这人》,张念东、凌素心译,中央编译出版社2000年版,第24页。
③ [德]尼采:《曙光》,田立年译,漓江出版社2000年版,第288页。
④ [德]尼采:《看哪这人》,张念东、凌素心译,中央编译出版社2000年版,第38页。

性被上升为生存世界的普遍性。下面从四个方面予以论述。

第一,"力"的偶然性。尼采的强力意志肯定偶然性:"'偶然'('或然')——这是世间最古老的贵族,我将一切事物归之者,也将其从'目的'的奴隶制度下赎回……万物宁愿以偶然之足——跳舞。"① 目的论哲学强调世界的合目的性,因此一切过程因素都被视为必然的,否则就会被踢出关于世界的体系中。但是尼采根据"力"的多样性得出结论——宇宙根本没有目的。偶然就是力的多样性,因为占统治地位的权力是不确定的,并且不可能是一劳永逸的。偶然中的生命没有任何目的却不失必然,这就是生命最完整、最深刻而又最直接的展现。偶然是权力意志的内在机制。② 强力中的偶然像掷骰子一样发生,发生是必然的,但发生为什么样态,这却是偶然的。

第二,强力是构成性的,强力意志也是构成性的。这决定了世界的差异性与多样性,形而上学试图给出世界的单一性与统一性,从而让解释世界之"多样性"成为难题,尼采强调,强力是多样性构成的结果,而世界因此也是多样性的。强力意志是不同的力的组合,而力之间具有斗争、统治和服从等关系。这些关系也会体现为生命之间的关系。尼采说:"统一性(一元论)是惰性的需要;多义性是力的信号。不要否认世界的令人不安的和神秘莫测的特性。"③ 而"不否认"就意味着,肯定"差异性"!尼采所说的"谱系学"就是对力、对价值进行高贵和粗俗、高等和低等的区分。谱系学的基本原则就是力的差异性原则。正如德勒兹所说:意志想要的就是对差异的肯定。④

---

① [德]尼采:《苏鲁支语录》,徐梵澄译,商务印书馆1992年版,第164页。
② 尼采关于偶然的说明,主要集中在《查拉斯图特拉如是说》的第三卷,"七印记""日出之前"和"在橄榄山上"。
③ [德]尼采:《权力意志》,张念东、凌素心译,商务印书馆1998年版,第202页。
④ 参见[法]德勒兹《尼采与哲学》,周颖、刘玉宇译,社会科学文献出版社2000年版,第一章第四节。

第九章　意志形而上学——叔本华、尼采的存在论与美学

第三,"力"需要呈现与转化,这是一切力的根本属性之一。"强力"不是对至高无上的权威的向往和追求,不是渴求或希望支配他人或他物,这些都是附属品。真正重要的是,力要自身,要消耗、要转化,要行使或者说外化自身的力量,力要把自己转变为某种现实。这种现实贯彻在生活与文化活动的每一个方面,而这一转化还具有方向性:能量向生命和"最高效率的生命"转化,人的生存与人的生活的一切方面都"应当"向这个方向走。

第四,强力意志承担着双重功能:其一,是生命活动的起源与本质,在这一点上尼采承袭了形而上学的思维方式,强力意志就是诸种具有创造性的生命力的抽象;其二,强力意志又是不同力的组合和斗争,因而它也是区分性的,价值的高低、地位的高低、善恶美丑的评判,全都是通过强力意志来区分与评判的。在这个意义上,尼采在价值领域中,把"强力"绝对化了。

西美尔(Simmel)说:"尼采对'生命'有一种乐观的、狂热的信仰,这种信仰跟叔本华的悲观主义一样,具有完全的不可证实性;但只有这种信仰才能把那些本身源于别的泉源的价值,视为生命自身的中枢,视为它事实上发展的要素。所以他才最终未能成功地从增强生命力的原则性价值形态上发展为一个得到认可的、由质量的个别价值组成的系列,于是他必须借助一种本能的价值感产生这个系列。"[1] 这种价值感贯穿在尼采的整个思想之中。力作为最高价值,作为生命活动的本源与本体,成为评判一切文化现象的尺度,强力也被尼采设定为艺术的目的。

尼采的这套类形而上学的强力论,似乎介于强力存在论与强力生存

---

[1] [德] 西美尔:《叔本华与尼采——一组演讲》,莫光华译,上海译文出版社2006年版,第212—213页。

"存在"之链上的美学

论,以及生命生理学之间。就生理学而言,尼采把生命落实到生理活动层次上;就强力生存论而言,他把力作为人的生命活动的本源,人的文化活动的目的;就强力存在论而言,他把"力"作为一切事物的存在论性质,并且以"力"为本质,解释事物的生成与发展。

这样一种半截子的"力"的形而上学,开辟了美学中的一个新维度,用尼采自己的术语叫"美学生理学"。

"没有什么是美的,只有人是美的,在这一简单真理上建立了全部美学,它是美学的第一真理。我们立刻补上第二真理:没有什么比衰退的人更丑了——审美的领域就此被限定了。"[①]这是尼采研究美学的出发点。按照尼采的逻辑,我们可以补上美学的第三真理:只有提高人的生命力的,以及自身充满生命力的才是美的。这一补充应当是符合尼采原意的。或许是受到血压测量仪的启发,尼采认为"可以用功率计测量出丑的效果"[②]。那么,反过来我们似乎可以说,美的功效也可以用功率计测量出来。那么,到底要测量什么呢?在尼采看来主要是测生命的强力感。我们之所以要补上第三真理,是因为生命活力即强力,实际上就是尼采判定美丑的最终根据。

什么是强力?尼采说"强力乃是肌肉中的统治感,是柔软性和对运动的欲望,是舞蹈,是轻盈和迅疾;强力乃是证明强力的欲望,是勇敢行为,是对生死的无畏和闲视"[③]。可见,尼采所谓的强力就是旺盛勃发的生命体现的力感,根据这种力感,尼采认为有一种力支撑着生命活动,并且将这种力视为重估价值的最终根据。结合尼采对强力的上述理解及其"生理学"一词的多种应用,我们认为,尼采的美学生理学实际

---

① [德]尼采:《偶像的黄昏》,周国平译,光明日报出版社1996年版,第67页。
② 转引自杨恒达《尼采美学思想》,中国人民大学出版社1992年版,第114页。
③ [德]尼采:《权力意志》,张念东、凌素心译,商务印书馆1998年版,第510页。

第九章　意志形而上学——叔本华、尼采的存在论与美学

上是从以下三个方面对美和美学进行的反思。

第一个方面，研究美和艺术对于生命对于肉体有什么意义。对这个问题尼采做出了肯定的回答。既然肉体—生命是重估一切价值的准绳，那么凡有益于肉体健康，有益于提高生命活力的，就是有价值的，从而是美的；凡是有损于肉体健康，有碍于生命活力的提高，就是无价值的，就是丑的。因而尼采说，"一切艺术都有健身作用，可以增添力量，燃起欲火，激起对醉的全部回忆"①。尼采对艺术更高的肯定体现在他对艺术的五点赞美：

> 艺术，无非就是艺术！它乃是使生命成为可能的壮举，是生命的诱惑者，是生命的伟大兴奋剂。艺术是对抗一切要否定生命的意志的唯一最佳对抗力，是反基督教的，反佛教的，尤其是反虚无主义的。艺术是对认识者的拯救——即拯救那个见到、想见到生命的恐怖和可疑性格的人，那个悲剧式的认识者。艺术是对行为者的拯救，也就是对那个不仅见到而且正在体验、想体验生命的恐怖和可疑性格的人的拯救。艺术是对受苦人的拯救——是通向痛苦和被希望、被神化、被圣化状态之路，痛苦变成伟大兴奋剂的一种形式。②

这是尼采赋予艺术的历史意义，艺术成了尼采开出的对抗现代性的药方。现代性在尼采看来就是对生命的阉割，是衰弱，是病态，是营养不良，而尼采认为"艺术的根本仍然在于使生命变得完美，在于制造完美性和充实感；艺术在本质上是对生命的肯定和祝福，使生命神圣化"③。这是艺术的形而上学，是从宏观的角度阐释的艺术与生命的关

---

① ［德］尼采：《悲剧的诞生》，周国平译，生活·读书·新知三联书店1986年版，第357页。
② ［德］尼采：《权力意志》，张念东、凌素心译，商务印书馆1998年版，第443页。
③ 同上书，第543页。

系。与这一方向相反的是,尼采从肉体感受、肉体生理变化的角度探讨艺术对于"肉体—生命"的影响,并以这一影响作为评判艺术的标准。这方面的典范是尼采对瓦格纳音乐的批评,他说:

> 我对瓦格纳音乐的非难源于生理方面。于是,我缘何当初要给这非难套上一个美学模式呢?当我聆听瓦氏的音乐时,我的"实际情况"是:呼吸不畅,脚对这音乐表示愤怒,因为它需要节拍而舞蹈、行走,需要狂喜,正常行走、跳跃和舞蹈的狂喜。我的胃、心、血液循环不也在抗议吗?我是否会在不知不觉中嗓子变得嘶哑起来呢?我问自己,我的整个身体究竟向音乐要什么呢?我想,要的是全身轻松,使人体功能经由轻快、勇敢、自信、豪放的旋律而得到加强,正如铅一般沉重的生活经由柔美、珍贵的和谐而变美一样。我的忧郁冀盼在完美的隐匿处和悬崖畔安歇,所以我需要音乐。①

将肉体的生理反应与审美过程结合在一起,把艺术归结为对肉体和感官的暗示,从生命反应的角度评判艺术,这是尼采的新见。

第二个方面,研究个体的生命状态对于创造艺术和美,以及欣赏艺术和美之间的关系。尼采认为,只有富有生命力的那些天性才能创造艺术,欣赏艺术。尼采说:"……兽性快感和渴求的细腻神韵相混合,就是美学的状态。后者只出现在有能力使肉体的全部生命力具有丰盈的出让性和漫溢的那些天性身上;生命力始终是第一推动力。讲求实际的人,疲劳的人,衰竭的人,形容枯槁的人(譬如学者)绝不可能从艺术中得到什么感受,因为他们没有艺术的原始力,没有对财富的迫切要

---

① [德]尼采:《快乐的科学》,黄明嘉译,漓江出版社2007年版,第291页。

第九章 意志形而上学——叔本华、尼采的存在论与美学

求。凡无力给予的人，也就无所得。"① 既然生命力始终是第一推动力，是艺术创造的推动力，也是艺术欣赏的推动力，那么什么样的生命状态才具有这样的生命力呢？尼采说："种种状态，使我们把事物神圣化和变得丰盈了，并且使事物诗化，直至这些事物重又反映出我们自身的丰盈和生命欲望，它们是：性欲；醉意；食欲；春意；轻蔑；壮举；残暴；宗教情感和奋激。但其中三种要素是主要的：即性欲、醉意和残暴——这三者都属于人的最古老的喜庆之乐，它们在最初的'艺术家'身上似乎占压倒优势。"② 在尼采看来，性欲、醉意和残暴这三种状态是生命力的丰盈状态，是艺术创造的原动力。而这三者中，醉又是能够将性欲与残暴统一于其下的最高状态，因此尼采在《权力意志》第811条中探讨艺术家的三条件时，第一条就是"醉"，将"醉"视作每一优秀艺术家都应当具有的生命状态。

"醉"在尼采眼中简直就是人类一切创造力的源泉，"那种人们称之为醉的快乐状态，不折不扣是一种高度的强力感……时间感和空间感改变了：天涯海角一览无遗，简直像头一次得以尽收眼底；眼光伸展，投向更纷繁更辽远的事物，器官变而精微，可以明察秋毫、明察瞬息；未卜先知，领悟力直达于蛛丝马迹，一种'智力的'敏感；强健，犹如肌肉中的一种支配感，犹如运动的敏捷和快乐，犹如绝技、冒险、无畏、置生死于度外……人生的所有这些高潮时刻相互激励；这一时刻的形象世界和想象世界化作提示满足着另一时刻：就这样，那些原本有理由互不相闻的种种状态终于并生互绕、相互合并"③。透过尼采对醉的赞美，我们看到的是生命状态与艺术创造与艺术欣赏之间的关系：艺术创造所

---

① ［德］尼采：《权力意志》，张念东、凌素心译，商务印书馆1998年版，第253页。
② 同上。
③ ［德］尼采：《悲剧的诞生》，周国平译，生活·读书·新知三联书店1986年版，第350页。

需的生命状态是醉,是"禀性强健,精力过剩,像野兽一般充满情欲";而艺术欣赏引发的生命状态"一方面是旺盛的肉体活力向形象世界和意愿世界的涌流喷射,另一方面是借助崇高生活的形象和意愿对动物性机能的诱发;它是生命感的高涨,也是生命感的激发"①。

尼采认为:以往的美学自身既缺乏一种强力,也无益于生命强力的提高,我们需要一种"超人"般富有激情与生命强力的美学,一种能够引导我们创造出具有"伟大风格"的艺术的美学。他认为"对美和秀的审美则是弱者、娇嫩者的事,对悲剧感到快乐,这标志着强大的时代和性格"②。对悲剧感到快乐,对一切具有"伟大风格"(在尼采的语境中,指能引起生命强力的风格,如古希腊悲剧、贝多芬、瓦格纳等)的艺术感到快乐,尼采认为这是强者即具有强力意志的人才能做到的,这本身就是生命强力的一种表现。只有当美学体现着和激发着这种生命强力时,才是真正意义上的,我们需要的美学。

第三方面,"美学生理学"是对虚无主义的反动,对一切否定生命的思想的攻击与反拨。当尼采说——"美,就寓于有用的、慈善的、增强生命之物具有的生物学价值的一般范畴之内"③——时,他以为只有艺术和美才能增强强力感,才能对抗虚无主义和现代性。从这一点来说,尼采的美学生理学具有唯艺术论倾向——艺术和美因为其生物学价值,因为它们对强力感的提高而获得了理论上的最高承认,它的功用不再仅仅是"寓教于乐"。艺术和审美在尼采这里获得了直接的,近似于营养物一般的实用性,以此使得自身获得了凌驾于宗教、哲学和道德之上的崇高地位,并且在理论上突破了"非功利性"。尼采曾准备在他的

---

① [德]尼采:《悲剧的诞生》,周国平译,生活·读书·新知三联书店1986年版,第351页。
② 同上书,第303页。
③ [德]尼采:《权力意志》,张念东、凌素心译,商务印书馆1998年版,第305页。

主要著作《权力意志》中专门论述"艺术生理学"的问题,并且列出了以下18条提纲。

(1) 作为先决条件的醉:醉的起因。(2) 醉的典型症状。(3) 醉的力感与丰盈感:它的理想化效果。(4) 事实上的力的增长:它的事实上的美化。(例如,在两性的舞蹈中的力的增长。)醉的病理学因素;艺术的生理学危险——供考虑;我们的"美的"价值在何种程度是完全从人的角度出发看宇宙万物的;以关于生长与发展的生物学先决条件为基础。(5) 日神,酒神:基本类型。从更广泛的方面来说,同我们的专门化艺术相比较。(6) 问题:建筑学所属。(7) 艺术能力在正常生活中所起的作用,行使这些能力而达到健身效果:与丑相反。(8) 流行病与传染病的问题。(9) "健康"与"歇斯底里"的问题:天才=神经病。(10) 作为暗示,作为传达手段,作为创造心理动力感应的王国的艺术。(11) 非艺术状态:客观性,万物反映癖,中立。贫乏的意志;失去资本。(12) 非艺术状态:抽象。贫乏的感官。(13) 非艺术状态:腐败,贫乏,衰竭——求无之意志(基督徒,佛教徒,虚无主义者),贫乏的肉体。(14) 非艺术状态:道德癖。弱者、平庸者特有的那种对感觉、强力、醉的恐惧(被生命击败者的本能)。(15) 悲剧艺术如何才是可能的?(16) 浪漫类型:歧义的。其后果是"自然主义"。(17) 演员问题。"不诚实",作为一种性格缺陷的典型的变形能力……无羞耻、丑角、萨提尔、滑稽男演员、吉尔布拉斯、扮演艺术家的男演员……(18) 作为医学上的醉的艺术:健身的忘却,完全与部分的无能。①

---

① 转引自杨恒达《尼采美学思想》,中国人民大学出版社1992年版,第107页。

尽管只是提纲,但我们仍能看出尼采艺术生理学的概貌。在提纲中第4条是核心:"我们的'美的'价值在何种程度是完全从人的角度出发看宇宙万物的,以关于生长与发展的生物学先决条件为基础。"这是尼采全部美学生理学的核心,是尼采思考艺术问题的基本出发点。而对于醉和非艺术状态的重点思考则是关注艺术创造所必需的生命状态,是艺术生理学的基本内容。第7条可以视作艺术生理学的结论——艺术的生理学价值在于可以达到健身效果。如果说艺术和美的最高价值在于"生物学价值",在于塑造和培养"超人",那么它的具体价值则体现在健身效果上。从健身,而不是"养性"的角度思考审美的功用,这是对西方传统的审美静观说的反拨和补充,是对自亚里士多德以降的"净化说"的挑战和深化。

力的生存论与力的形而上学依据的价值根据是对生命及其诸种需要、诸种样态的"肯定",当然包括人生的诸种痛苦,而不是对于生命及其痛苦的超越。在形而上学和人生观之间,有一种奇怪的联系,二者实际上互为根据。一种悲观主义的或者消极的人生观,会导向一种超越性的形而上学。形而上本体构成对人生的苦痛欲念的消解,导向对现实人生的虚无主义。同时,一种乐观的人生观往往导向一种生成性的形而上本体,肯定一切生成变化,为"发展"这一乐观主义的核心思想提供基础。反过来,形而上本体给出的终极存在也会构成人生观的根据,终极存在的状态就是人生的理想。在这个意义上,尼采没有摆脱形而上学具有的理论"强力"。

尼采的强力生存论及其关于强力的形而上学贯彻在他的艺术观中,艺术是通过某种气质而看到的世界观,或者透过某种世界观看到的某种气质,构成了他审视艺术的一种独特视角:作为形而上学之慰藉的艺

第九章 意志形而上学——叔本华、尼采的存在论与美学

术,最集中的体现是他的悲剧思想。在《悲剧的诞生》中,尼采以叔本华的思想框架和叙述方式,转述了叔本华关于音乐同形象和概念间的关系:音乐是意志的直接抒写,悲剧是从音乐中产生的。悲剧主角的毁灭丝毫无损于意志的永恒生命。悲剧的形而上的慰藉是:不管现象如何变化,事物基础之中的生命仍然是坚不可摧和充满欢乐的。在悲剧情节的背后,包含着酒神的快乐。[①] 借此,尼采把生命中的一切苦难都艺术化地转化为欢乐。尼采借用古希腊神话中的酒神——狄奥尼修斯和日神——阿波罗的对立以及在悲剧中的和解,论述希腊精神及其在悲剧中的表达:悲剧不仅是对生命中一切灾祸、罪恶、苦难的肯定,同时是辩护,是对生命本身的辩护。悲剧主角战胜了一切痛苦,所以他快乐;因为他有足够的力量战胜痛苦,并坚强到足以以苦为乐。由此,他不但赢得了胜利,而且赢得了生命。显然,酒神精神与日神精神的和解本质上是代表着生命之强力的酒神的胜利,一切痛苦在酒神的欢呼中,在对生命的肯定中烟消云散。"一个来自充盈和超充盈的、天生的、最高级的肯定公式,一种无保留的肯定,对痛苦本身的肯定,对生命本身一切疑问和陌生东西的肯定。"[②] 而艺术就应当去表达这种肯定,这就是"伟大艺术"的尺度。

在尼采这里,意志形而上学最终转化为生命形而上学,然后以生命感受为核心,建构出审美论;以生命为尺度,建构出艺术价值论。这之中最令人惊讶的是,当形而上学发生了转型之后,最先得益的居然是艺术与审美。

---

① 参见[德]尼采《悲剧的诞生》,周国平译,生活·读书·新知三联书店1986年版,第28、第71页。

② 同上书,52页。

第十章

从辩证唯物论到实践存在论：马克思主义的存在观及其对美学的影响

马克思本人并不是由于对哲学基本问题的追问而跻身哲学家的行列的，而是作为政治经济学家，但马克思的思想又在被不断地哲学化。马克思之后的马克思主义者试图利用马克思庞大而浩瀚的手稿建构出一个作为哲学家的马克思，最终形成了关于马克思的多种理解。就存在论而言，马克思的思想至少可以被建构出以下几种面貌。

第一种，从唯物论的角度将马克思的哲学思想概括为"辩证唯物主义"与"历史唯物主义"，物质第一性或者说物质本体论构成了对马克思哲学的本体论奠基。（第二种是"实践唯物主义"，详见本书第297页。）这种本体论奠基的开始是恩格斯在《路德维希·费尔巴哈与德国古典哲学的终结》一书中对哲学的基本问题的概括："全部哲学，特别是近代哲学的重大的基本问题，是思维与存在的关系问题。"[①] 这个判断基于近代哲学在本体上的主客二分状态，要么以精神为实体，要么以实

---

① 《马克思恩格斯选集》第4卷，中共中央马克思恩格斯列宁斯大林著作编译局译，人民出版社2001年版，第223页。

第十章　从辩证唯物论到实践存在论：马克思主义的存在观及其对美学的影响

存（或者"物质"。二者之间的关系需要辨析，简单地说，物质是包含着隐德来希的"实存"）为实体，显然在做这个判断的时候，恩格斯像是一位实体论者和一位形而上学家。

从实体的角度来说，这是自中世纪的唯名论与唯实论的争论，到近代的理性主义者和唯物主义者之间的争论的历史延续，而这种二分法造成了思维与存在、主体与客体、精神与物质之间的对立，对立使得选择阵营成了哲学家们不可回避的事情：

> 哲学家依照他们如何回答这个问题而分成了两大阵营。凡是断定精神对自然界说来是本原的，从而归根到底以某种方式承认创世说的人（在哲学家那里，例如在黑格尔那里，创世说往往采取比在基督教那里还要混乱而荒唐的形式），组成唯心主义的阵营。凡是认为自然界是本原的，则属于唯物主义的各种学派。[1]

存在论上的选择不单单是为了判别学派，问题是，为什么要进行这样一个选择？为什么要追问存在论上的"本原"？在近代哲学的"知识论"的背景下，什么是知识，认识的真理性如何保证，这些问题显然比"世界的本原是什么"更加"基本"，因为哲学家们正是为了回答这个问题才去追问"本原"的。选择唯物一元论，这从法国机械唯物主义者的立场来说，是为了解释知识的经验性。感性的具体的经验世界是知识的来源，而弄明白"来源"意味着——事物必有其因！而这一原因应当是客观的与确定的，这是一种典型的形而上学思维。

在这种思维中，知识的来源应当是客观的，否则知识本身就不客观；获得知识的方式应当是客观的，否则知识也不客观，而"客观的"

---

[1] 《马克思恩格斯选集》第4卷，中共中央马克思恩格斯列宁斯大林著作编译局译，人民出版社2001年版，第224页。

则意味着——知识有超越于主观性之上的普遍性，对象的存在凌驾于每一个主体之上，不以主体的意志为转移。因此，唯物论者设定了"物质"作为世界的本体，而"物质"在其最为普泛的意义上，是一切客观存在之和。

从"客观性"的角度能够解释知识的来源问题，也能够为知识的确定性与普遍性奠定基础，这是唯物主义能够在近代认识论哲学上占有一席之地的原因，但是机械的唯物论不能解释精神的来源及其能动性，因而仅仅相信物质世界是知识的来源，或者物质世界的另一个名称——自然界，既是认识的对象也是认识的内容，更是认识的普遍性的保证。"物质"除了客观性这一根本属性之外，还获得了另一个属性——规定性。物质中包含着诸种规定性，也可以叫"规律"，这些规律可以被认识，可以被应用，它具有普遍有效性。

"物质"一元论的产生及其形而上学化，源于对"科学"的存在论奠基，也是对近代知识论的存在论奠基。文德尔班的判断是正确的："17世纪的形而上学和以后18世纪的启蒙运动主要受到自然科学思想的支配。关于现实世界普遍符合规律的观点，对于宇宙变化最简单因素和形式的探索，对于整个变化基础中的不变的必然性的洞察——所有这些因素决定了理论研究，从而决定了判断一切特殊事物的观点：特殊事物的价值要以'自然的事物'作为标准来衡量。"[①] 这个判断完全可以扩大到19世纪的唯物主义。近代的唯物主义者追问的核心问题是关于知识的起源、真理问题以及知识标准等问题，而这些问题正是"科学"的核心问题，如果不能从本体论/存在论的角度给予彻底的奠基，那它就不能在现代文明体系中获得完胜。为此，唯物主义承担起了这个使命，

---

① ［德］文德尔班：《哲学史教程》下卷，罗达仁译，商务印书馆1987年版，第859页。

第十章　从辩证唯物论到实践存在论：马克思主义的存在观及其对美学的影响

并且进行了一个存在论上的转型。

近代之前的唯物主义，与唯心主义一起，作为一种存在论，其伦理学意味要远大于存在论意味。唯物主义，准确地说，古典时期的"唯物论"曾经被认为：在本体论上承认物质而不承认精神的独立性，在认识论上是感觉主义，忽视精神或者理性的力量；在人生观上是现世主义、享乐主义；在宗教上是无神论；在价值观上以欲望的满足为目的，不追求理想、至善与崇高；在世界观上是机械论、规律性；在道德观上是功利主义，不追求美德。这样一种从伦理的角度对唯物主义的理解从伊壁鸠鲁派的哲学就开始了，但是近代的法国唯物主义和英国经验论，不是从价值观与伦理学的维度使用"唯物主义"这个词，而是从知识论的角度，为关于自然与客观世界的认识奠定存在论基础，为科学奠定存在论基础。

近代科学的产生和唯物主义之间是一种辩证关系：科学的发展推动了唯物主义思想的产生，而近代唯物主义反过来推动了科学的进一步发展。恩格斯做过如此判定：推动哲学发展的，是"自然科学和工业的强大而日益迅猛的进步"[①]。科学从中世纪炼金术士的小作坊里走出来，和古典时期以来的自然哲学交织在一起，与神学的和神秘主义的世界观奇特地交织在一起。它要摆脱二者的影响，获得独立的地位，就必须在存在论上驱逐一切神秘的和非理性的因素。因此，自然科学家们信奉这样一个毕达哥拉斯式的信念——自然是一部用数学语言写成的书。这就意味着，自然中包含着普遍性与规律性，或者被它们左右着。科学自诞生以来，就以经验为自己的出发点，通过经验及其重复，甚至变更经验的条件，判断经验中具有的普遍性，从而形成规律。但仅仅规律还不够，

[①] 《马克思恩格斯选集》第 4 卷，中共中央马克思恩格斯列宁斯大林著作编译局译，人民出版社 2001 年版，第 226 页。

规律仍然是经验性的，它还需要理性的证明，这就需要借助于数学。最终以数学的形式表达出的规律性，就构成了科学知识，而它们又可以为实践行为提供指导，进而产生新的"经验"。这个过程永不停止，从而造成科学的不断发展。这种科学观从达·芬奇、哥白尼处诞生，而后在开普勒、伽利略处成熟，在牛顿处系统化。

但"科学"作为一种认识论和一种行动，它得以可能是有存在论上的以下四个前提的。第一，承认自然界的客观性。自然界是自在的，是实在的，也是自为的。没有这个前提，"科学"就没有对象。第二，承认客观世界是规定性之和，是可以被理性所认识的。它的运动具有普遍性与规律性，这个前提保证了科学的认识结果具有普遍性。第三，经验认识是一切认识的起点，因而科学首先是一种经验性的认识。第四，理性的功能不可忽视，只有被证明的经验和数学化了的一般性才是科学。满足这些前提意味着科学本身要有一个存在论预设。这个预设需要满足以上诸种诉求，同时要求在把诸种诉求整合在一个体系中，因而这一预设也需要以哲学的形态被揭示出来。这种哲学就是近代的唯物主义哲学。

唯物主义哲学在近代至少承担着以下四个方面的任务：一是"理解自然"，从唯心论的主体性哲学中走出来；二是为以"科学"为核心的知识论进行存在论奠基；三是从认识论的角度描述"科学"这一行为的过程；四是解释人的精神活动，克服精神与物质的二元论。这种诉求与古典时期作为一种人生观的"唯物主义"已经有了巨大的区别，但近代人仍然用了 materialism 这个词，尽管会造成误解。近代唯物主义哲学早已把古典时期的唯物论扔在了后面，并且赋予了唯物主义全新的内涵。

这个内涵首先从存在论上确立了"物质"的一元论，以物质为世界的本体，然后力图把一元论贯彻到哲学的所有方面，法国的唯物主义者

第十章　从辩证唯物论到实践存在论：马克思主义的存在观及其对美学的影响

和费尔巴哈的哲学是这种努力的最初形态。

费尔巴哈在存在论上首先奠定了一个新方向：宗教和唯心主义哲学总是抽象出一个总体性的概念，然后把它作为实体，再从实体中推演出具体事物的存在，这构成了思辨哲学的一般思维路径。费尔巴哈认为，这个过程是颠倒的，应当从实存的东西得出存在的观念，一切存在都是具体事物的存在；不存在脱离了具体事物的"绝对存在"，这种绝对存在也不构成具体事物的根源。费尔巴哈显然是针对黑格尔提出这个观点的，他强调："黑格尔是从存在开始，也就是说，是从存在的概念或抽象的存在开始。为什么我就不能从存在本身，亦即从现实的存在开始呢？……感性的、个别的存在的实在性，对于我们来说是一个用我们的鲜血来打图章担保的真理。"[①]

一旦存在论以现实事物的存在为对象，或者说，以"存在者之在"为唯一的存在，这就意味着，经验现实的存在、自然界本身的存在，是"绝对存在"，它是自在的，是认识的对象与认识的内容。如果从存在论的历史来看，这个观点是亚里士多德以来的经验论者共同的信念。这就意味着，对任何一物的认识，就应当从经验观察开始，一物之存在的根本特性就在于其可以被感知。而感知的主体是活生生的人，因此费尔巴哈并没有从存在者之存在中抽象出一个普遍性的"物质"概念，而是转向了对于现实生活着的人的关注，并且上升为一句著名的口号："观察自然、观察人吧！在这里你可以看到哲学的秘密。"[②]

这句口号的魅力就在于，它要求哲学重新认识自然，认识人本身，同时要求哲学寻求二者间的统一。费尔巴哈留下了两个具有启示性的遗憾：一个遗憾是，从存在论的角度来说，他停留在感性事物的存在，没

[①]《费尔巴哈著作选集》上卷，荣振华、李金山译，商务印书馆1984年版，第51页。
[②] 同上书，第115页。

有去寻求更高的统一性。他没有抽象出"物质"概念,感性的个别事物和实存就是他理解的"存在"的全部内涵。他不打算把所有这些存在者当作一个整体,所以他无法描述出这个整体的运动,也无法解释精神性的内容与这个整体之间的关系。另一个遗憾是,从人本的角度来批判神学,这非常有力,但如何从人本的角度解释自然呢?他给出了这样一个启示性的回答:"直接从自然界产生的人,只是纯粹自然的本质,而不是人。人是人的作品,是文化、历史的产物。"① 费尔巴哈之后的哲学家从这句话中做出了大文章,但费尔巴哈并没有将"自然的人"与"社会历史的人"在理论上统一起来。这两个遗憾后来成为辩证唯物主义者着力解决的问题。

费尔巴哈的自然观仍然体现出了某种存在论上的新意:"我所理解的自然界是一切感性的力量、事物和存在物的总和,人把这些东西当作非人的东西而和自己区别开来……自然界对人来说就是作为人的生活的基础和对象而直接地感性地表现出来的。自然界就是光、电、磁性、空气、水、土、动物、植物、人……"② 这句话由于被列宁批注过而成为名言,也变成了唯物主义者建构"物质"概念时常引用的一句话。这句话解释了什么是"客观存在",而且确立了一种新的自然观:作为人的生活的基础与对象的自然。这意味着,自然是作为人的生活的需要而被理解了的,而不是作为自在之物而被理解的。这种人本主义自然观似乎预示着一个存在论上的转变:人才是存在问题的核心。

费尔巴哈把现实的存在作为"哲学"的唯一对象,因此他被冠以唯物主义者的称号。费尔巴哈的这一思想,以及他对客观存在的理解,他的人本主义、他的自然观,成为马克思主义者继承、批判与扬弃的对

---

① 《费尔巴哈著作选集》上卷,荣振华、李金山译,商务印书馆1984年版,第247页。
② 转引自全增嘏主编《西方哲学史》下册,上海人民出版社1985年版,第373页。

第十章　从辩证唯物论到实践存在论：马克思主义的存在观及其对美学的影响

象。费尔巴哈确实意识到了黑格尔以绝对精神为核心的形而上学体系相对于经验世界而言的"颠倒",但并没有颠倒其存在论。费尔巴哈并不是一位形而上学家,他没有建构出一个以"物质"为核心的存在论体系。他意识到了人的感性生活与自然的具体存在具有的哲学意义,以及人在文化的各个方面的主体性地位,但并没有将这些认识纳入一个思想体系中。他是个好的批判者,但并不是一个体系的建构者。

费尔巴哈的思想从存在论的角度来说有一个显著的问题:他把"存在"这个抽象概念落实到了"存在者"(beings)的层面,而把存在者又落实到"实存"(Existenz)上,这或许是一次存在论上的革命,或者说存在论的终结,但也构成了一种召唤——能否以"存在者"为基础,建构出新的存在论?

费尔巴哈的这些以人的感性生活与自然的感性存在为核心的世界观,成为对唯心主义和宗教神学的批判利器,尽管还不够完善与深刻,但足以引起一场存在论上的变革。对费尔巴哈的继承、批判与扬弃,构成了唯物主义哲学的主要手段,如马克思的《德意志意识形态》,第一部分《费尔巴哈》《关于费尔巴哈的提纲》,当然还有恩格斯的《路德维希·费尔巴哈与德国古典哲学的终结》一书。

费尔巴哈开辟的道路从两个方向被开拓:首先是以解释自然界与客观存在为核心的"辩证唯物主义"体系,其次是把社会历史和人都描述为一个物质生产过程和结果的"历史唯物主义"。

辩证唯物主义体系以对自然的认识为核心,把"自然"理解为一个自我发展着的系统,它处在不断的运动变化中,而运动本身具有规律性。黑格尔揭示出的思维的三大规律被引申为自然本身运动的规律:对立统一规律、否定之否定规律与量变质变规律。而自然界与所有客观存在又被抽象为一个更高的概念——"物质",这个概念被作为标示"客观实在"的存在论概念，从而建构出一个"辩证唯物主义"的存在论体系。而后，吸收费尔巴哈关于人是社会历史的产物的思想，把社会历史和人都描述为一个物质生产的过程与结果，形成"历史唯物主义"。

这个体系的产生最初来自对费尔巴哈思想的批判性继承，然后吸收黑格尔的辩证法思想，成为系统。其中，最核心的部分是"物质"这个概念的本体化过程。"物质"概念就其哲学史的渊源而言，有以下四个来源：最直接的来源是古希腊哲学中的"质料"概念。"质料"本质上是抽象出来的"存在"的无规定性状态，是形式与属性的承载者，其英文是 matter，近代的"物质"概念也用这个词。其次是近代哲学家的"广延"概念，指"实存"对空间的占有。再次是古代的单子论以及莱布尼茨的单子论。单子是作为"一"的实体，而这个实体的存在形态又是"多"，是"多"与"一"的统一，是抽象出来的一切存在者的统一性。最后一个来源是费尔巴哈的"感性自然"，是一切感性的力量、事物和存在物的总和。

这些概念的共性是都指称着作为人的意识之对象的"实在"，是一切实在物的构成性的因素，都具有"客观实在性"，它们是非精神性的。沿着这样一种思维，马克思主义者们在强调对自然的认识，强调知识的经验性来源的时候，非常乐于强调这种"实在性"与"客观性"，以及它们之可以被感性经验到的"经验性"，这正是经验科学需要的，也是近代知识学的基础。这或许能解释为什么费尔巴哈会成为一个接受与批判的重点。

所有这些内涵应当被涵盖在一个概念之下，并且被贯彻到文化的每一个方面，这是思想的体系性要求。这一点费尔巴哈没有做到，马克思本人也没有去做，而是由恩格斯和列宁完成了这一体系。

恩格斯按照费尔巴哈的思路，把"存在者"归结为"存在"，把

第十章 从辩证唯物论到实践存在论：马克思主义的存在观及其对美学的影响

"存在"等同为"物质存在""客观存在"或"自然界"，并且坚持了费尔巴哈的基本思想：实存是第一性的，思维是第二性的。按这个思想，恩格斯给出了划分唯物主义与唯心主义的尺度。显然，恩格斯认同了黑格尔关于思维和存在的关系问题是哲学史上的基本问题的说法。但是，恩格斯仅仅是在存在者层次上讨论存在问题，他只承认自然存在，而黑格尔的"存在"却是一切存在者之"在"的问题。严格地说，思维只是存在的一种形态，根本达不到与存在比肩而立的程度，逻辑上思维低一个层次。但恩格斯把二者拉平了。更麻烦的是，唯心主义哲学是对我们"经验到的世界"的解释，而不是对客观世界的解释，后者是唯物主义做的工作，二者是并行的，但并不矛盾。恩格斯给出的"对立"不应当是否定性的对立，而应是平行性的对立。但恩格斯在存在论上只承认"客观实存"，并以客观实存为对象，同时作为存在论的中心，建构出涵盖"自然"与"一切客观存在"的存在论体系。为此，他使用了一个概念——"物质"。

什么是"物质"？"实物、物质无非是各种实物的总和，而这个概念就是从这一总和中抽象出来的"①"当我们把各种有形地存在着的事物概括在物质这一概念下的时候，我们是把它们的质的差异撇开了，因此，物质本身和各种特定的实存的物质不同，它不是感性地存在着的东西。"②把实存的总和概括为一个概念，并且抽象为质的同一性，这揭示了物质概念的本源，而这种判断某种程度上被现代物理学证实了。物质因而成为所有实存之物的"本体"。现在的问题是，如果物质是实存世界的本体，如何解释人的精神活动？

---

① 《马克思恩格斯选集》第3卷，中共中央马克思恩格斯列宁斯大林著作编译局译，人民出版社1972年版，第556页。
② 《马克思恩格斯全集》第20卷，中共中央马克思恩格斯列宁斯大林著作编译局译，人民出版社1974年版，第598页。

"我们自己所属的物质的、可以感知的世界,是唯一现实的;而我们的意识和思维,不论它看起来是多么超感觉的,总是物质的、肉体的器官即人脑的产物。物质不是精神的产物,而精神却是物质的最高产物。"① 这正是法国的机械唯物主义和费尔巴哈止步的地方,一旦能够用物质来解释思维或者精神活动的性质,那么思维与存在的二元论就可以被克服了,而认识到精神是物质的产物这一观念,得到了三个决定性发现的强力推动:细胞、能量转换和进化论。由此,物质的一元论可以作为存在论的核心而进行存在论重构,这一重构最终完成了这样一个体系:

世界是物质的,可感的物质世界是唯一的现实。精神本身也是物质性的,是物质产物。物质本身处在一个运动发展的过程中,自然界处在一个永恒的运动中。这就使得辩证法不仅是思维的存在状态与过程,而且是自然的存在状态与发展过程。这个过程遵循着一些普遍规律,这些规律可以被科学所认识,并且可以成为生产与实践的指引。

这种以物质为核心的存在论,不仅仅是对自然界的存在,也是对一切社会存在的存在论奠基。人类社会有其物质基础,也有自己的发展史和自己的科学。因而,历史科学和哲学科学——关于社会的科学(这是恩格斯的说法),就可以和唯物主义结合起来,而这是机械唯物主义与费尔巴哈达不到的。

这样一种物质一元论的本体论重构是由恩格斯完成的。物质一元论继承了费尔巴哈,但被彻底化了,同时吸收了黑格尔的辩证法。当然,最重要的还是对于近代科学发展的积极吸收,使得唯物主义从机械唯物主义和形而上学唯物主义走出来,成为辩证唯物主义,从而在解释自然

---

① 《马克思恩格斯选集》第 4 卷,中共中央马克思恩格斯列宁斯大林著作编译局译,人民出版社 2001 年版,第 227 页。

第十章 从辩证唯物论到实践存在论：马克思主义的存在观及其对美学的影响

界的存在、认识一切客观存在时，达到世界观与方法论相统一的状态。用恩格斯的话来说："世界的真正的统一性是在于它的物质性，而这种物质性不是魔术师的三两句话所能证明的，而是由哲学和自然科学的长期的和持续的发展来证明的。"① 而在社会历史领域中，马克思从物质生产的角度建构社会历史的本质与过程，把唯物论贯彻到社会历史领域，贯彻到对社会存在的解释，从而实现了唯物主义在历史与自然两个方面的统一。

物质一元论的存在论在经过马克思之后的马克思主义者们不断完善后，形成了一个将辩证唯物主义和历史唯物主义统一起来的体系。恩格斯进行了最初的体系化建设，普列汉诺夫、列宁、斯大林、毛泽东、卢卡奇等思想家都为这个体系的完善做出了理论贡献。特别是列宁，他对于"物质"的定义后来成为这套唯物主义存在论的核心观念，他给"物质"下了这样一个定义："物质是标志客观实在的哲学范畴，这种客观实在是人通过感觉感知的，它不依赖于我们的感觉而存在，为我们的感觉所复写、摄影、反映。"②

列宁把物质直接界定为"客观实在"，客观实在的性质在于它是感性实存，它可被认识。这个命题本质上是从存在论的角度对外部世界或者说经验世界、自然界的肯定，他要强调客观实在对于意识的独立性。这个命题如同恩格斯的判断一样，都是出于对唯心主义的辨析。但对于唯心主义的褊狭的认识使得理论的焦点成为"世界是物质的还是精神的"这样一个缺乏哲学史基础的问题。唯心主义关注的是被我们"经验到的世界"，而唯物主义关注的是外部世界或者"自然"；一个是对"自

---

① 《马克思恩格斯选集》第3卷，中共中央马克思恩格斯列宁斯大林著作编译局译，人民出版社1972年版，第83页。
② 《列宁选集》第2卷，中共中央马克思恩格斯列宁斯大林著作编译局译，人民出版社1995年版，第147页。

然"的研究（唯物主义），一个是对"被认识到的对象"的研究；前者基于一种对对象的客观的合目的性的研究，后者是从"观念"的角度对"经验世界"的研究，是一种主观的合目的性研究；前者为科学奠基，后者为人文学科奠基。

两种本身是并行着的思想被拧到了"思维"与"存在"孰先孰后的问题上。这个问题是费尔巴哈提出的，但他斗争的对象是神学，物质本体论和神学之间确实是对立的，在这个斗争中费尔巴哈的唯物论显然胜利了。但当费尔巴哈把矛头指向黑格尔的唯心论时，他先误判了唯心论，以为唯心论像神学一样否认物质世界的在先性和实在性。但唯心主义并不认为思维在时间上是先于存在的，这是它和神学不一样的地方。唯心主义只是谋求从观念的角度解释被我们所认识到的世界，因而刻意强调"物质"的存在先于"意识"，刻意强调思维与存在的关系是哲学的基本问题，显然有不当之处。但是就其为"科学"这样一种认识方法奠基而言，唯物论取得了彻底的胜利。

科学需要明确的对象，因而对认识对象的存在论预设就是不以人的意志为转移的"客观存在"；科学需要发现运动与事物构成的"一般性"，因而"物质"相比与"质料"与"广延"，其根本内涵不在于客观性，而在于"物质"是规定性之和，而质料与广延除了是实存，实际上是"无规定性"的。更重要的是，物质构成了世界的统一性，而要解释世界的多样性，就必须在存在论上肯定"运动"，并且以"物质"的运动解释物质世界的多样性，这就使得唯物论必须和辩证法结合起来才能获得体系上的完善性和彻底性。

就科学这样一种认识方法而言，唯物的一元存在论是成功的，而且，科学的新发展给予了唯物论极大的推动，二者之间形成了辩证发展。辩证唯物主义的成功对于包括美学在内的人文学科都产生了重大影

第十章　从辩证唯物论到实践存在论：马克思主义的存在观及其对美学的影响

响——对客观性的追求，对必然性的追求，由唯物反映论决定的思维模式，物质生产对精神生产的制约性与引导性作用，这些观念促成了在人文学科中普遍产生"马克思主义××学"。当然也包括马克思主义美学。

辩证唯物主义作为一种存在论，它对美学的影响不仅仅是被标示为"马克思主义美学"的那一套理论体系，更重要的是一种研究美与艺术的方法，这个方法由以下四个部分构成。

第一，对客观存在的肯定构成了一种思维模式：只有客观的才是真实的，一切观念性的因素总有其客观的原因或者客观的对象。这就呼应了美学史中的客观论传统。比如，相信美是事物的某一些客观属性，如色彩、线条与结构的某种规定性或者事物的有机整体性等。同时产生了一个独特的美学命题：美是客观的。将事物存在的某种状态或者某种规定性作为美的原因，以科学的方式来掌握这种原因，这构成了美学中的一种科学主义倾向。这种倾向要么相信美是事物的一种客观属性，要么相信审美是大脑的一种机能活动。按马克思主义经典作家的说法，唯心与唯物的两分法除了学术意义没有更多的意义，但实际上是两分法构成了意识形态斗争的根据。当唯心论成为一种"罪名"时，审美上的客观论就成了一种"必然"。

第二，唯物反映论决定了思维及其内容都是对客观实在的反映，因此，审美活动也是一种认识世界的方式，并且服从认识的一般规律。认识对象是什么和认识对象包含的价值，即对对象的"真"的判断与"善"的判断，作为认识的一般内容，是审美的前提；美是对二者的结果进行形象化的传达。这与康德奠定的非功利性的直观美学相违背，但不失为一种独立的审美观。这种审美观强调"真""善""美"的统一，把对象之"真实"的认识与对象的准确的价值判断结合起来，并且以恰当的形象把这种认识表现出来，这形成了美学中的"典型理论"。这种理论本质上是一种认识论，把对对象的"正确的认识"通过艺术的形式表现出来，作为审美与艺术的本质。以此为基础，对社会的一般状态的认识，对社会发展趋势的认识与表现，对某种价值观的认识表现，成为审美认识的内容。对对象的"正确的认识"与对对象的"真实的反映"二种认识论要求由于表现出某种"客观性"，因而被上升为审美的基本内涵。

这种观念奠定了"内容美学"的主导观念。客观世界是有待去描述与研究的对象，审美就是发现对象之"真"。这造成了文学中的"现实主义"观念与艺术创造中的"写实主义"传统。或者说，物质第一性的存在论以及建立在它基础上的辩证唯物论为"美"与"真实"奠定了存在论基础。尽管美学中的"镜子说"或者"模仿自然"之类的观念或许早就表达了艺术与审美是对"自然之真"的呈现，但如果不能在存在论上肯定客观世界的存在，那么这种理论就是无根的。

第三，物质生产决定精神生产，审美与艺术是物质生产的附属产品。这是由物质第一性衍生出来的观念，既然物质先于精神，那么物质生产就先于精神生产，而物质生产的形态就是"劳动实践"，因此劳动被赋予了特殊的意味。一切精神活动包括精神自身，都是在劳动中生成的，甚至人本身都是在劳动中成为人的。因此，马克思主义的美学力求从社会劳动的历史中探索艺术、审美的起源与发展，并且把劳动的形式的发展与审美的形式的演进结合起来、"艺术起源于劳动""劳动创造美"，这些命题的提出为审美起源给出了一种更加现实和具体的解释，但它们只有放在物质生产对精神生产的奠基性作用中才可能被理解。

第四，社会存在决定社会意识，这是唯物存在论的必然推断。这个推断决定了属于社会意识的部分只有在具体的社会存在中才能被理解。

第十章　从辩证唯物论到实践存在论：马克思主义的存在观及其对美学的影响

社会意识无比复杂，但马克思主义者相信诸种社会意识都是具体的社会存在的投影。结果，马克思主义的文艺理论家与艺术理论家在进行文艺研究时，都进行着一种"还原"：只有当文本被还原到它反映的社会存在时，对文本的认识才完成。这极大地改变了对于"审美"的认识：康德奠定的非功利性的直观美学被一种反思与价值体认的观看所代替，从而让审美成为介入社会的一种手段。同时在还原"社会存在"时，一个时代的由物质生产决定的一般社会情况，特别是生产关系决定的阶级关系，成为文本解读最主要的对象。这就势必把意识形态引入文本解读来。当然，由于劳动在物质生产中的决定性作用，劳动者具有价值化上的核心地位。马克思主义美学一开始就有强烈的倾向性与价值色彩，这是它的特色。

这样一套马克思主义美学和"马克思主义哲学"，都是由马克思之后的马克思主义理论家建构出来的。马克思和恩格斯（简称"马恩"）在他们浩瀚的著作中涉及艺术与审美的散论被提取出来进行系统化，而系统本身是按照唯物一元论的存在论体系来建构的，马恩的散论被填充到这个"体系"中，形成了体系化的马克思主义美学。这个体系最先由俄国的共产主义先驱普列汉诺夫奠基，而后经过苏联的政治家和美学家完善，成为教科书中的"美学"，最终被各社会主义国家普遍接受。

然而，辩证唯物主义作为一种存在论，以及建立在它之上的科学，对人的存在，以及诸种"属人的存在"，缺乏解释与指引能力。人应当是"科学"的"目的""自然"的"目的"，辩证唯物论无法在存在论的高度给出以人为目的的世界观，而且把"人的存在"与"客观存在"对立了起来。蔽于物而不见人，或如唯心主义批判的"马克思主义的人学空场"，的确是个问题。列宁曾说："唯物主义的基本前提是承认外部世界，承认物在我们的意识之外并且不依赖于我们的意识而存在着"①，但问题是，除了某些神学家，哪种思想不承认外部世界的存在呢？即使唯心主义也只是试图解释外部世界，而不是取消外部世界的客观性。这对于存在论来说是不完善的，完善的存在论不仅应当解释客观世界的存在，还应当解释属人的世界。

这套辩证唯物主义的存在论并不是对马克思思想的唯一解读方式，也不是建构马克思主义哲学的唯一方式。

马克思本人没有体系化的哲学著作，因而在对马克思的思想进行体系化建构的时候，理论家们通过对马克思著作显微阐幽式的阅读产生了另一种想法——以实践为中心重构马克思思想的体系！这种重构最初来自苏联的哲学家，用了另一个概念来命名马克思主义哲学——"实践唯物主义"。

这个概念源自马克思本人在其哲学著作中对"实践"的强调。在此基础上，马克思主义的哲学史家创造出了"实践唯物主义"这个词。在《德意志意识形态》中马克思有这样一个表述："对实践的唯物主义者即共产主义者来说，全部问题都在于使现存世界革命化，实际地反对并改变现存的事物。"对这句话的理解引起了无数争论："实践的唯物主义者"的意思是说这些唯物主义者重视革命实践在实现共产主义过程中的作用，而不是说实践活动在共产主义者的哲学理论中有什么特殊的意义——这是辩证唯物主义者对这句话做的字面上的解释。但是如果把这句话的后半部分与《关于费尔巴哈的提纲》中的那些名言结合在一起，那么就可以发现，马克思强调应该从人、主体性、人的实践活动出发解释现实世界和改变现存的事物。

---

① 《列宁全集》第18卷，中共中央马克思恩格斯列宁斯大林著作编译局译，人民出版社1988年版，第79页。

第十章 从辩证唯物论到实践存在论：马克思主义的存在观及其对美学的影响

从前的一切唯物主义（包括费尔巴哈的唯物主义）的主要缺点是：对对象、现实、感性，只是从客体的或者直观的形式去理解，而不是把它们当作感性的人的活动，当作实践去理解，不是从主体方面去理解。

人的思维是否具有客观的真理性，这并不是一个理论的问题，而是一个实践的问题。人应该在实践中证明自己思维的真理性，及自己思维的现实性和力量，亦即自己思维的此岸性。关于离开实践的思维是否具有现实性的争论，是一个纯粹经院哲学的问题。

社会生活在本质上是实践的。凡是把理论导致神秘主义方面去的神秘东西，都能在人的实践中以及对这个实践的理解中得到合理的解决。

哲学家们只是用不同的方式解释世界，而问题在于改变世界。①

这些话是对费尔巴哈的批判。批判的建设意义在于，从实践的角度来解释现实世界，这才是马克思的唯物论与旧唯物论不同的地方。

"实践的"一词的确是共产主义者的唯物主义世界观的特点。但这个特点究竟是什么意义上的"特点"？实践和唯物主义之间是什么关系？确立这个概念的人并没有从存在论上思考这个问题。从存在论上来说，这个名词本身仍然是"唯物主义"，但并不是研究"物质"自身的"辩证"发展，而是研究作为一种人的物质生产活动的"实践"的意义。这种关于马克思主义哲学之中心的转换，从马克思本人的文本之中可以得到佐证。

按《德意志意识形态》的观点，实践唯物主义就是要在思辨终止的

---

① 以上引文皆引自《关于费尔巴哈的提纲》。

地方,"描述人们实践活动和实际发展过程"①。因而,马克思主义作为实践唯物主义,它的研究对象就是人类实践活动,其首要任务就是揭示人类实践活动的一般规律与意义。在这个判断的基础上,马克思主义的哲学史家们开始以"实践"为中心建构唯物主义世界观。

"实践唯物主义"在理论上上升不到存在论的高度,它本质上是唯物主义,强调唯物的一元论。或者说,唯物主义,即客观世界的实在性以及这个实在的世界对人的生存与发展的前提性意义,是被作为背景而预设的,实践唯物主义关注的是人的以物质生产活动为中心的"实践活动"。实践唯物主义从"实践"的角度来研究一切社会存在的发生与发展,以对"实践"的意义为尺度研究一切社会存在的意义与价值。实践唯物主义的针对性在于:辩证唯物主义强调的唯物一元论与人的主体性之间,缺乏必然联系,物质自身的运动发展与社会自然的存在与发展是割裂开的;在解释"自然辩证法"时,唯物一元论是彻底的,但是在解释社会存在时,唯物一元论无效。这实际上构成了马克思主义理论家以实践为中心建构"实践唯物主义"的理论动力。这一动力在《德意志意识形态》和《关于费尔巴哈的提纲》以及《1844年经济学哲学手稿》(以下简称《手稿》)中得到文本支持。由恩格斯诠释的"辩证唯物主义"的一元论,转变为以"从事实际活动的人"为出发点的,以改变世界、"使现存世界革命化"为目的的思想体系。普列汉诺夫说:"行动(人们在社会生产过程中的合规律的活动)向辩证唯物主义者说明社会人的理性的历史发展。全部他的实践哲学归结为行动。辩证唯物主义是行动的哲学。"② 这个判断是对的,但"辩证唯物主义"这个术语不算

---

① 《马克思恩格斯选集》第4卷,中共中央马克思恩格斯列宁斯大林著作编译局译,人民出版社2001年版,第31页。
② [俄]普列汉诺夫:《普列汉诺夫哲学著作选集》第1卷,生活·读书·新知三联书店1959年版,第769页。

第十章　从辩证唯物论到实践存在论：马克思主义的存在观及其对美学的影响

好，"实践唯物主义"这个术语能更好地表达这层意思。更重要的是，这个体系更容易和"历史唯物主义"结合在一起，把社会历史的演进与人的物质性的生产实践结合起来，这实际上夯实了历史唯物主义。

用"实践唯物主义"还有一个显见的好处——费尔巴哈的唯物主义思想中的"人道主义"的成分被合理地吸收了，人作为实践的主体，成为尺度，成为目的。按照马克思的观点，实践首先是人以自身的生存与发展而引发的人与自然之间的物质交换过程；而后这一过程及其结果以"经验"的形式成为实践者的"观念"，并最终成为指导实践的知识体系。这个过程造成了"自然的人化"和"人的人化"，"整个所谓世界历史不外是人通过人的劳动而诞生的过程，是自然界对人说来的生成过程"[1]。这一过程也是人与自然之间的辩证运动的过程，实践不断地改造、创造着现存世界，同时不断地改造、创造着人本身。作为人的存在方式和本质活动，实践当然体现着人的内在尺度以及对现存世界的批判性，包含着人的自我发展。

以实践为中心建构出的唯物主义，通过对人的实践活动及其意义深入而全面的剖析，使唯物主义和人的主体性统一起来了，唯物主义和辩证法因此也结合起来了。这对于哲学史来说，是一次巨大的进步。辩证唯物主义从某种意义上说还具有"形而上学性"，把"物质"如果改写成"绝对精神"或者"上帝"，它的体系仍然有效，它是黑格尔开创的辩证的形而上学的一个翻版。但实践唯物主义则完全走出了形而上学，决定性的因素不再是客观存在自身，而是人的劳动实践，唯心主义在认识论上让世界成为属于人的，而实践的唯物主义则在现实层面上让世界成为属人的。

---

[1] 《马克思恩格斯全集》第42卷，中共中央马克思恩格斯列宁斯大林著作编译局译，人民出版社1974年版，第131页。

"存在"之链上的美学

实践唯物主义在美学上的影响在于,《手稿》表达了"劳动创造美""自然人化""人的感官的人化""人是劳动实践的产物""人按照美的规律创造"等命题,以及一切社会存在是在劳动实践中生成的这一首要原理,成为马克思主义美学的核心观念,在解释美与艺术的起源时劳动实践学说取得了巨大的成就。普列汉诺夫在《没有地址的信》中首先贯彻了这一点并完成了理论创造。其次,"五官的人化"这一思想,对于美感的本质性界说,具有重大的意义。这一观念使得美学家们可以把美感的诞生还原到劳动实践的过程中,把美感当作劳动中人与劳动工具、与劳动对象辩证运动的结果,把劳动中形成的形式感与劳动中的自我肯定作为美感的本源,把美感拉出神秘主义的泥淖。

在关于美的本质建构中,后来的马克思主义抓住劳动创造美这一命题,把它和"人的本质是自由自觉的创造"结合起来,以人在劳动实践中与劳动对象的辩证发展为基础,提出"美是人的本质力量对象化的确证",这个命题是实践唯物主义在美学上的最重要的成果。同时,物质生产与精神生产之间的平衡性与不平衡性,也是马克思主义者建构艺术史观,美学史观的基本观念。

总体说来,"实践唯物主义"显然要比"辩证唯物主义"能更合理地解释审美与艺术的所有问题。

但实践唯物主义的理论体系,仍然有可深入之处。实践唯物主义在存在论上仍然坚持唯物一元论,但物质一元论似乎在这个体系中是作为背景而出现的,理论家们更倾向于认为马克思思想体系的存在论基础是"实践本体论"。问题是,"实践"怎么能够成为"本体"?这需要重新诠释"本体",也需要重新诠释"实践"。物质本体是可以理解的,这是欧洲哲学的传统之一,但要把"实践"这一"活动"作为"本体",就需要说明:它是谁的本体;"活动"的非实体性怎么能够

第十章　从辩证唯物论到实践存在论：马克思主义的存在观及其对美学的影响

成为"本体"。在"辩证唯物主义"体系中，实践是一个认识论概念，是一种获得经验与知识的方式，也是一种检验认识的真理性的方式。但在"实践唯物主义"之中，实践成为一切社会存在之所以产生与发展的原因。也是人自身产生与发展的原因，在这里确实有一种"存在论"的意味，但不是"本体论"的。而且，实践唯物主义解释的对象，不是自然存在，而是以人为中心的社会存在，以及一切自然存在对于人的意义。

放眼整个西方思想史，这确实是一次巨大的理论进步，恩格斯在《路德维希·费尔巴哈和德国古典哲学的终结》中把他和马克思的思想称作"在劳动发展史中找到了理解全部社会史的锁钥的新派别"。这也的确是一种新唯物主义，但还不止于此，似乎有一种存在论上的新的观念在这里诞生了。

辩证唯物主义作为唯物一元论，确实在存在论上为科学起到了奠基作用。但是强调客观世界的在先性，强调"物质"自身的运动是整个世界的原因，这无非是把唯心主义做了个"颠倒"，在存在论上这不是一次前进，而是一次重复。关于"物质"这个抽象出来的概念，费尔巴哈和马克思并没有做这样的"抽象"。这一抽象本质上是一次形而上学化，一旦形而上学化，就会把这个作为形而上学最高概念的"物质"归结为"最终因"。辩证唯物主义这套系统没有体现出对于形而上学的突破，实质上是以物质为中心的形而上学。

设定"物质"相对于认识的在先性，本身是一个理论上的漏洞，而这个漏洞是马克思本人指出的："被抽象地理解的，自为的，被确定为与人分隔开来的自然界，对人来说也是无。"[1] 这里所说的"被抽

---

[1] 马克思：《1844年经济学哲学手稿》，中共中央马克思恩格斯列宁斯大林劳动条件和编译局，人民出版社2000年版，第116页。

象地理解的""与人分隔开来的自然界",不正是辩证唯物论者念念不忘的在人类社会出现之前的原始自然界吗?然而,马克思恰恰把这样的自然界归结为"无"。当然,马克思并不是说这样的自然界是不存在的,而是说这种与人无关的物质在新哲学中是毫无意义的,因为新哲学关注的是人类社会,是决定人类社会产生和发展的原因和规律。至于那种脱离开人类世界的自然界是否存在,则只是一个陈旧的形而上学问题。

更重要的是,我们把物质第一性当作马克思主义的绝对真理,却没有去追问一下:物质观念是哪里来的?运动的观念是如何产生的?这样一套"马克思主义哲学"似乎与德国古典形而上学没有本质的区别。唯一的区别就在于:在黑格尔那里,"绝对精神"在运动中呈现为整个世界历史,而在这一套体系中,是"物质"在运动中呈现为世界历史。把"物质"绝对化与神秘化和把"精神"绝对化、神秘化一样荒谬,尽管物质取代了精神在形而上学体系中的核心地位,可形而上学体系和思维方式却没有变。世界是物质的这没有错,物质的第一性也没有人怀疑,问题是,我们怎么知道世界是物质的?这一套马克思主义哲学体系实际上把马克思重新弄回到被马克思批判的费尔巴哈的唯物观中。费尔巴哈的唯物主义的"主要缺点是:对对象、现实、感性,只是从客体的或者直观的形式去理解,而不是把它们当作感性的人的活动;当作实践去理解,不是从主体方面去理解"。在这一套体系中,我们不是从感性的人的活动,从主体方面去理解物质,而是从物质的角度去理解人,从而形成了这样一套体系:物质处在自身运动之中,运动着的物质在实践这一物质活动中被反映与摹写,从而成为意识的内容。这在逻辑上就是"物质—实践—精神"这样一种体系。在这个体系中,物质及其运动是无条件的绝对;实践是认识这一绝对的手段,是认识论范畴,也是精神具有

第十章　从辩证唯物论到实践存在论：马克思主义的存在观及其对美学的影响

物质性的原因。在这个体系中，以实践为中轴，思维与存在的两极对立被颠倒了过来，但仅仅是颠倒，唯心主义和旧唯物主义在思维与存在两极对立中思考问题的片面性并没有被克服和超越。而且在这个体系中，我们没有办法理解马克思强调的"从主体方面去理解"。问题出在我们究竟应当从实践的角度去看物质，还是从物质的角度去看实践？

在这个问题上，实践唯物主义仍然坚持从物质的角度看实践，但又意识到了实践对于社会存在的"在先性"，因此，它采取了一种暧昧的手段来解释物质与实践的关系：物质是第一存在，但实践对于属人的社会存在具有在先性，调和二者的方式是——"实践"是物质性的。

辩证唯物主义和实践唯物主义实际上是"本体论思维"的结果。这种思维以寻求世界的统一性和确定性为自己的理论目的，同时要在统一性与确定性的前提下解释世界的多样性。对确定性的追求就使得本体论一定要从活生生的、多样化的现实世界中抽象出确定的、单一的"质"来，却又不得不让本体具有活动性，物活论和"隐德莱希"这样的观念就诞生了，旧唯物主义关于物质第一性和运动绝对性的设定就是这样出来的。而在实践唯物主义中，实践承担起了解释本体的活动性的任务，但实践后于物质，从而不具有本体论地位。

辩证唯物主义与实践唯物主义在存在论上的不彻底性与保守性与马克思本人的思想似乎还有一些差异。这两种思想对于马克思主义的建构仍然没有摆脱形而上学的影响，而实践概念包含的更深的存在论意味似乎还是没有被凸显出来，因而产生了对于马克思思想的第三种诠释——实践存在论。

对于20世纪的马克思主义者来说，如何摆脱本体论思维，如何走出二元对立，这是一个紧迫的问题（这个问题之所以产生，源自海德格尔，我们将在下一章中详述），而马克思本人的思想似乎对于回答这两

· 303 ·

个问题能够提供一些决定性的启示,特别是马克思关于实践的观点。这些观点因而以此为目的被再次系统化。

马克思本人是反对本体论思维的,他对实践的强调体现出一种更深刻的"存在论意义"。20世纪的哲学家海德格尔说过这样一段话:

> 综观整个哲学史,柏拉图的思想以有所变化的形态始终起着决定性的作用。形而上学就是柏拉图主义。尼采把他自己的哲学标示为颠倒了的柏拉图主义。随着这一已经由卡尔·马克思完成了的对形而上学的颠倒,哲学达到了最极端的可能性。[①]

对形而上学的颠倒,其核心就是对 Ontology 的"颠倒"。问题是,颠倒不是消解,颠倒之后的存在论,仍然是存在论,仍然需要回答"存在"问题。问题在于,为什么需要把"存在论"进行颠倒?

以本体论为主要形态的存在论("本体论"与"存在论"这两个词在西语中是同一个词,译名不同,而其代表的思想方法也不同,下一章中将重点分析)有一些致命的缺陷(也将在下一章中展开),马克思的实践观作为其思想的核心部分,正是作为颠倒了的存在论而对实体性的本体论思维产生了积极影响。

实践范畴是马克思历史唯物主义的核心范畴之一,而历史唯物主义则是马克思主义哲学的核心所在,因而实践范畴是马克思主义的基石,而这块"基石"的根本意义就在于,它在"存在论"上有了革命性的发展。但麻烦的是,马克思在一种很宽泛的意义上使用"实践"一词,他从来没有给"实践"下过定义,有时候是在一种日常语境下使用这个词,但真正值得深究的是他在哲学层面上对这个词的使用。

---

① [德]海德格尔:《海德格尔选集》,孙周兴选编,上海三联书店1996年版,第1244页。

第十章　从辩证唯物论到实践存在论：马克思主义的存在观及其对美学的影响

实践概念在本源处，特别是亚里士多德处，其主旨在于通过一种主体的"行为"，使得对象达到合目的性的状态，同时使主体实现自身的目的，因而这个词主要在"实践理性"领域中，也就是在伦理与道德领域中被应用。

在《尼各马可伦理学》中，亚里士多德把人的行为分为理论（theoria）、生产（poiesis）和实践（praxis）三种。三者的区别在于，"生产"这种行为的"目的"是外在于主体的，是被给定的；而"实践"（πραξις，praxis）是自身设定的目的的实现；"理论"则以个人沉思的形态追寻真理。实践这个概念在本义上指主观目的在人的行为中的实现，类似于中国人所说的"践行"——有一个观念性的目的或理想，在"行为"中呈现它，或者让它成为"行为"的原则。在这个意义上实践的最初含义主要是在伦理学与政治学领域。

就这个概念在哲学史中的发展来看，其内涵逐步拓展为：作为一种行为，实践被看作与理论（认识）相对的人的"做"（制作）、行为、行动、生活、活动等，即认识（理论）的应用和实现以及对现实世界的改变。这集中地体现在黑格尔的实践观中。

在马克思的语境中，实践总是和"劳动"这一人类行为结合起来，这构成了它的最主要的与最基本的内涵，但也没有将实践的含义仅仅局限于单纯的物质生产劳动。从某种意义上说，马克思扩大了实践的内涵，把它从一个伦理学概念转化为一个关于主体以自身的生存与发展为目的的生产性行为，被亚里士多德分裂开的生产、理论与实践被马克思统一在一起。实践既是一种生产行为，也是一种认知行为，同时是一种合目的性的践行。它是理论的实现，是需要的实现以及观念的实现的手段，只有通过实践，观念、需要与理论才得以实现自身、确认自身。实践的这种功能马克思曾经进行过哲学化的解释。

马克思通过把实践概念与理论概念相比较，进行了这样一番论述："理论的对立本身的解决，只有通过实践方式，只有借助于人的实践力量，才是可能的；因此，这种对立的解决绝不只是认识的任务，而是一个现实生活的任务，而哲学未能解决这个任务，正因为哲学把这仅仅看作理论的任务。"① 这里强调了实践作为一种手段，目的是解决理论与现实之间的对立，把现实理论化，另一方面是把理论现实化。

在另一个著名论述中，马克思对实践概念有了比较明确的意义界定。他说，"劳动这种生命活动、这种生产生活"是"产生生命的生活""而人的类特性恰恰就是自由的自觉的活动"，正是"有意识的生命活动把人同动物的生命活动直接区别开来"；劳动是对象性的，人"自己的生活对他是对象。仅仅由于这一点，他的活动产生自由的活动"；"通过实践创造对象世界""正是在改造对象世界中，人才真正地证明自己是类存在物。这种生产是人的能动的类生活。……因此，劳动的对象是人的类生活的对象化：人不仅像在意识中那样理智地复现自己，而且能动地、现实地复现自己，从而在他所创造的世界中直观自身"②。毫无疑问，这里的劳动主要是指物质生产劳动，这是马克思实践概念的最基本含义，也是马克思实践观之所以直接通向唯物史观的根本原因。在这段文字中，通过"实践创造对象世界"这个命题，对象世界的存在是实践的结果；通过劳动实践生产生命这个命题，人的存在成为实践的结果。这两个命题的深义在于：实践不再是手段，而成了原因与前提！——这显然是一种存在论高度的哲学思维。

这种存在论思维在马克思的实践理论中从如下两个方面展开。

---

① 《马克思恩格斯全集》第42卷，中共中央马克思恩格斯列宁斯大林著作编译局译，人民出版社1974年版，第127页。

② 同上书，第96—97页。

第十章 从辩证唯物论到实践存在论：马克思主义的存在观及其对美学的影响

首先，马克思的实践观改变了传统本体论追问存在问题的方式。传统本体论将存在视为自明的，或者如海德格尔所说是将存在问题遗忘了，进而以内省或思辨的方式确立一个不可怀疑的极点，也就是存在者之存在的根据（如实体、上帝、绝对等），这个"根据"实质上是"本质"而不是"存在"，然后以演绎的方式展开这个根据的内涵。而马克思认为，"存在者"之"存在"不是自明的，事物的存在是其显现出的存在，事物的存在只有在人类的劳动实践中才显现出来。在《德意志意识形态》中，马恩在批评费尔巴哈的直观的人类学的唯物主义时做了这样的表述："这种活动、这种连续不断的感性劳动和创造、这种生产，正是整个现存的感性世界的基础，它哪怕只中断一年，费尔巴哈就会看到，不仅在自然界将发生巨大的变化，而且整个人类世界以及他自己的直观能力，甚至他本身的存在也会很快就没有了。"[①] 这清楚地说明，现存感性世界的基础是感性劳动和生产，即实践。只有在实践中，整个感性世界，包括人和自然界的如此这般的存在，才显现出来。倘若劳动实践一旦中断，"整个人类世界"包括每个个人都将不复存在。可见，劳动实践是人和世界存在的前提，人的存在和世界的存在不是自明的。这是马克思实践观的存在论维度的核心内涵。

马克思还明确指出，人类生活的现实感性世界不是外在于人或与人无关的，现成的、从来就有的，"不是某种开天辟地以来就直接存在的，始终如一的东西，而是工业和社会状况的产物，是历史的产物，是世世代代活动的结果。……甚至连最简单的'感性确定性'的对象也只是由于社会发展、由于工业和商业交往才提供给他的"[②]。换言

[①]《马克思恩格斯选集》第1卷，中共中央马克思恩格斯列宁斯大林著作编译局译，人民出版社1995年版，第77页。

[②] 同上书，第76页。

之，人生存于其中的现实世界乃是人的社会实践的产物。其实，不单单是人创造的生活世界的存在是这样，自然界的存在也只有作为属人的存在才具有现实性，诚如马克思所说，"自然界的人的本质只有对社会的人来说才是存在的；因为只有在社会中，自然界对人来说才是人与人联系的纽带，才是他为别人的存在和别人为他的存在，只有在社会中，自然界才是人自己的人的存在的基础，才是人的现实的生活要素。……社会是人同自然界的完成了的本质的统一，是自然界的真正复活，是人的实现了的自然主义和自然界的实现了的人道主义"[1]。这里自然界是通过社会（当然包括社会关系和人的各种社会活动）才获得其现实存在的。

以上几段引文说明了这样一个最基本的道理：存在问题，包括人类社会的存在、感性世界的存在、自然界的存在，都是在人类的社会实践之中才呈现出来、才成为问题的；存在者之存在不是自明的，人的社会实践是它的前提。人的实践活动具有逻辑上的优先性和基础性（并非时间上的先在性）。借助于这种优先性和基础性，人建立起了自身在存在论领域内的主体性（康德建立起了认识论领域内人的主体性）。这就是说，一切存在问题只有在人的社会历史实践、在人的生存活动中才成为问题。如果离开了人的社会实践，外部世界的实存性和先在性（客观性）本身并不构成问题，也没有意义。更基础的问题是——人是如何意识到外部世界的实存性和先在性的？只有当自然对象成为人类生活的基础和实践的对象与内容，它的存在才是有意义的，才会向人显现出来。因此，人的存在，自然界的存在，一切社会存在的根据不是任何超感性的、经验活动之外的实体，包括所谓"物质实

---

[1] 马克思：《1844年经济学哲学手稿》，中共中央马克思恩格斯列宁斯大林著作编译局译，人民出版社2000年版，第83页。

体",而是人的感性的实践活动;"世界"之为"世界"的根据不在于世界之外的超感性实体,而在于它与人的生存实践活动的内在关联。因此,正如马克思在《关于费尔巴哈的提纲》中所说,对对象、感性、现实,都必须从主体的方面,把它当作人的感性活动,当作实践去理解。反过来讲,一切对象只有从人的感性活动,从实践的角度,才可能得到理解。

其次,马克思的上述思想是对传统本体论的转向和超越,也是对现代存在论的奠基:实践是存在的前提,没有脱离实践的空洞的或抽象的存在,也没有脱离实践的彼岸的存在。由于实践对于存在的逻辑在先性,一切存在,一切关于实体的设定都只能是在实践中生成的,只能在现实的、具体的实践活动的历史性的展开之中生成。因此,必须在根本上改变理解"存在"问题的解释原则和思维方式,确立感性实践活动优先于逻辑和知性并构成逻辑和知性的存在论基础。

这一转向具体体现于,传统本体论试图确立超越性的彼岸真实世界,确立起超越性的实体,而马克思却在其实践观的指引下以人的感性生存为其存在论的起点和目的。

人的生存是人的实践的前提,这没错,但只有当人不仅仅生存着而且实践着的时候,人才成其为人。我们需要辨析"生存"和"实践"这两个概念。生存指称我们的感性生命的存在及其延续,它被自然法则和生命法则所控制着,它是人的需求的总和,而不是人的规定性;而实践不单单是指物质生产活动或者一切人类活动的泛指,作为一个哲学术语它侧重表达的是人的主体性的活动,即在人的活动中让一切对象的存在体现出合人的目的性来,或者更抽象地说,凡能体现人之主体性的人类活动都是哲学意义上的"实践",所以政治的、经济的、思想性的、道德的活动都可以被涵盖在"实践"概念之下。最初,这种哲学意义上的实践被这样表述:"πραξίς：实践或行为，是对于可因我们（作为人）的努力而改变的事物的、基于某种善的目的所进行的活动。"① 而康德把这个概念区分为按自然概念的实践和按自由概念的实践，前者让对象体现出客观的合目的性，而后者让对象体现出主观的合目的性。无论对二者的差异做何解说，实践作为合目的性的活动是基础性的。这就体现出生存和实践的根本差异：生存本身是目的，它建立在自然概念的基础上；而实践是相对于主体而言的合目的性的活动，它建基于自由概念之上，是人的一切主体性活动的总称，它是人类自由的体现。

在马克思的实践观中，实践是物质和精神、存在和意识、主观和客观、主体和客体发生分化和对立的原因，也是它们获得统一的根本途径。具体地说，实践是一种对象化活动。在这种活动中，人类一方面把自然界作为自己的生产或劳动资料，另一方面又把自己的观念和动机加以外化，凝结在产品或对象之中，并在这种产品之中来确证自身的本质力量。正是在这一过程中，人类才把自身从自然界当中分离出来，成为自然的对立面。随着人与自然的分离，物质与精神也开始变得分离和对立，因为实践这种对象性活动使得精神和意识成了一种纯粹主观的内在世界，而产品和对象则成了一种纯粹客观的外在世界，它们自然就成了两种有着本质区别的存在物。由此可见，人类关于物质和精神作为两种不同实体的观念，乃是实践活动的产物。正是在实践的基础上，才真正出现了物质和精神这样的不同实体。随着物质和精神的分化，主观与客观、主体与客体的分离也便随之而出现。因此在这一新的理论体系中，物质就不再是本体，因为马克思主义谈论的物质并不是与人无关的抽象存在，而是人类实践活动的产物。

---

① ［古希腊］亚里士多德：《尼各马可伦理学》，廖申白译，商务印书馆2003年版，第1页，注3。

第十章 从辩证唯物论到实践存在论：马克思主义的存在观及其对美学的影响

人类生存的第一个前提和历史的第一个前提实质上也就是对于人而言世界之存在的前提，并不是说只有在这个前提下世界才存在，而是说只有在这个前提下世界的存在才有意义。这个前提奠定了实践在人的存在方面的逻辑在先性。在这个意义上实践绝不仅仅是一个认识论问题，而首先是、更根本的是一个存在论中确立的属人世界的存在论前提。

马克思以最清楚的语言表述了这样一个存在论的前提："全部人类历史的第一个前提无疑是有生命的个人的存在。因此，第一个需要确认的事实就是这些个人的肉体组织以及由此产生的个人对其他自然的关系。"① 这种关于前提的确立是对于传统本体论的颠倒。传统本体论的理论前提要么是先验的，要么是形而上学的，二者的区别在于，康德说："物体作为实体和作为变化的客体，它们的认识原则如果表达的是'它们的变化必定有一个原因'的话，那就是先验的；但如果这原则表达的是'它们的变化必定有一个外部的原因'的话，它就是形而上学的……"② 但无论是先验的还是形而上学的，二者的共同本质是把某个先天条件作为认识的起点。而马克思的实践观则是把这个先天条件转变为个人的感性活动及其能动的生活过程。这是一种新的考察世界的方法，"这种考察方法不是没有前提的。它从现实的前提出发，它一刻也不离开这种前提。它的前提是人，但不是处在某种虚幻的离群索居和固定不变状态中的人，而是处在现实的、可以通过经验观察到的、在一定条件下进行的发展过程中的人。只要描绘出这个能动的生活过程，历史就不再像那些本身还是抽象的经验论者所认为的那样，是一些僵死的事实的汇集，也

---

① 《马克思恩格斯选集》第1卷，中共中央马克思恩格斯列宁斯大林著作编译局译，人民出版社1995年版，第67页。
② ［德］康德：《判断力批判》，邓晓芒译，人民出版社2002年版，第16页。

不再像唯心主义者所认为的那样,是想象的主体的想象活动"①。这种以人为前提考察世界的方法即唯物史观的方法,概而言之,正是通过实践把人与世界看成一体的存在论思路。

马克思这种以实践中的人为前提的存在论思路是对近代形而上学认识论传统的突破和超越。由笛卡尔"我思故我在"开启的近代认识论哲学传统,在确立人的主体性独立地位的同时,也确立了人与世界的现成存在和两者的二元对立:人与世界的关系被看作一种现成存在物与另一种现成存在物之间的认识关系,其结果便是人与世界这两者均变成了"两地分居"的抽象性存在。而马克思的实践论恰恰以独特的方式在存在论维度上超越了这个传统。下面分作五个部分予以论述。

第一,马克思根本不同意这种将人与世界作为现成的、不变的主、客体截然割裂开来、对立起来的主客二分的形而上学。他明确地指出:"人不是抽象的蛰居于世界之外的存在物。人就是人的世界。"② 在原初意义上,人与世界是一体的、不可分割的,人不能须臾离开世界,只能在世界中存在,没有世界就没有人;同样,世界也离不开人,世界只对人有意义,没有人也无所谓世界;与世界不是与人无关、离开人而独立自在、永恒不变的现成存在物一样,人也从来不是离开世界和他人的、固定不变的现成存在者,而是在"现实的生活过程"中存在和发展的。正是人的"这个能动的生活过程"即实践,将人与世界建构成不可分割的一体,也构成了人在世界中的现实存在。所以,马克思的"人就是人的世界"的概括,典型地体现了现代的存在论思想。

第二,马克思的"人就是人的世界"的存在论思想乃是以实践论为

---

① 《马克思恩格斯选集》第1卷,中共中央马克思恩格斯列宁斯大林著作编译局译,人民出版社1995年版,第73页。

② 同上书,第1页。

第十章 从辩证唯物论到实践存在论：马克思主义的存在观及其对美学的影响

基础、通过实践而实现的。它不仅包含着"人在世界中存在"的存在论思想，而且进一步揭示出人最基本的在世方式是实践。他指出，"人们的存在就是他们的现实生活过程"，而人们的这种现实的"社会生活在本质上是实践的"[①]。在此，实践作为人的现实生活过程就是人的存在，就是人存在的基本方式。马克思对以费尔巴哈为代表的旧唯物主义的批评似也可以从这个角度去理解。马克思一针见血地批评费尔巴哈"把人只看作'感性的对象'，而不是'感性的活动'……而没有从人们现有的社会联系，从那些使人们成为现在这种样子的周围生活条件来观察人们；因此，毋庸讳言，费尔巴哈从来没有看到真实存在着、活动的人，而是停留在抽象的'人'上……他没有批判现在的生活关系，因而他从来没有把感性世界理解为构成这一世界的个人的共同的、活生生的、感性的活动"[②]。可见，正因为他完全不懂得作为真正感性活动的实践，不懂得正是实践活动"是整个现存感性世界的非常深刻的基础"，所以，他也不懂得人只是通过实践才生成"人的世界"。据此，我们完全有理由推论：人的生活世界，即人与世界统一的"人的世界"本就生成于实践，奠基于实践，统一于实践，实践就是人生在世的基本在世方式。

第三，马克思还强调了人与世界在实践中统一的在世方式是一个不断创造、生成的过程。在此过程中，人与世界相互牵引，相互改变，在自然与社会的互动中推动着文明的进程。用马克思自己的话说："环境的改变和人的活动或自我改变的一致，只能被看作并合理地理解为革命的实践"《关于费尔巴哈的提纲》。这里的"革命"按我们的理解是广义上的，是指实践活动具有不断变革外部世界和人自身的革命意义。由

[①] 《马克思恩格斯选集》第1卷，中共中央马克思恩格斯列宁斯大林著作编译局译，人民出版社1995年版，第78页。

[②] 同上书，第50页。

"存在"之链上的美学

于人的实践活动就发生在现实可触的感性世界中,所以人通过实践在改变外部世界的同时也在改变着自身(内部世界),这乃是同一个过程。就人与自然的关系而言,人在通过实践创造不断改造自然、创造着人类生存新环境的同时,也在实践中不断改造人自身("自我改变"),改变人自身的"自然"和心灵,使人一步步摆脱原始状态而走向现代。正如马克思所说,通过劳动,"人就使他身上的自然力——臂和腿、头和手运动起来。当他通过这种运动作用于他身外的自然并改变自然时,也就同时改变了他自身的自然,使他自身的自然的沉睡着的潜力发挥出来,并且使这种力的活动受他自己的控制"①。人的生存环境与人自身的双重改变乃是在历史性的、社会性的实践中不断实现的。正是在这个意义上,他才得出"整个世界历史不外是人通过人的劳动而诞生的过程,是自然界对人说来的生成过程"② 这样一个伟大结论。在此,实践与存在都是对人生在世的存在论陈述。海德格尔的存在论始终没有达到马克思的实践论的高度,而马克思则把实践论与存在论有机结合起来,使实践论立足于存在论根基上,存在论具有实践的品格。

第四,马克思关于人的本质的论述也体现出了存在论的维度。人们都熟知马克思关于"人的本质不是单个人所固有的抽象物,在其现实性上,它是一切社会关系的总和"③ 这句名言,以为这是在给人的本质下定义。其实不然。它一开始就排除了把人的本质看成从无数单个人身上抽象出来的固定不变的现成存在物,而是强调"在其现实性上"是"社会关系的总和"。既然每个人的社会关系总是处在不断变动中的,那么,

---

① 《马克思恩格斯全集》第23卷,中共中央马克思恩格斯列宁斯大林著作编译局译,人民出版社1979年版,第201—202页。
② 马克思:《1844年经济学哲学手稿》,中共中央马克思恩格斯列宁斯大林著作编译局译,人民出版社2000年版,第92页。
③ 《马克思恩格斯选集》第1卷,中共中央马克思恩格斯列宁斯大林著作编译局译,人民出版社1995年版,第60页。

第十章　从辩证唯物论到实践存在论：马克思主义的存在观及其对美学的影响

每个现实的人的本质，也就只能是在自身社会关系的变动（社会实践）中动态地生成并不断变化着。对人的本质的这种生成性的揭示也从一个方面展示了马克思实践观的存在论维度。

第五，由于以上四点，从存在论的角度来说，人的存在和对象的存在，就不是先验的我思主体和纯然的"实体"或"物自体"之间的对立，而是实践着的主体在其对象性活动中生成的主体与对象。二者本身就是联系在一起的，是相互规定着的统一体。二者之间的统一在逻辑上先于二者之间的对立，二者之间不是对立关系，因此建立在二者对立之上的认识论就没有必要了。马克思说过这样一段话："当现实的、肉体的、站在坚实的呈圆形的地球上呼出和吸入一切自然力的人通过自己的外化把自己现实的、对象性的本质力量设定为异己的对象时，设定并不是主体；它是对象性的本质力量的主体性，因此这些本质力量的活动也必须是对象性的活动。对象性的存在物进行对象性活动，如果它的本质规定中不包含对象性的东西，它就不进行对象性活动。它所以只创造或设定对象，因为它是被对象设定的，因为它本来就是自然界。因此，并不是它在设定这一行动中从自己的'纯粹的活动'转而创造对象，而是它的对象性的产物仅仅证实了它的对象性活动，证实了它的活动是对象性的自然存在物的活动。"[①] 在这一段话中，"对象性活动"——我们可以把它理解为"实践"的核心内涵——既创造或设定对象，也被对象所规定。当主客体在对象性活动中统一起来，或者说主客体在对象性活动中生成的时候，主客体之间是辩证统一的关系，而这一关系建立在感性活动之上。主客体在对象性活动（实践）中的辩证统一，从存在论的高度解决了由于主客体的对立而带来的认识论难题，消解了二元对立式的

[①] 马克思：《1844年经济学哲学手稿》，中共中央马克思恩格斯列宁斯大林著作编译局译，人民出版社2000年版，第105页。

思维模式，从而永远地解决了主客体的对立（二分）问题（或许在马克思主义实践论的视野下这根本不是问题）。

马克思实际上充分肯定了人的"实践"在"存在论"上的逻辑在先性，以及人的感性活动作为考察存在的前提。而这对于传统本体论来说是颠覆性的，它使得"清除实体、主体、自我意识和纯批判等无稽之谈"①成为必然。它的结果是，传统本体论上的所有概念，如先验、绝对、先天、主体、实体等概念都不能被看作自明的了。这些观念不再被看作"实体"，而是被理性设定为实体的，最终被还原到实践中来。"思想、观念、意识的生产最初是直接与人们的物质活动，与人们的物质产生，与现实生活的语言交织在一起的。人们的思维、精神交往在这里还是人们物质行动的直接产物。表现在某一民族的政治、法律、道德、宗教、形而上学等的语言中的精神生产也是这样。人们是自己观念、思想等等的生产者，但这里所说的人们是现实的、从事活动的人们，他们受自己的生产力和与之相适应的一定交往的发展——直到交往的最遥远的形态——所制约。意识在任何时候都只能是被意识到了的存在，而人们的存在就是他们的现实生活过程。"②换言之，人的现实存在就是他们的现实生活即实践的过程。

马克思实践观的存在论维度集中体现着以下思想：人存在着，但人只是作为实践活动的主体而存在着；世界存在着，但世界只是作为实践的对象才有意义；抛开实践，所谓自在的存在就是没有意义的。存在的自明性被消解了，而实践作为存在的逻辑前提被确立起来，实践作为一切属人存在的现实前提也被确立起来。这一确立本质上是为存在论的诸

---

① 《马克思恩格斯选集》第1卷，中共中央马克思恩格斯列宁斯大林著作编译局译，人民出版社1995年版，第75页。

② 同上书，第72页。

第十章　从辩证唯物论到实践存在论：马克思主义的存在观及其对美学的影响

问题进行奠基，在传统本体论中被视为自明的"存在"，建立在实践的基础之上，实践概念成为存在论的基本概念。而且，这些概念都是从实践中才产生的，是实践的产物。就这样，马克思的实践观和存在论紧紧地结合在一起了。

这种结合的美学意义在于，从存在论的高度重新发现马克思主义美学的革命性进程，超越"物质本体论"及其带来的局限性。以下分四个部分予以论述。

第一，这一思路能够指导我们在美学研究中超越近代以来主客二分的认识论思维方式。因为这种思维方式有以下三种弊端：一是以主客二元对立为中心，在主体方面设定感性与理性、灵与肉的二元对立，在客体方面设定本质与现象、普遍与特殊的二元对立，然后以这一套二元对立模式去解释丰富多彩的审美现象，这就必然造成一种本质主义的美学思路。二是它把审美活动包括审美主客体从生生不息的生成之流中剥离出来，切断主体之为审美主体、客体之为审美客体的"事先情况"，即它们所处的人与现实世界的具体审美关系，也就切断了审美活动的存在论维度，即人生在世的生活活动或人生实践。三是它把审美活动狭隘化为单纯的认识活动，即把美看作先在的、固定不变的审美客体，而美感则是现成的、同样固定不变的审美主体对美的反映和认识。马克思把实践论与存在论有机结合的思路，可以引导我们全面超越上述主客二分的认识论思维方式，为美学开辟一个实践存在论的新境域。

第二，这一思路提示我们，美学研究应当打破现成论的旧框架，建立生成论的新格局。前面已经提到，认识论美学的一个基本立足点就是把"美"作为一个早已客观存在的对象来认识，预设了一个固定不变的"美"的先验、现成存在。同样，它也预设了人作为一个固定不变的审美主体而现成存在，所以它把美学的主要任务确定为给"美"和"美感"下定义,从而总是追问"美"和"美感"是什么,"美的本质"是什么等问题。从实践存在论出发,审美客体和审美主体、"美"和"美感"都不是现成存在、固定不变的,而是在人与世界审美关系的形成和展开中,在具体的审美活动中现实地生成的。这种生成论思路将会带来美学学科的新变革,美学的研究对象、逻辑起点、基本问题、范畴系统、框架结构等问题,都有进一步反思、变革的必要和可能。

第三,在众多的人生实践中,艺术和审美活动是人走向全面、自由发展的非常重要的一个环节和因素。人如果只局限于物质生产劳动,而没有审美活动,那么其实践就是不完整的、片面的,这种实践造就的人也是片面的、不自由的。这一方面确立了艺术和审美活动在整个人生实践和人的在世方式中不可或缺的重要地位,另一方面也指明了审美这种独特的实践方式对于促进人的自由、全面发展具有不可替代的作用。

第四,这一思路还昭示我们,艺术和审美活动总体来说是一种精神性的实践活动,按照马克思的说法是一种"精神生产",是人与世界之间的一种精神性的对话和交流。它跟物质生产劳动相比,精神性更强,在人的所有实践活动中,审美活动,尤其是艺术活动是精神性最强的活动之一。而且,它是一种较为高级的、具有自由性、超越性的精神实践。审美活动一方面发生在广义的人生实践之中;另一方面又是对现实生活的超越,也是向着作为高级人生境界的审美境界的提升。在人生实践当中,在人与世界打交道的过程中,会有各种不同的层次,形成各种不同的人生境界,而审美境界则是其中一个比较高层次的境界。原因在于审美境界较大程度上超越了个体眼前的某种功利性和有限性,达到了相对自由的状态。所以,审美境界不同于、高于一般的人生境界,可以说是对人生境界的一种诗意提升和凝聚,也可以说是一种诗化了的人生境界。

无论是辩证唯物主义，还是实践唯物主义与实践存在论，每一种理论都是对马克思主义哲学、对马克思思想的体系化的结果，同时体现着一种时代的哲学追求：辩证唯物主义为科学奠基，实践唯物主义为人的主体性奠基，实践存在论是后形而上学时代为马克思主义的存在论奠基。尽管关于"正统"的争论不绝于耳，但一种理论的魅力与活力就在于：它可以被诠释，并且具有应答现实的能力。

第十一章

现象学的存在论及其美学影响

在20世纪,当人们以为形而上学即将终结之际,思想界却发生了一场存在论的复兴。这种复兴源自19世纪末产生的"现象学"。尽管现象学最初的形态是在认识论上对于认识过程与先验机制的"描述",但现象学作为一种方法,很快引发了存在论上的变革。这一变革的直接发轫者是德国哲学家海德格尔。

需要作一个背景式的说明:"本体论"和"存在论"在英文中是同一个词——Ontology,为什么会有两个译名?对这个词的翻译必须基于学术史。当这个词被译成"本体论"时,指称的是西方哲学史上哲学家们在探讨存在的问题时形成的从"实体"角度规定"存在"的一种实体主义或实体中心主义的哲学形态。这种哲学把事物的存在作为自明的,在此前提下去追寻"存在者"确定不变的"实体"或者"本体"。而当这个词被译成"存在论"时,是指由海德格尔指明的对存在问题之思考的新维度。海德格尔通过"解析存在论的历史",揭示了"存在"(on, Sein, being)和"存在者"(onta, Seiende, beings)的"存在论差别"。根据他的揭示,本体论只是关注了存在者的存在,而没有关注存在本身。他将之称为"存在的被遗忘状态",并要求直接切入"存在",从而

第十一章　现象学的存在论及其美学影响

开创了探讨存在问题的新方向。这个新方向的突出特点在于：以生成性取代实体性，以非现成性取代现成性，不是追寻实体，而是描述存在之显现及其过程。因此，当下学界把作为一门分支学科的存在论和对于这门学科探讨的问题的某些具体的解答方式区分开来，用"存在论"来标识作为一门与形而上学密切相关的哲学分支学科的"Ontology"，用"本体论"来指称存在论之中具有实体性追求的特定历史形态。为了论述的方便，用"传统本体论"和"现代存在论"两个术语来标识这门学科的两种不同的历史形态成了较为普遍的方法。有学者对二者的区分作了如下图的分析：

存在 $\begin{cases} 什么存在 \to 存在者 \to 实体——传统本体论 \\ 如何存在 \to 存在方式 \to 关系——现代存在论 \end{cases}$ 存在论[①]

必须认识到，传统西方哲学和现代西方哲学在对待和处理 Ontology 的问题上是有根本区别的，不了解这个区别就不能理解现代哲学的发展。就对 Ontology 的研究和问答来说，存在论构成了对本体论的超越。

本体论以对世界的统一性和确定性的追求为自己的理论目的。对确定性的追求就使得本体论一定要从活生生的、多样化的现实世界中抽象出确定的、单一的"本体"来，而这种本体一定是实体性的。实体是被反思出的确定性，它是构成事物之存在的静止的不变的部分，它既可以指具有广延的实存，也可以是不可被直观的观念性的"实在"。实体性思维是在确信事物是静止不变的，且具有统一性这一前提下，相信可以从事物中分析或反思出实在之物的思维。实体性思维必然把一个抽象物

[①]　该区分和该表引自杨学功、李德顺《马克思主义与存在论问题》，《江海学刊》2003年第1期。相近观点的文章还可参见贺来《马克思哲学与"存在论"范式的转变》，《中国社会科学》2002年第5期。

· 321 ·

作为具体，而这个作为具体的抽象物被设定为认识论的目的。由于实体不可再被分析了，所以实体就成了"绝对"，成了认识的终点。结果，实体的单一性和静止性就使得我们不得不把事物感性具体的部分抽象掉，把事物理解为一个一成不变的自在之物。

本体论的思维还必然导致二元对立的思维模式。确立实体，抽象出本质，一成不变地看待事物，必然造成事物可变的和不变的部分的对立，本质性和非本质性的部分的对立。而最大的对立就是主体和客体的对立，也就是思维和存在的对立。实体和本质是精神抽象的结果，而可变的和运动的是感性的现实，一旦确立起一个确定的实体性的本质世界，就必然和感性的具体的现实世界对立起来。在本体论中，实体和本质的世界压倒了现实世界，主体和客体的对立构成了认识论的前提，而为了解释认识的真理性，由于对立双方是静止而确定的，因此就必须用一方吞噬掉另一方。

最后，本体论思维实际上是建立在理性推论基础上的独断论，无论是物质实体还是"我思"之"我"的先验实体都是被理性设定出来的，是被理性从概念中演绎出来的，却不能被经验地证明。"我"作为先验结构是自明的，而物的存在也是作为"实体"而自明的。物与我作为绝对均被设定出来，作为最基本的实体而构成认识的前提，而二者都不可被怀疑。

本体论的根本问题在于，一切"存在"，无论是"我"，还是"物"，还是"绝对"，都与我们的经验生活无关，完全不具有感性的现实性。在这种本体论中思维远远地跳出了人的生存世界，跳出了活生生的人，思辨地抽取出一些据说是真实的存在，但这些存在只对思维着的理性有意义。在本体论中，存在问题实质上并没有被回答，而是被遗忘了或者说被视为自明的，因为对于存在的思考被置换为关于本体的追

第十一章 现象学的存在论及其美学影响

问，追问存在的本体就意味着，存在本身已经被承认了。由于前提被视为自明的，结果理性就从自身出发，从自身中演绎出一个理性化的彼岸世界，然后停留在那里，却不去追问这些抽象的东西是"谁"，在什么样的"生存状态"下去进行这种抽象。它追求真实，却无视"人的现实存在"和人的"现实生活世界"。理性获得了"真实"，却放弃了整个世界。

这样一种存在论上的矛盾性是被海德格尔发现的。海德格尔提出"存在的被遗忘"状态，实际上就是指被本体论设定为自明的"存在"实际上是被遗忘了。无论说"存在"是最普遍的概念，还是说"存在"是不可定义的概念，实际上都指出存在并不是自明的，"存在"不是"存在者"。海德格尔认为当我们研究、追问某物之前，都已把它的存在作为前提了，已经对存在有了在先的领会。而他要切入其中的是，这种存在之领会是怎样发生的，也就是事物之存在是如何显现出来的？因此，存在论的问题不是事物之是什么，而是事物如何成为被经验到的"存—在"！为了回答这个问题，海德格尔提出"审视、领会与形成概念、选择、通达，这些活动都是发问的构成部分，所以它们本身就是某种特定的存在者的存在样式。因此，彻底解答存在问题就等于说：就某种存在者——即发问的存在者——的存在，使这种存在者透彻可见。"[1]作为一种启示，这个观点提出事物之存在是在此在之生存中显现出的，唯有在此在的生存中"存在者"才显现出来，才存在。

这就是对本体论的突破，被本体论认为是自明的存在，在海德格尔看来是显现出来的，一物之存在不是自在，不是绝对，而是因为进入了此在的生存世界。实在的事物只有在已经展开的世界中才能被揭示。按

---

[1] ［德］海德格尔：《存在与时间》，陈嘉映、王庆节译，生活·读书·新知三联书店1999年版，第9页。

海德格尔的观点,世界本质上是随着此在的存在而展开的,像"到底有没有一个世界","这个世界能不能被证明"这些问题都是只有此在才能提出的,此在之生存才是"世界现象"的根基。所谓"外部的实在世界"只是建立在真正的主观主义之上的一种信仰。之所以说"真正的主观主义",是因为:"信仰'外部世界'的实在性,无论对不对,证明'外部世界'的实在性,无论充分还是不充分,把这种实在性设为前提,无论明确还是不明确,诸如此类的尝试都不曾充分透视自己的根基,都把一个最初没有世界的或对自己是否有一个世界没有把握的主体设为前提,而这个主体到头来还必须担保自己有一个世界。于是,'在一个世界中'从一开始就被归于看法、臆测、确信和信仰,也就是说,归于某种其本身已经是在世的一种衍生样式的行为举止。"① 这就是说"外部的实在世界"这个观念实际上是建立在一个抽象的主体之上的信仰。因此,必须解释清楚,这个主体是如何建构世界之存在的,从主体即生存着的此在的角度来思考存在问题,而不能把存在视为自明的。

海德格尔的这种思路引发了存在论的复兴和对本体论的超越,它把实体性思维,把本质主义抛到了后面,而是以存在先于本质的思路追问事物的存在是如何显现出来的。只有当事物显现出自身的存在,我们才会去研究它是什么。这就意味着,事物的如此这般的当下存在是生成出来的,是条件性的,没有超越性的永恒不变的实体、本体、本质。而这种条件或者说前提,就是人的存在,是作为主体的人在世界中的生存。

这种思路是如何产生的,这需要梳理,同时这种思想促成了存在论的一次重大变化,这个变化本身也需要描述。变化的本源应当是现象学

---

① [德]海德格尔:《存在与时间》,陈嘉映、王庆节译,生活·读书·新知三联书店1999年版,第237页。

第十一章 现象学的存在论及其美学影响

的方法，现象学与存在论奇怪而有效地结合在一起，促成了这一次思想领域中的变革，也带来了一种新的美学思想——现象学美学。

现象学本身是从哲学的认识论生发出来的一种新的认识方法，却最终促成了存在论的深刻变革。什么是现象学？任何一门理论都具有理论针对性，它必须提出问题，并且解决问题。一种新的理论之诞生，就是提出新的问题或者以新的视野审视老问题，然后回答问题。那么，现象学提出的问题是什么？它如何回答问题？这决定着理论的产生和理论的追求。

我们从时代背景和哲学思潮两个方面来看现象学的产生。

现象学诞生于19世纪末期和20世纪初期，而那个时代最显著的特征就是科学的变革。科学的发展从外部给哲学提出了以下两个问题。

第一，科学真理的明证性或者有效性在哪里？非欧几何学的引进，爱因斯坦相对论的创立以及量子力学的发现，使得建立在牛顿和麦克斯韦尔之上的经典物理学丧失了绝对的真理性。首先是非欧几何打破了人们对那种单一的永恒不变的空间的信念：欧几里得几何学中具有规范特征的几何空间、牛顿为了运动三定律得以可能而设定的绝对空间、笛卡尔的理想空间以及康德为了解释先天综合判断何以可能而设定的、作为先天形式的空间观，都受到了彻底的怀疑。人类原先具有的对世界之确定性的信仰和建立在这种信仰之上的真理观受到了前所未有的冲击，必须从哲学的高度重新回答：什么是真理；认识的确定性与普遍性由什么来保证。

第二，传统科学的危机带来现代人精神上的危机。"知识就是力量"，这是鼓舞了欧洲近300年的口号，也是他们进行开拓和创造的精神动力。因此，从伽利略到笛卡尔再到康德，对知识的崇敬变成了对科学的崇敬。科学具有了绝对的意义；无可怀疑的真理成为每一个人的梦

"存在"之链上的美学

想和人生的追求与支柱,也是人对世界的认识所以可能的先觉条件,是人类活动的支柱。可是在现代科学思想的冲击下,对真理和科学的信仰受到了怀疑。结果,人生的意义和基础成了一个值得怀疑的东西,这就使得精神因迷惘而痛苦。精神之痛苦的另一个根源是对于人的意义与价值的怀疑。对理性的信仰一直是欧洲文化的支柱,这种信仰在黑格尔建立起的绝对精神的完满体系中达到了顶峰。而现象学出现的时代就是这个理性大厦崩溃的时代,叔本华、克尔凯郭尔、尼采……非理性主义带来了欧洲虚无主义思潮,一切都需要重估,生命的价值与意义本身成了一个课题,而不是自明的。回到康德去,一切都需要以批判的眼光重新进行审查,人生的意义与价值需要重新确定。这是思想的叛乱,也是时代给哲学提出的任务。

什么才是"真理"?什么才是"意义"?新时代的科学与人类精神应当建立在什么样的基础之上?这就是现象学之产生的理论与现实背景。法国哲学家加罗蒂这样写道:"胡塞尔的现象学是在两个危机阶段的连接点上产生的:一个是对许多最确定的真理发生怀疑的科学发展的危机阶段;一个是人类历史的危机阶段。这时人们被引起了对许多最确定的'价值'的怀疑,而向自己提出根本性的问题,如人的生存有何意义和人正在经历的历史有何意义等问题。"[①] 对这些问题的回答,就构成了现象学的基本追求。

那么什么是"现象学"?让我们来看一看胡塞尔本人在 1927 年为《大英百科全书》撰写的"现象学"条目:

20 世纪的一种哲学运动名称。其主要目的是对自觉地经验到的

---

① [法]加罗蒂:《人的远景》,徐懋庸、陆达成译,生活·读书·新知三联书店 1985 年版,第 22 页。

现象作直接的研究和描述,并无解释现象因果关系的理论,尽量排除未经过验证的先入之见和前提。现象学的特征可用胡塞尔格言来表达:"诉诸事物本身";亦即对具体经验到的现象采取尽可能摆脱概念前提的态度,以求尽可能忠实地描述它们。大多数现象学的拥护者认为:通过对经验或想象提供的具体实例并根据在想象中对这些实例作有系统的改变和进行细心的研究,就可能洞察这些现象的基本结构和实质关系。胡塞尔认为在进行这种研究时必须对这些现象的真实性不要事先持有可信的态度,另一些人则认为这并非是必要的。在存在主义现象学中,有些现象(如焦虑)由专门的解释现象学进行研究。

现象学并非创建于一时,而是逐渐形成的。其根源来自胡塞尔。1906年他发表《现象学的概念》一书。布伦塔诺的描述心理学对胡塞尔有重要影响。现象学的基本概念,如"概念的意向性"和"意识的方向性"早在布伦塔诺的《从经验主义观念看心理学》(1874)中有所阐述。胡塞尔研究的出发点可见之于其专题论文《数的概念》(1887)中,随后扩展为《算术哲学:心理学和逻辑学的研究》(1891)。在《逻辑研究》(1900—1901)中他批评了自然主义和历史主义。他认为,自然主义企图把自然科学的方法应用于一切其他的知识领域,包括意识领域,使理性成为用自然法则解释的东西;而历史主义则把思考者的注意力集中于特殊的历史背景,从而含有相对主义的意味。他要求把哲学建成一门精确的科学,它的任务意味着不应接受任何事先的假定,而哲学家则应寻求回到真实的方法。一切现象学研究的基本方法就是"还原"。他还认为必须把世界的存在放在括号里,这并不是因为哲学家应当对它怀疑,而是由于这一存在着的世界并非现象学的真正主题,其真正主题是关于世界知识发生的方式。"还原"分为以下三步。第一步是现象学的还原；通过这一步骤，一切已知的东西就变成感官中的现象。这是通过意识并在意识中被认识的；这里所说的"认识"指广泛意义上的认识，如直觉、回忆、想象和判断等一切意识形式而言。胡塞尔认为直觉有特殊重要的地位，因为直觉是最先的认识活动，是对对象的直接的领会；其他的认识活动都以它为基础。胡塞尔这样看重认识的作用，就是为驳斥哲学中纯思辨的研究方法。这样还原倒转了人们的视野方向，从面向客体转到面向意识。还原的第二步是头脑中映象的还原；通过这一途径以从复杂的变化多样的意识中直觉到其不变的本质及其结构，既在诸种现象中直觉到的同一东西，它在变化过程中继续保持不变。第三步是先验的还原；胡塞尔称之为先验意识。他对先验还原的阐述一直进行到他生命结束之日。后来先验还原的发展导致现象学运动的分裂，有些学者拒绝卷入这类问题。

胡塞尔在其主编的《哲学和现象学研究年鉴》（1913—1930）中曾给现象学下过这样的定义："回到直觉和回到本质的洞察，由此导出一切哲学的最终基础。……"（见《大英百科全书》相应条目）

这段文字尽管是为年鉴而写，但仍然是令人费解的，有两个问题还需要进一步解说。

首先，现象学研究什么？"现象学并不纯是研究客体的科学，也不纯是研究主体的科学，而是研究'经验'的科学。现象学不会只注意经验中的客体或经验中的主体，而要集中探讨物体与意识的交接点。因此，现象学要研究的是意识的意向性活动，意识向客体的投射，意识通过意向性活动而构成的世界。主体和客体，在每一经验层次上（认识或想象等）的交互关系才是研究重点；这种研究是超越论的，因为所要揭示的，乃纯属意识、纯属经验的种种结构；这种研究要显露的，是构成神秘主客关系的意识整体结构。"① 至少从胡塞尔现象学的角度，我们认同这一概括。

胡塞尔要把现象学建设为一门严格意义上的"科学"。这门作为科学的哲学既不同于任何一种经验科学，也不同于任何一种存在过的哲学体系，这门科学具有本源性质，"本质上是一门关于真正开端、关于起源、关于万物之本的科学"②。这门"科学"的目的是已经被哲学放弃了的"绝对真理"。这种"放弃"在康德那里体现为对人类可能达到的对物自体的认识，和对黑格尔"绝对精神"的体系的放弃；它的另一个目的是在这个绝对真理之上建设人的意义。所以它具有双重品格：一方面，严密的哲学科学成为绝对真理，它是一个具有明晰性的知识体系。"哲学的目的就在于那种超越一切相对性的绝对终极有效的真理。"③ 另一方面，严格的哲学科学必须保证人的意义与价值，因此它又表现为真正的道德价值体系。那么如何做到这一点呢？首先要说明，以往的哲学还不是这样一种严格的哲学科学。这就引发了胡塞尔对以往哲学的批判，首先批判了18世纪以来的以心理主义与经验主义为主体的自然哲学，然后批判了以黑格尔与狄尔泰为代表的历史主义与世界观哲学。

心理主义起源于经验主义代表人物休谟的怀疑论思想。这种思想认为，心理学乃是基础科学，逻辑学、哲学等都必须通过心理学来加以解释。按照胡塞尔的分析，心理主义的根本错误在于，把作为经验的实在

---

① 美国学者詹姆士·艾迪语。转引自郑树森《现象学与文学批评》，台湾东大图书公司1984年版，第2页。
② [德] 胡塞尔：《哲学作为严格的科学》，倪梁康译，商务印书馆1999年版，第69页。
③ [德] 胡塞尔：《现象学与人类学》，转引自涂成林《现象学的使命》，广东人民出版社1998年版，第38页。

之物的心理行为与作为普遍的观念之物的意识对象混淆起来了，而这显然也正是近代经验主义思想的基本特征。经验主义试图通过经验的归纳方法来获得普遍必然的知识，其内在倾向显然正是一种心理主义。心理主义者认为心理学是基础科学，逻辑学、哲学、认识论等只有在它的基础上才能得到最终解释。针对这种观点，胡塞尔首先将逻辑、哲学与心理学严格区分开来。他认为，逻辑、哲学与心理学是截然不同的：哲学如果以心理学为基础，那么永远也达不到严格科学的高度，因为如果将逻辑视为一种思维方法，使逻辑推演成为人的心理活动规律，而人的心理活动是有差异的，其思维规律也必然缺乏一个统一的标准，这种理论最高的结论，也只是"人替自然立法""人是万物的尺度"。这种结论是相对主义和怀疑论的根源。胡塞尔的观点是正确的，"心理学是一门关于事实的科学。由这样的科学所建立的法则只能是与不准确有关的陈述，而绝不能要求它是没有错误的。但是逻辑原理、推理规则、概率论原理等等具有绝对的精确性，而这恰恰是用经验方法绝对不能达到的"[1]。胡塞尔对于心理主义的批判对促进逻辑科学的发展来说有推动意义。

不过，在胡塞尔看来，要想彻底认清心理主义的错误，还必须追溯到作为这种思想基础的自然主义。所谓自然主义在根本上乃是朴素的自然态度或观点的产物。按照这种观点，我周围的世界是"一个在空间中无限伸展的世界，它在时间中无限地变化着，并已经无限地变化着"[2]。同时，这种观点还把自我看作这个周围世界的一个组成部分，"我以自发的注意和把握，意识到这个直接在身边的世界"[3]。这种思维方式的要

---

[1] ［奥］施太格缪勒：《当代哲学主流》上卷，王炳文等译，商务印书馆1986年版，第88页。
[2] 同上书，第89页。
[3] ［德］胡塞尔：《纯粹现象学通论》，李幼蒸译，商务印书馆1992年版，第91页。

害在于不关心认识的可能性问题,把事物的被给予性看作一个自明的事实:"在自然的思维态度中,我们的直观和思维面对着事物,这些事物被给予我们,并且是自明地被给予。"① 由此在认识论上导致的后果是,或者像经验主义者那样,把普遍必然的知识还原为实在的经验材料,从而陷入怀疑论和相对主义;或者如理性主义者那样,求助于天赋的"前定和谐",从而陷入独断论和神秘主义。

除了经验论与唯理论的二元对立之外,自然主义态度还使近代哲学陷入了客观主义和主观主义的对立之中。胡塞尔认为,客观主义的特征是:"它的活动是在经验先给予的自明的世界的基础上,并追问这个世界的'客观的真理',追问对这个世界是必然的,对于一切理性物是有效的东西,追问这个世界自在的东西。普遍地去实现这一目标,被认为就是认识的任务,理性的任务,也就是哲学的任务。"② 把世界看作在经验上自明地被给予的,这表明客观主义在根本上是一种自然主义的思维方式。不过,客观主义的特点是认为这个世界存在着自在的客观真理,这又表明它实际上是一种把自然科学看作追求真理的根本方式的科学主义思想。胡塞尔认为,近代思想中的客观主义首先出现在伽利略那里,因为他"从几何的观点和从感性可见的和可数学化的东西的观点出发考虑世界的时候,抽象掉了作为过着人的生活的人的主体,抽象掉了一切精神的东西,一切在人的实践中物所附有的文化特性。这种抽象的结果使事物成为纯粹的物体,这些物体被当作具体的实在的对象。它们的总体被认为就是世界,它们成为研究的题材。人们可以说,作为实在的自我封闭的物体世界的自然观是通过伽利略才第一次宣告产生的"③。与之

---

① [德]胡塞尔:《现象学的观念》,倪梁康译,上海译文出版社1986年版,第19页。
② [德]胡塞尔:《欧洲科学的危机与超验现象学》,张庆熊译,上海译文出版社1988年版,第81页。
③ 同上书,第71页。

不同，超验的主观主义则认为，"现存生活世界的存有意义是主体的构造，是经验的，前科学的生活的成果。世界的意义和世界存有的认定是在这种生活中自我形成的"①。也就是说，世界不再被看作自在的和第一性的，其意义是在主体性中被构成的，因此主体才是第一性的。与之相应，自然科学也不再被看作追求真理的根本途径，因为科学的世界是以前科学的经验和思想为基础的。

从这里可以看出，胡塞尔所说的客观主义和超验的主观主义实际上也就是近代思想中唯物主义和唯心主义的对立。在他看来，这两种思想都是自然主义态度的产物。胡塞尔认为，这两种相互对立的思潮都是由笛卡尔开创的，因为正是他在近代哲学中首次确立了主客二分的原则，并且把主体和世界都看作在时空中存在的实在之物。由此可见，胡塞尔在方法论方面清算传统思想的最终落脚点，乃是由笛卡尔开创的主体性形而上学。

其次，对历史主义与世界观的哲学批判，实际上是对人文科学的总批判。历史主义的代表是黑格尔哲学，历史主义者反对一切形式的先验理论与永恒价值学说，认为在精神发展中绝不存在绝对的、永恒的东西。因为，每一个进行哲学思考的个体的存在是历史性的，是历史进程的一部分，所以他不可能超越历史而达到"绝对"，不可能超越时代局限而达到永恒价值。因此，历史主义在本质上只会带来相对主义和怀疑论。

近代哲学对于认识之谜的反思无疑始于笛卡尔的普遍怀疑。对于胡塞尔来说，笛卡尔的普遍怀疑的最大成就是发现了"我思"这一认识批判的确定无疑的出发点。他认为，笛卡尔把"我思"规定为不依赖于身

---

① ［德］胡塞尔：《欧洲科学的危机与超验现象学》，张庆熊译，上海译文出版社1988年版，第82页。

体和时空的存在是完全正确的,但笛卡尔进而主张自我是与物质的实体相对的心灵的实体,从而导致主客二元论的思路则是完全错误的,因为我们在思维的反思中并没有直观到这一心灵实体。可见,作为实体的自我其存在并不具有内在的给予性,从而违反了认识的自明性要求,犯了超越性的错误。一个纯粹的灵魂在"存而不论"中是毫无意义的,除非它作为被加上"括号"的"灵魂",就像身体一样被仅仅当作现象。这表明胡塞尔之所以看重笛卡尔的思想,是因为他可以通过对后者的改造而发展出一种先验还原的思想,从而最终获得不同于心理学自我的"先验自我"。

这个获得先验自我的过程就是先验还原。所谓先验还原在根本上包含两个方面的要求。一方面,先验还原在意识对象方面要求排除对于世界的存在设定,并从根本上切断世界与意识现象的联系,不再把意识现象看作世界的组成部分;另一方面,在意识行为方面,要求排除一切自然科学和实证科学的思维态度和思维成果,并最终排除心理学的自我。在先验现象学领域中,自我在理论上不再被当成是人的自我,不再是在把我当成存在者的世界内的实在客体,而是只被设定为对此世界的主体。因此,先验自我无疑是先验还原的最高成就,同时它是先验悬搁之后唯一的剩余物。那么,先验现象学是否因此而变得贫乏呢?胡塞尔认为恰恰相反,经过还原我们什么都没有丧失,反而获得了全部绝对的存在。何以如此?因为我们排除的全部世界连同所有事物、生物、人以及我们自己都是超越之物,其存在都是可以怀疑的,而我们获得的"先验意识"则是绝对存在,因为我们可以通过对意识的反思而直观地把握到它。另一方面,全部超越之物被加上"括号"之后又都成为先验意识的意向性相关物,现象学要研究的正是对象的意义在先验意识中的构成活动。但这一活动的前提是——有一种绝对存在,以绝对存在为起点,研究关于对象的经验如何在先验意识中构成。这里暗含着一种存在论上的新变——什么才是绝对存在？

现象学在胡塞尔处是以纯粹意识现象及其本质为研究对象的科学，它的目的是找到哲学的绝对自明的开端或者说"第一原理"，也就是现象学家们所说的"面向实事本身"，目的是要达到纯粹现象或纯粹意识。这项工作不能借助于推理或证明，只能在直接的直观中实现。这在胡塞尔看来是"一切原则的原则"——"每一种原初给予的直观都是认识的合法源泉，在直观中原初地（可说是在其机体的现实中）给予我们的东西，只应按如其被给予的那样，而且也只在它在此被给予的限度之内被理解。"① 这是所有现象学家们的共同纲领。

正是这种观点诱使现象学家们认为在审美对象中存在着"真理"。具体来说，现象学还原的第一步是"中止判断"，它包括两个方面：首先，中止我们关于经验世界的存在信仰，不是把事物的存在当作我们认识事物的起点，而是把这种存在判断作为认识的终点；其次，把过去关于哲学、宗教、理论、观念和常识统统放在一边，不以它们为认识的前提和出发点。这是一种对世界的纯粹的直观态度，其目的是要让对象在经验中直接呈现出来。

那么，通过这种现象学直观能够得到什么？能够得到——"本质"，所以现象学直观也叫"本质直观"。那么，什么是现象学所说的"本质"？本质是意识对象的普遍的不变的形式和结构，是诸多变更中的常项。这个本质不在意识之外，它是胡塞尔所说的纯粹先验意识，是现象学直观中通过悬置而获得的"现象学剩余"，即纯粹的我思之我。现象学理论实质上是导向了认识的先验主观性，并且把这种先验主观性视为

---

① ［德］胡塞尔：《哲学作为严格的科学》，倪梁康译，商务印书馆1999年版，第69页。

获得本质性的认识——也就是真理——的先验保证。但要说明这种由纯粹自我保证的认识的真理性，还必须结合现象学的意向性理论。

在确立先验自我的绝对地位之后，需要说明先验自我的价值与作用。按胡塞尔在《笛卡尔的沉思》一书中所说的，先验自我的首先的作用是给予对象意义。按现象学的观念，外部世界的存在只是纯偶然事实的堆积，它的内在原则与整体图像都是由先验自我给予的，如果没有先验自我作为对应物，世界就没有意义——"客观世界，即为我而存在的人，总会而且在未来也总会为我而存在的世界，这一仅仅因为我才会存在的世界——这一世界及其全部对象都从我自己那里，即从唯一与先验现象学还原相联结才居于首要地位的自我那里，派生其全部意义与存在方式"①。这个思想是贯穿于整个现象学运动之中的，无论是海德格尔的基础存在论，还是梅洛-庞蒂的理论，都体现着这一思想的影子。先验自我赋予世界意义，这个意义由于来自作为绝对起点的先验自我而被称为"先验意义"，按现象学的思路，先验意义是具有真理性的。

先验自我的意义还在于，它具有构成性和意向性——这就是现象学方法的第二个层面。构成性是先验自我的基本功能，它指先验自我依据意向性产生的动态行为。只有在这一行为之中，世界才成其为我们的对象，对象世界就是先验自我的构成物。在此我们可以把这一理论粗糙地理解为对主体之创造性的肯定。在这里出现了"意向性"这个词，这个词几乎是胡塞尔现象学的中心词。意向性是先验意识的基本属性和本质结构，它是说先验意识总是指向某物的意识。先验意识的本质就在于用自身去消融外在对象，使之成为"为我之物"。胡塞尔提出意向性理论的内在旨趣是为了解决认识之谜，即"认识如何能够确定它与被认识的

---

① 转引自涂成林《现象学的使命》，广东人民出版社1998年版，第71页。

客体相一致，它如何能够超越自身去准确地切中它的客体？"① 在这里意向性就像是纯粹意识发出的光，而意识对象就是被照射到的对象，"在第一清醒的'我思'中，从纯粹自我发出的'光芒耀眼的'射线都射向目前作为意向相关物的'对象'、事物、事实等"。② 这样一来，在纯粹意识领域中，意识的作用和意识的对象统一在了一起并存在着一种平行关系。对于同一对象的意识，由于意向作用的变化，构成的意向对象也在不断变化。

需要指出的是，这里所说的在意向性的构成活动中形成的"意向对象"并不是指对象自身，而是对象的"意义"。意向性要揭示的正是对象世界之意义的显现过程，而这种意义由于出自先验自我的构成性，所以是"先验意义"。

把以上所说的现象学的方法再提炼一下，就是胡塞尔和莫里茨·盖格尔提出的被整个现象学运动共同遵守的四个原则："第一，作为基础研究的现象学是对'事物本身'进行的一种无前提的研究。第二，这种'对事物本身的研究'由于胡塞尔、盖格尔等人发现一种'直接的本质直观'而成为可能。第三，这种直观由于使事物在直接的明证中显现出来，而不依靠任何中间媒介，就为一种'确实可靠的和无可怀疑的'认识提供了保证，因为这种认识本身就具备其合理校准。最后也是最重要的一点是：本质直观被认为完全打开了通向由人类各种经验构成的整个领域的大门；所以人们可以期望本质直观为认识与存在之间的统一提供基础。"③

现象学不直接是"存在论"，但正如海德格尔所说，现象学是关于

---

① ［德］胡塞尔《现象学的观念》，倪梁康译，上海人民出版社1986年版，第22页。
② 转引自涂成林《现象学的使命》，广东人民出版社1998年版，第76页。
③ ［波兰］提敏尼加：《从哲学角度看罗曼·茵加登的哲学理论要旨》，转引自《美学译丛》第3期，中国社会科学出版社1984年版，第2页。

"存在"的学说，但任何一个涉猎过现象学的人，都不免惊讶于这种思想巨大的内在差异。几乎从胡塞尔在20世纪初创立现象学开始，这种思想从来就没有在研究的对象和方法方面获得过真正的统一。按照胡塞尔的观点，现象学的基本精神或原则应该是"面向事情本身"，在这一原则下，现象学的研究方法应该是本质直观和先验还原，而研究的对象则是纯粹意识及其意向性结构。但海德格尔的出现则可以说彻底改变了现象学的思想版图。在他看来，现象学的研究对象不是胡塞尔所谓的纯粹意识，而是存在者的存在及其意义，因为"只有存在与存在结构才能够成为现象学意义上的现象"；而现象学的研究方法也不是所谓本质直观，而是从理解和领会出发的诠释学，因为"'直观'和'思维'是领会的两种远离源头的衍生物。连现象学的'本质直观'也植根于生存论的领会"。① 这样，胡塞尔建构的意识现象学就被改造成了存在论的现象学。

这种存在论的现象学构成了现象学运动的主旋律，现象学家们的思路总体来说是这样的：对象的存在是如何被我们经验到的？转变为对象的存在是如何显现出来的？进而转变为，对象是如何存在的？总体上说，现象学家们总是从这三个问题中选择一个进行切入，因此，现象学美学要么是研究审美经验的（杜夫海纳与萨特），要么直接是关于艺术作品的"存在论"（海德格尔）和艺术作品的"本体论"（罗曼·英加登），这都对现代美学的面貌产生了重大影响。

与现象学哲学一样，现象学美学也经历了曲折多变的发展过程。现象学的创始人胡塞尔把研究的目光主要集中于现象学哲学的奠基工作上，对于美学问题则甚少涉猎。其后的现象学家如海德格尔、萨特、梅

---

① ［德］海德格尔：《存在与时间》，陈嘉映、王庆节译，生活·读书·新知三联书店1987年版，第180页。

洛-庞蒂等人尽管都从各自的哲学观点出发，对于美学和艺术问题进行了深入的探讨，但也并没有形成完整的美学体系。当然，这在很大程度上是由于现象学按照胡塞尔的观点乃是一种"工作哲学"，因此重要的是对于具体现象的直观与描述，而不是对于理论体系的编织或建构。

在现象学美学的发展中，可以看到现象学从先验还原即现象学直观到先验主体再到先验意义这个过程，深刻地体现在现象学美学家对审美活动的分析之中，美学家们要么直观地把审美经验与现象学直观进行等同，从而在审美活动中寻求像先验意义一样的审美经验的真理性；要么走向美与艺术的存在论，研究审美对象如何向我们显现出它的具有真理性的意义来。

这就体现出了现象学美学的基本论题：把现象学方法贯彻到对美学问题的研究中来，这种方法的贯彻体现在两条路线上：一条是像研究纯粹经验一样研究审美经验，建立审美经验的现象学。走这条道路的思想家有胡塞尔本人，梅洛-庞蒂、萨特、杜夫海纳。这条道路侧重现象学中的主体性倾向，在美学上体现为对审美经验的研究。走在第二条道路上的有海德格尔与罗曼·英加登，这条道路侧重于现象学视野下的存在论倾向，这条道路在美学上体现为美与艺术作品的存在论。

现象学认为通过现象学还原，可以把对象还原到"纯粹存在"，也就是"对象本身"。尽管这个对象本身似乎仅仅是预设，但至少从存在论的角度来说，一个具有自明性的纯粹存在，本身是对象的一种存在论状态。这一点变成了20世纪对于审美对象和审美经验的基本认识，无论是现象学还是继起的解释学，都把审美等同于现象学还原，把审美对象视为对象的纯粹存在。

现象学和美学之间的关联，建立在"现象学直观"这个概念之上。这个概念有一个口号——"面向实事本身"，目的是要达到纯粹现象或

第十一章　现象学的存在论及其美学影响

纯粹意识。据本书第 335 页所述，现象学直观也叫"本质直观"。

这种现象学直观，是不是审美的？不是，审美应当以愉悦为目的，而现象学直观的目的是真知；审美是对象之形式的主观合目的性，而现象学直观导向纯粹自我与纯粹意识。但是，现象学美学家们显然意识到，除了这个目的之外，现象学直观的其他性质与审美是可以叠合的。比如直观、非概念性、无目的性、感性的普遍性，特别是现象学直观强调的在直观中对象的自明性显现，以及意象的意向性构成，这对于审美理论来说，是绝好的深化。因此，现象学家们实际上把现象学直观审美化了，并且现象学家们开始把审美当作一种经验过程，并对这个经验过程进行描述。这种描述最先由胡塞尔展开，而后是杜夫海纳和英加登、盖格尔等人，全面地描述我们欣赏艺术的过程，而这种描述，总是从现象学直观开始的。

现象学的直观理论和审美经验论，由于强调本质直观和对象的意向性构成，因此是不需要反思判断介入的。对这个过程胡塞尔做过最初的分析，一个对象成为审美对象的过程，也就是审美的观看过程。审美对象按现象学的方法完全可以看作一种精神图像或图像客体。所谓"精神图像"乃是胡塞尔关于图像意识的现象学中的一个重要术语。在他对于意识活动的整体描画中，图像意识作为一种想象活动属于非直观行为的领域，它必须以直观的感知行为为基础，通过对于感知材料的变异或衍生来构成关于事物的图像。"图像表象的构造表明自己要比单纯的感知表象的构造更为复杂。许多本质上不同的图像看起来是相互叠加、相互蕴含地被建造起来，与此相符的是多重的对象性，它们贯穿在图像意识之中，随注意力的变化而显露给偏好性的意向。"[①] 胡塞尔把这种多重的

[①] [德] 胡塞尔：《想象、图像意识、回忆》。转引自倪梁康《图像意识的现象学》一文，《南京大学学报》2001 年第 1 期，第 34 页。

对象性又区分为图像意识中的以下三种对象或客体。

第一种客体是"物理图像"或"物理事物"。例如一张油画,它首是绘画用的颜料及色彩、画布的尺寸及形状等,是我们首先接触到的对象或客体。第二种客体是"图像客体"或"精神图像",又被称为"展示性的客体",即通过那些物理图像展示出来的一种新的图像,比如"有弹性、有活力的"睡莲,等等。第三种客体则是"被展示的客体",也就是画家依据的实在的睡莲等,胡塞尔称之为"图像主题"或"实事"。

参照胡塞尔的意向性理论,意向活动就是通过赋予这些材料一定的意义来构成意向对象的。至于所谓"图像客体"或"精神图像"则就是由此构成的意向对象。而所谓"被展示的客体"或"图像主题"则是意向活动所依据的实在对象,这种对象尽管经过现象学的还原而被悬隔起来了,但它仍然作为意识活动的"对象极"而保证着意向对象的统一性。

那么,审美对象属于其中的哪一种呢?胡塞尔在《纯粹现象学通论》中详尽地分析了对于丢勒的铜版画《骑士、死和魔鬼》的欣赏或意向活动过程:"我们在此区分出正常的知觉,它的相关项是'铜版画'物品,即框架中的这块版画。其次,我们区分出此知觉意识,在其中对我们呈现着用黑色线条表现的无色的图像:'马上骑士','死亡'和'魔鬼'。我们并不在审美观察中把它们作为对象加以注视;我们毋宁是注意'在图像中'呈现的这些现实,更准确些说,注意'被映现的现实'即有血肉之躯的骑士。"[①]

在这段文字中,胡塞尔明确指出,我们的正常知觉把握到的作为

---

① [德]胡塞尔:《纯粹现象学通论》,李幼蒸译,商务印书馆1997年版,第270页。

第十一章 现象学的存在论及其美学影响

"物"而存在的铜版画，以及画面上的线条和图像等"物理事物"，都不是我们的审美对象，只有通过这种物理图像构成的精神图像——有血肉之躯的骑士才是我们的审美对象。这个观点非常具有启发性，这是把审美对象与一般的认识对象区分开来的唯一办法。

胡塞尔进一步指出，"这个进行映象表现的图像客体，对我们来说既不是存在的又不是非存在的，也不是在任何其他的设定样态中；不如说，它被意识作存在的，但在存在的中性变样中被意识作准存在的"。[①]图像客体之所以"既不是存在的又不是非存在的"，也就是对对象的存在不进行设定，或者说将其存在"置入括号""延缓实行"。按照这一分析，从物理图像向精神图像转化的过程，就是审美的观看对象的过程，审美对象作为图像客体，在这一过程中产生了。作为一种意向对象，审美对象的存在方式可以简单地概括为"既是存在的又是不存在的"。也就是说，这是一种对于其意指的实在对象进行终止判断或中性变样之后产生的特殊对象。

"中性变样"这个术语，是指通过现象学悬置而实施的还原，使对象被理解为恰如其在意向性经验中呈现出的存在。悬置的功能就是中性化意向显现之外的所有存在，排除掉超越于显现之外的任何形式的存在，由此而强化存在和显现的同一性，就叫作中性变样（neutrality—modification）。现在，在胡塞尔的理论中，通过中性变样而获得精神图像，就成为"审美"。

为什么这样一种精神图像就是审美的？胡塞尔不是美学家，他不会考虑审美的特殊性问题，但是，胡塞尔的这种理论对于审美对象的存在论性质进行了界定：既是存在的又是不存在的，存在的是指审美对象有

[①] ［德］胡塞尔：《纯粹现象学通论》，李幼蒸译，商务印书馆1997年版，第270—271页。

其感性形式；而不存在的，是指它不是实存。这种理论实际上是在说：当我们对一个对象进行终止判断或者中性变样之后，就是在对对象进行审美。

这种理论把审美从目的论判断，改变为现象学直观与现象学还原；从对合目的性的反思，转化为通过现象学直观而对对象存在状态的中性变样。这是一个理论模式的重大转变，对于美学史与人类审美史有决定性的意义。通过这一转变，审美从对意义与价值的反思判断，转变为对对象之存在的中性变样。

通过中性变样的"存在"，深刻地影响着20世纪的审美经验论与艺术本体论，或者说，为20世纪的美学进行了本体论奠基。除此之外，还有以下五点是作为启示体现着存在论上的新变对于美学与艺术哲学的影响。

第一，"通过意向性活动而构成的世界"。这本质上是一种"存在论"，在这里产生的启发是，世界不是客观地放在那里需要我们去认识的对象，而是在我们的实践和认识中"构成的"或者说"生成出来的"。这种思路消解了认识论领域中认识对象和认识主体的现成性。也就是说，对象不是被摆在我们对面而需要我们去认识的，而是在认识行为中生成出来的；同理，客体不是现成摆在那里的，主体也不是，而是在认识行为中生成的。在意向性活动中主体与客体的生成乃至世界的生成，构成了现象学方法对我们的最大的启发。这种启发意味着，在美学中，主体如何生成为审美主体，客体如何转化生成为审美客体都是需要描述的过程，甚至"世界"成为"审美的世界"也是一个过程。这个过程类似于意向性活动，意向性活动先于主体与客体的生成，或者说，主体与客体生成于意向性活动中。按这个思路，审美主体和审美客体都是生成于审美活动中，生活世界转化为审美世界，也是生成于审美活动中。二元对立的思维方式把主客体、内容与形式、本质与现象的对立当作是前提性的、必然的，而没有意识到这种对立本身是生成出来的。这就决定了在二元对立之中的关系在先性。现象学强调意向性活动中的生成性、这种思想方法在美学中马上转化为审美活动中的生成性，文学活动中的生成性。

这种关系在先性在美学研究中的表现是审美活动的在先性，审美主体、审美客体，都是在审美活动中才生成出来的。一个人如何在"审美"中生成为审美主体，对象如何在审美活动中成为审美对象，这些问题都因为"活动"的在先性而成为问题。

第二，现象学研究的是意向性活动中主体和客体的交互关系。这启发了我们对于主客体关系的认识——不是单纯的主体认识客体或者主体改造客体，而是主体和客体是相互生成着的：客体是被主体化的客体，而主体也是吸收客体的属性的客体，二者是相互推动着与发展着的。这是一种交互主体性的观念，这种交互主体性意味着人世界化了，而世界也人化了，这是同一个过程。这种交互主体性是审美活动的基本状态。这种交互关系中的认识消解着二元对立，不是说没有对立，而是说这种对立是如何生成出来的，这是比对立本身更本原的问题。在这种交互关系中，主客体成为一个整体结构，而不再是静止的对立关系。由于这种交互关系，当代美学把自己的理论着眼都落实到了审美活动上，审美主体和审美客体等原本对立的关系都处于这种交互主体性中。

第三，由于生成性思维与交互主体性关系的确立，使得现象学成了反本质主义理论先锋，而其中"回到事情本身"和"存在先于本质"的思想方法是决定性的。这种思想方法超越本质主义思维。本质主义思维源自西方形而上学视域下的实体性思维，实体性思维把事物感性具体的部分抽象掉，把事物理解为一个一成不变的自在之物，并且消解掉事物的多样性与丰富性，把它们抽象为一个"本质"。而这种一成不变的"本质"与事物的运动变化与感性的多样性是矛盾的，结果这种思维把事物非本质的部分作为现象和属性消解掉了，也就是把真正现实的部分消解掉了。这种思维在现代哲学中被称为"本质主义"。现象学把本质主义抛到了后面，而是以存在先于本质的思路，去追问事物的存在是如何显现出来的。只有当事物显现出自身的存在，我们才会去研究它是什么。这就意味着，事物如此这般的当下存在是生成出来的，是条件性的，没有超越性的永恒不变的实体、本体、本质。而这种条件或者说前提，就是人的存在，是作为主体的人在世界中的生存。基于这种思路，当代美学走上了反本质主义道路，在美学中，对美的本质的追问被放弃了，试图为美下定义、提炼其本质的做法也被放弃了。

第四，以存在论取代本体论。这是现象学最根本的理论贡献之一，成为当代美学建构自身理论框架的基础。现象学否定了存在者之存在的自明性，而把"存在"看作一个过程，以生成性取代实体性，以非现成性取代现成性，不是追寻实体，而是描述存在之显现及其过程。"现象即本质"这个观念摧毁了本体论，进而把现象学树立为探索存在问题的唯一方法。因为"无论什么东西成为存在论的课题，现象学总是通达这种东西的方式，总是通过展示来规定这种东西的方式。存在论只有作为现象学才是可能的。现象学的现象概念意指这样的显现者：存在者的存在和这种存在的意义变化和衍化物。"[①] 存在者之存在作为一个过程，要求得到描述。现象学对这一过程的描述要么如胡塞尔，描述被意识到的存在如何在意识中生成出来；要么如海德格尔，描述存在者之存在如何在此在的生存世界中生成出来。前者在美学中马上转换为对于审美对象

---

① ［德］海德格尔：《存在与时间》，陈嘉映、王庆节译，生活·读书·新知三联书店1987年版，第42页。

在经验中的生成过程，也就是对于审美经验的描述；后者描述审美对象的构成，并把构成状态描述为一个可被描述的时间性状态。

第五，胡塞尔说的"一切原则的原则"——"每一种原初给予的直观都是认识的合法源泉，在直观中原初地（可说是在其机体的现实中）给予我们的东西，只应按如其被给予的那样，而且也只在它在被给予的限度之内被理解"。① 这个原则在美学中体现为，雕塑直接给予我们的是其质料，音乐给予我们的是音符，而文学给予我们的是语言及其符号，因此现象学的美学家与文艺理论家致力于从这种直接被给予的东西出发描述"一物"如何成其为"艺术作品"，即文艺作品如何"存—在"。这就对克服内容与形式的二元对立、质料与内涵的二元对立、本质与现象的二元对立提供了理论资源。

虽然以上的五点不足以描述作为方法的"现象学"的内涵，但深刻地影响了当代美学与艺术研究的方法，本质上是一种存在论上的变革，最终在美学中体现为一种研究方法与追问方式的变革。

---

① ［德］胡塞尔：《哲学作为严格的科学》，倪梁康译，商务印书馆1999年版，第69页。

第十二章

海德格尔的"此在"与"大道"：
形而上美学的复活

现象学的前提是预设有"绝对存在"，它是认识的起点，无论这个绝对存在是功能性的预设还是还原的结果，必须有这样一种之"在"的状态，认识必须从这个不可怀疑的起点开始。或者说，绝对存在是如何被认识到的？进而引发的问题是，绝对存在是什么？

这是一个标准的形而上学问题，海德格尔在其理论域中将这个问题以这样的方式提出——为什么"在者"在，而"无"却不在？一切在者之"在"，这是传统的形而上学预设的东西，但在现象学看来是某种认识活动的"结果"。这样一来，从现象学还原与本质直观的角度来说，形而上学成了一个大问题——最高存在或者诸种"绝对"是如何被认识到的？如果这个问题不能在认识论中以描述的方式给予回答，那就意味着，形而上学本质上是一次诗性创作，而不具有真理性。形而上学因此成为一个有待考察的问题，它需要被奠基！

从存在论的角度来说，形而上学就是对存在概念的解说，形而上学的命运也就是"存在"概念的命运，每一次对形而上学之命运的反思，都会带来对"存在"概念之内涵的反思。欧洲近代形而上学自笛卡尔以

第十二章 海德格尔的"此在"与"大道":形而上美学的复活

来的发展、这种形而上学与近代科技文明的关系、近代文明自身的危机意识,以及为社会的未来发展而创造一个形而上学理想,所有这些因素汇集在一起,形成一个哲学上的理论要求——反思形而上学。这个要求必然落实在对"存在"概念的反思之上。现象学引发了这个问题,而海德格尔对存在问题的思考,以现象学的方法为指引,将"破"与"立"结合在一起,建构出一种全新的存在论,也构成了"存在"之链离我们最近的一环。

反思是以一种怀疑与颠覆的态度开始的,海德格尔在《存在与时间》一书的扉叶中写道:

> "当你们用到'是'或'存在'这样的词,显然你们早就很熟悉这些词的意思,不过,虽然我们也曾以为自己是懂得的,现在却感到困惑不安。"我们用"是"或者"存在着"意指什么?我们今天对这个问题有了答案了吗?没有。所以现在要重新提出存在的意义问题①。然而我们今天竟还因为不懂得"存在"这个词就困惑不安吗?不。所以现在首先要唤醒对这个问题的意义的重新领悟。具体而微地把"存在"问题梳理清楚,这就是本书的意图。

这其实不仅仅是《存在与时间》一书的任务,也是他毕生从事的研究,这一研究按其探索的历程,可以划分为两个阶段:"此在"与"大道"。这两个概念代表着海德格尔对存在问题的理解与贡献。

首先是"此在"。这个词我们最初是在康德那里见到的,康德用这个词表示确定性的和对象性的"存在",黑格尔沿用了这个词的含义,将之列为存在的第二个环节。海德格尔也沿用了这个词,这保持了德国

---

① 这里的着重号是海德格尔所加,对"意义"的强调很值得玩味。

"存在"之链上的美学

人在讨论这个问题时的延续性，但他也赋予了这个词新的含义，并以之为核心，重新切入存在问题。他把他的以此在为中心的存在论，称为"此在的基础存在论"。

"此在"是海德格尔前期存在论的核心术语，按胡塞尔的要求，必须还原到绝对存在才可以描述出经验认识的生成。对于海德格尔来说，一切认识行为的不可怀疑的起点就是——有一个"此在"在，并且提出了存在问题。解释海德格尔的"此在的基础存在论"是一项艰巨的任务，好在我们所做的只是解说这一"基础存在论"对于存在问题之探索的结论。首先得解释什么是海德格尔说的"此在"，它与"存在"究竟具有什么样的关系？要回答这些问题还得从存在问题着手。发问一开始就指向存在之"意义"："任何发问都是一种寻求。任何寻求都有从它所寻求的东西方面而来的事先引导。"[①] 那么，是什么来引导我们提出存在的意义问题？海德格尔认为我们总已活动在对存在的某种领会之中了，"明确提问存在的意义、意求获得存在的概念，这些都是从对存在的某种领会中生发出来的"[②]。这样一种对存在的领会在海德格尔看来是一个事实，是研究存在问题的不可怀疑的前提。

研究存在问题的第二个不可怀疑的前提是：存在总是某个存在者的存在，即我们只能从存在者身上逼问出它的存在来。绝没有超越于存在者之上的彼岸的"存在"，"存在"就是包括此在在内的所有世界内的存在者的"存在"。

将这两个不可怀疑的事实结合起来，我们就会问，是哪一个存在者在先地领会着"存在"并向"存在"发问？正确地找到这样一个存在者

---

① ［德］海德格尔：《存在与时间》，陈嘉映、王庆节译，生活·读书·新知三联书店 1987 年版，第 6 页
② 同上书，第 7 页。

第十二章　海德格尔的"此在"与"大道"：形而上美学的复活

是研究存在之意义问题的起点，因为"彻底解答存在问题就等于说：就某种存在者——即发问的存在者——的存在，使这种存在者透彻可见"。① 而这种发问的存在者，只能是我们自己。海德格尔用"此在"这一术语来标识这种发问的存在者——生存着的人（而不是作为纯思的"我"，这是海德格尔与康德在应用这个词上的根本不同）。

同其他一切存在者相比，此在有了三层优先地位。"第一层是存在者层次上的优先地位：这种存在者在它的存在中是通过生存得到规定的。第二层是存在论上的优先地位：此在由于以生存为其规定性，故它本身而言就是'存在论的'。而作为生存之领会的受托者，此在却又同样原始地包含有对一切非此在式的存在者的存在领会。因而此在的第三层优先地位就在于：它是使一切存在论在存在者层次上及存在论上都得以可能的条件。"② 由于这三个层次上的优先地位，就有了海德格尔的所谓"基础存在论"。这三个优先地位无非是说：第一，此在必须在存在论上先于其他存在者而首先被问到；第二，其他存在者的存在只有通过对此在之存在的揭示才能被领会。正是在这个意义上说，此在的存在论是"基础"存在论。

此在之生存的这种基础性地位从一开始就确定了研究的方向和研究的范围：既然一切存在者的存在只能在此在的生存中被揭示出来，那么回到此在的生存中来就成了研究一切问题的基本识度。也就是说，必须把存在者都置入此在的生存世界中，必须把思考的问题，无论是世界还是真理，都作为此在生存的环节来思考。这在本质上是一种"还原"——把抽象的，超越于生存世界之上的所有问题还原到生活之流中

---

① ［德］海德格尔：《存在与时间》，陈嘉映、王庆节译，生活·读书·新知三联书店1987年版，第9页。

② 同上。

来，看一看它在此在的生存中是如何发生的。这就是海德格尔的基本方法——现象学还原。"现象学"在海德格尔看来就是追问"存在"的学问，而"还原"就是把一切要研究的现象（就此在的生存而言，一切都可以被理解为"现象"）置入此在的生存之中，从而在非现成性的识度中理解这些现象的本源（本质之源）。

此在从自身的生存领会自身的方式，我们称之为"生存论"①。必须去分析此处所说的"生存"。海德格尔说此在的本质在于它的"生存"，这个术语想要表达一种什么样的深意？为什么要把此在的存在规定为"生存"？这是一个需要从此在的特征去回答的问题。他认为此在"这种存在者的'本质'在于它去存在［Zu-sein］。如果竟谈得上这种存在者是什么，那么它'是什么'［essentia］也必须从它怎样去是、从它的存在［existentia］来理解。而存在论的任务恰恰是要指出：如果我们挑选生存［Existenz］②这个用语来称呼这种存在者的存在，那么这个名称却没有而且不能有流传下来的 existentia 这个词的存在论含义。因为，按照流传下来的含义，existenia 在存在论上差不多等于说现成存在；而现成存在这种存在方式本质上和具有此在性质的存在者的存在方式了不相干。为避免混乱起见，我们将始终用现成状态这个具有解释作用的表达式来代替 existentia 这个名称，而把生存专用于此在，用来规定此在的存

---

① 需要指出的是，德语中没有这样一个词，在德语中海德格尔用"Existenz"来表述我们所说的"生存"，并没有一个单独的词来表达我们在汉语中所说的"生存论"。汉语用这样一种表述方式，是想表明，凡是从生存的角度来思考存在问题，并且从生存的角度把握事物的方法，我们称之为生存论或者生存论的。

② 关于这个词的译名问题海德格尔本人的阐释已经有所指引，把它译为"生存"而不是普通意义上的存在比较符合海德格尔本人的思想，关于这个问题陈嘉映先生在《存在与时间》中文第二版第 501 页有一个深入的解释，但陈先生所说的"一个译名原则上应该能够在翻译所有哲学著作乃至翻译所有原文的场合都通行"。这个原则是过度要求，因为翻译总是一种解释，而解释都是有立场的，所以不能强求这样一种无差异的"通行"。

第十二章 海德格尔的"此在"与"大道":形而上美学的复活

在"。① 这段话向我们道出了"生存"一词的秘密,此在作为一种去存在,它不是一种现成存在。这就是说,此在"这个存在者身上所能清理出来的各种性质都不是'看上去'如此这般的现成存在者的现成'属性',而是对它说来总是去存在的种种可能方式,并且仅此而已"②。如果把这一番解释与存在概念史上关于本质与实存的思想结合起来,我们就比较容易理解海德格尔的思想。

把此在在本质上规定为生存实质上就是要表明:"用'此在'这个名称来指这个存在者,并不是表达它是什么(如桌子、椅子、树),而是(表达它怎样去是)表达其存在。"③ 对于此在的这一性质,我们称其为"非现成性"("现成"在这里专指"一成不变的"),非现成性是生存的实质,也是此在的本质。

此在的本质是生存同时还表明了此在的向来我属性。也就是说,其他现成存在者的存在对于此在来说没有意义,此在在其存在中有所关联的存在——也就是生存——总是它自身的存在,此在作为一种非现成性的存在,总是作为一种可能性来存在,因此此在本质上就是它的可能性。在这里,可能性与非现成性是同一的,它们共同表达了这样一种状况:此在总对自己有所确定,但无论它确定为什么,作为确定者的此在总已经超出了其被确定为的东西,这就是海德格尔的名言——去存在(existentia——去是、去存在)先于实存(essentia——是什么、所是)④,也就是海德格尔反复强调的"可能性大于现实性"。

生存论是海德格尔之基础存在论的基点,所谓的基点在这里既是方

---

① [德]海德格尔:《存在与时间》,陈嘉映、王庆节译,生活·读书·新知三联书店1987年版,第49页。
② 同上书,第49—50页。
③ 同上书,第50页。
④ 这一名言曾被理解和翻译为"存在先于本质",这有意义的偏差。

法意义上的也是对象意义上的。在方法意义上，生存论要求我们总是从事物的非现成性，从可能性大于现实性的角度来思考事物的存在问题，这其中已经暗含了"生成"概念，它是研究此在现象的基本视域。从对象意义上来说，此在的生存及其结构分析成了基础存在论的主要内容，此在之生存的诸环节成为研究存在问题的具体内容。

就对于存在问题的探索而言，海德格尔的思路是这样的："存在"一词的意义只能由"此在"即生存着的人来解说，而在解说之前，人已对"存在"有一种在先的领会。这是因为人本身处在自身的"生存"中，而生存本质上是"去存在"，这种去存在也就构成了此在的"存在"。其他存在者的存在都是围绕着此在的"生存"而展开的。现在的问题是，此在的生存又是什么？也就是生存是一个什么样的过程，它有哪些环节？世界是如何在此在的"生存"中展现出来的？回答这一系列问题需要剖析此在之生存的基本结构，这就是《存在与时间》这本巨著承担的任务。海德格尔以为，只要我们厘清了此在的生存论结构，我们就可以超越存在者的存在而达到"存在"本身。

此在的基础存在论是一个细腻而严密的整体，它的每一个环节都是启发性的，在这其中包含着对欧洲形而上学诸问题的深刻反思与革新，但就这部著作的根本理论目的而言，并不成功。它只是解说了一种存在者——此在——的存在，并且将所有存在者的存在都纳入此在的生存中，视其为此在之存在的显现。这显然具有强烈的人类中心主义倾向，把人的存在视为世界这存在的前提。这种探索只能达到对人的存在的揭示，而不是"存在"本身。即使有这种缺憾，我们也要看到，就对"存在"问题的思考而言，海德格尔的思想是深刻而富有创造性的：他已不单单是思考什么是"存在"，而是从这个问题的起源的角度来思考这一问题的各个环节之内涵。以往的哲学对"存在"的规定都是独断性的，

第十二章 海德格尔的"此在"与"大道"：形而上美学的复活

海德格尔也不能避免，但至少他的此在论摆脱了以往存在论的神秘性与先验性。而且我们还能看到，在此在的基础存在论中，"时间"被引入存在问题。从时间的角度研究存在，这开辟了一个新领域，对存在问题的研究被带入了前所未有的深度，在生存论中形成的存在的非现成性识度由于被置入时间之流而显现出空前的灵妙与深邃。

在西方哲学中，时间总是和"流变"联系在一起，与永恒相对立，无论是流变还是永恒都是从时间状态的角度对存在的描述，时间基本上是区分存在样态的标尺，它"充任着一处存在论标准或毋宁说一种存在者层次上的标准，借以素朴地区分存在者的种种不同领域"①。比如，人们总是把事物区分为时间性的存在者如自然进程、历史事件等，和非时间性的存在者如数学原理、空间关系、物理定律等一切永恒之物。这就正如海德格尔所说：时间是一切存在之领会的地平线。一切存在都是"在时间中的存在"。那么，究竟什么是时间？"在时间中存在这种意义上，时间充当着区分存在领域的标准。时间如何会具有这种与众不同的存在论功能，根据什么道理时间这样的东西竟可以充任这种标准？再则，在这样素朴地从存在论上运用时间的时候，是否表达出了一种可能与这种运用相关的本真的存在论上的东西？"② 这些问题既构成了海德格尔追问时间问题的起点，也是追问的终点。

由于存在总是时间性的存在，而此在的存在方式就是领会存在者的存在，因而此在就必须把时间摆明为对存在的一切领会及解释的视野。时间问题上升到了这样一个高度："一切存在论问题的中心提法都植根

---

① ［德］海德格尔：《存在与时间》，陈嘉映、王庆节译，生活·读书·新知三联书店1987年版，第21页。
② 同上。

"存在"之链上的美学

于正确看出了的和正确解说了的时间现象以及它们如何植根于时间现象。"① 作为此在之基础存在论的一个部分，解说时间现象的起点仍然是此在的生存，也就是从此在生存的时间性切入时间的本质。

海德格尔关于时间的讨论基本上是按照以下步骤进行的：以此在为入手点；把此在分析中包含的先行领会作为时间性专题来讨论；从时间性过渡到时间；在时间的地平线上，存在得到最原始的解释，也就是从时间的角度理解存在。但《存在与时间》一书本身是一部残篇，后两部分海德格尔在此书中没有展开。也就是说，海德格尔只是讨论了此在的时间性，还没有深入到"存在"的时间性。这个缺憾在海德格尔的后期思想中得到了弥补："存在"之思借助于时间维度和非现成性识度，最终超越了此在中心主义，达到了对"存在"的最原初的解释。

海德格尔后期对存在的追问以这样的问题开始："存在"与"存在者之存在"有什么区别？按他的说法，人们已经弄不清楚存在者和存在有什么区别，因此把存在者当作存在，海氏称之为"存在的被遗忘状态"，存在与存在者的区别被遗忘了，而这种遗忘，在他看来，就是时代的纷乱状况的根源，也是形而上学的基础，甚至可以说这种存在的被遗忘状态也就是人类命运的根源。那么，我们究竟遗忘了什么呢？或者说，本真的还未被遗忘的存在是什么呢？海德格尔从"在"的字源学和词源学发现了一些蛛丝马迹。他发现希腊人有一种"揭示存在的热情"，这种热情实质上是寻找开端的热情，把世界猜测为水、为火、为单子等，都是这种热情的表现。但是以一种存在者来表象存在本身并不能代表希腊智慧，当希腊先贤开始了超越存在者的思考时才有了存在问题，而这个具有超越意义的存在，才是思想的开端。开端总是包含着未被展

---

① [德] 海德格尔：《存在与时间》，陈嘉映、王庆节译，生活·读书·新知三联书店1987年版，第22页。

第十二章 海德格尔的"此在"与"大道"：形而上美学的复活

开的全部丰富性，是可能性之和，而这个具有超越意义的开端，海德格尔认为就是 physis。

希腊人用来指称存在者整体即"存在"的那个基本词 physis 在希腊文中被译为"自然"，在拉丁文中译为"出生""诞生"，但海德格尔认为拉丁译名毁坏了该词本来的哲学的命名力量，并且这一毁坏在翻译的过程中被不断加强了。许多被毁坏了的词在中世纪成为权威，然后又转渡到了近代哲学，从而使人们把这些畸变和沦落的概念词汇当作西方哲学的开端。实际上，这个词说的是"自身绽开，说的是揭开自身的开展，说的是在如此展开中进入现象，保持并保留与现象中，简略地说，就是既绽开又持留的强力"①。这个强力就是"在"本身，依赖这个"在本身"，存在者才成为并保留为可被观察的。在海德格尔看来，这个词就是"出—现"，是显现，是全部显现的过程之和，是永不停息的涌动，存在不是显现的结果，它是超越的，"发问辟头就不许驻足于无生命物、植物、动物等等这个或那个自然的领域"②，这样的发问，是对存在者的超越。存在是指"卓然自立这回事，是指停留在自身中展开自身这回事"。

存在是什么？就是展现在我们面前的这一切，是我们立身于其中的世界整体。这是一个朴素的答案，和形而上学对存在的规定相比，这是一个简单而又通俗的答案。海氏的这一回答，蕴含着一个不可回避的问题：存在卓立于何？它从哪里"出现"？如果存在是存在者整体的最高概括，而存在者整体是"出现"，是一种被带上前来，那么这个"出—现"就"既非任何意义上的对象或对象的集合，也非指某个变易的过

---

① [德]海德格尔：《存在与时间》，陈嘉映、王庆节译，生活·读书·新知三联书店1987年版，第16页。
② 同上书，第18页。

程，而是一种发生着和主宰着局面的根本存在域"，① 是"在场"，是"有"。那么，"无"即存在者整体从之出的，是什么呢？这就是海氏所谓形而上学的基本问题：为什么"存在"在而"无"却不在？

但这个问题早已经超出了形而上学的范围，因为形而上学建立在存在者即"有"的基础上，而对"无"的追问，是一种比形而上学更原始的追问。它之所以是形而上学的基本问题，是因为它实质上是在追问形而上学的根基所在。

当希腊人把存在揭示为涌现，揭示为卓然自立时，存在如何涌现？海德格尔认为，答案在"逻各斯"这个词中。照海氏看来，逻各斯的原意是收拢、收集、聚集，从这个意义上讲，逻各斯与存在是一体的，二者都是对从隐到显这一过程的表述，二者即 physis 与 Logos 是原始统一的，存在以聚集的方式涌现，海氏借对赫拉克利特的残篇的阐释表达了这一思想。在海氏眼里，赫拉克利特是最早的希腊思想家，他最先阐明了西方哲学开端时逻各斯与存在之间的内在联系。在对赫氏残篇的分析中，海氏得出逻各斯的本真含义：采集、集中。逻各斯意指采集中的集中，是"经常在自身中起作用的原始采集着的集中"。② 它具有常住性（持存性），它使进入存在的一切事物常住于此。正是在这个意义上，逻各斯就是存在者以集中的方式出现。

逻各斯的采集把被采集者采入何处？"采集绝不是单纯地凑在一起堆成一块儿。采集是把纷然杂陈与相互排斥者扣入一种归属一起的境界中"③，存在者整体以聚集的方式涌现，涌现的结果是各个存在者浑然一体地展示出来，存在者被保持在这一"聚集"中。这一"聚集"就叫作

---

① 张祥龙：《海德格尔与中国天道》，生活·读书·新知三联书店1996年版，第53页。
② ［德］海德格尔：《形而上学导论》，熊伟译，商务印书馆1996年版，第129页。
③ 同上书，第135页。

第十二章　海德格尔的"此在"与"大道"：形而上美学的复活

"一"，从这个意义上讲，一即一切，一切即一。在聚集中，万物有了一个共同的名字：存在者。

那么，存在者聚集于何处呢？聚集于"场"，存在者在场，"在场就是纯粹的显像"①，在场就是"出—现"，是存在者之聚集。这个聚集着的显现，使得存在者无遮无碍地入"场"。这个"场"对于存在者而言，就是无蔽境界。存在者进入这个场，就是由隐而显，就是去蔽而入于无蔽，存在者的这一无所遮蔽，海氏称之为"真理"。什么是真的？是事物的本来面目。什么是事物的本来面目？就是事物无遮无碍地展现出来。这是对真理的最源始的认识，是所有对真理的认识的基础，只有当事物如其所是地展现出来后，我们才能做符合判断。按海德格尔的说法"命题真理植根于一种更为原始的真理（敞开状态）中"②，他将命题真理称为存在者状态上的真理，它意指现实事物的被揭示状态，二者的关系是："唯存在之被揭示状态才使存在者之可敞开状态成为可能"③，前者是后者的根据，是后者获得其内在可能性之处。

在这里海氏把我们引向了存在的二重性。在他看来，存在可分为存在者和存在本身，这叫作"存在论差异"。它们不是一般和特殊的关系，这种关系，我们或许可以诗意地表现为大地与山川的关系，二者是不可分的。"存在者状态上的真理与存在论上的真理各个不同地涉及在其存在中的存在者与存在者存在。根据它们与存在和存在者之区分的关联，它们本质上是共属一体的"④。但是，存在论上的真理是更加源始的真理，因为它就是敞开领域，唯当物与人都已经在"敞开领域"中了，才有表象者与被表象者的关系，才有了存在者状态上的真理。存在论真理

---

① ［德］海德格尔：《形而上学导论》，熊伟译，商务印书馆1996年版，第133页。
② 《海德格尔选集》，孙周兴选编，上海三联书店1996年版，第162页。
③ 同上书，第163页。
④ 同上书，第166页。

是存在者状态上的真理的根据,"根据意味着:可能性、基础、昭示",这是根据的本质。也就是说,存在论真理是在先的,存在者状态上的真理才有了基础,才能得以开启。从这个角度讲,作为存在者状态上的真理的本质,就是作为根据的本质的真理。这种真理观深刻地影响了当代美学对艺术真理性的认识。

在海氏看来,本质就是根据,真理的本质就是本质的真理,根据和本质的所指是共同的:根据意指"自由",是人力不逮的"敞开状态",是纯粹的可能性,是"此之在",而本质也就是"敞开状态"。这一"敞开状态"就是真理,"真理乃是一种敞开状态借以成其本质的存在者之解蔽"[①]。"真理的本质是自由"表达的,是存在者之解蔽状态的根据在自由中。由此我们可以推断:非真理就是存在者之遮蔽状态,这种"非真理"并非是真理的简单否定;真理是无蔽的澄明,是存在者之卓然自立,而"非真理"作为未敞开状态,是真理生发之处。从这个意义上讲,真理与非真理都属于真理的本质。既然存在是由隐而显,是"出一现",是由隐和显共同构成的一个域。那么,隐和显就像纸的两面,是共属一体的,而真理的本质作为本质的真理乃是存在本身,因此真理的本真与非本真都属于真理,正所谓"真亦假,假亦真"。但这并不是辩证的抽象,并不是把事物割裂为正与反,然后再求统一,而是说明事物是浑然一体的,是不可分割的,既不可偏胜,也不可偏废。

通过对存在、真理和逻各斯的全新阐释,我们获得了"有",我们揭示了存在之在。"存在"这个古老的概念就和现象学的"在场"结合在一起,体现出一种全新的意味。但这还不是海德格尔对"存在"概念的最后判定,严格地说"在场"揭示的还只是存在者之"存在",还没

[①] 《海德格尔选集》,孙周兴选编,上海三联书店1996年版,第226页。

第十二章 海德格尔的"此在"与"大道"：形而上美学的复活

有上升到"存在"自身。这个存在自身海德格尔称之为 Ereignis。

这也是海德格尔"存在"论的第二个层次。这个词指称的是这样一种思想境界：以往的"存在"总是从两个维度来确立存在的内涵，要么是世界之外的超验之物，如上帝、绝对精神和理念等；要么是从主体性的"我""意志""纯思"等来规定存在，现在需要一种能够摆脱二元对立模式，涵盖主客、统一主客的存在观，海德格尔的 Ereignis 这个词就是这样一种尝试。

首先，人是一种存在者。作为存在者，他像石头、树木、雄鹰一样属于存在整体。在这里，"属于"的意思是被归入存在中，但是人的突出之处就在于，"他向存在敞开并被摆到存在面前，与存在相关联并因此而与存在相呼应"[①]。海氏把人这种存在者称之为此在，将此在的这种突出之处称为"此在的超越"。超越意味着超于存在者整体之上，因此人这一存在者在存在者整体中具有双重位置，它在之中，也又在之外，仿佛是被嵌入一样。此在的此种超越并非单纯的高出于，而是说："此在在其存在之本质中形成着世界，而且是在多重意义上形成着，即它让世界发生，与世界一道表现出某种原始的景象（形象），这种景象并没有特别地被掌握，但恰恰充当着一切可敞开的存在者的模型，而当下此在本身就归属于一切可敞开的存在者中。"[②] 一方面，这里所说的世界，不仅是存在者整体，而且是存在者存在的一种"何如"。此在让世界发生就是此在筹划着这种何如，就是人对存在的拥有。而另一方面，存在作为在场，它使人在场，只有此在在场、在存在者中，他才进行世界筹划。从这个意义上讲，人归属于存在，被存在所拥有。

结合这两个方面，我们可以发现人和存在相互转让，相互归属。在

---

① 《海德格尔选集》，孙周兴选编，上海三联书店1996年版，第652页。
② 同上书，第193页。

· 359 ·

人和存在的相互归属中，思从中而来。思超脱人的境况而看到那种从二者相互归属而来的人和存在的态势，海氏称这一态势为 Ereignis。

Ereignis 这个概念的内涵很丰富，有以下三个层面。它的第一个层面是无蔽，是澄明。这是基于现象学直观对存在者之存在的理解，存在者如其本然地显现自身，不带任何主观色彩，没有任何遮蔽，这就是源始的真理观。在这里，澄明并非指存在者的通透，而是一个境域。正是在这境域中，存在者才显得通透。只有在这一境域中在场，才算作存在者的存在。第二个层面是涌现，是聚集，是存在者如何显现从而构成一个澄明之境。就现象学直观而言，存在者涌入我们的视域而展现自身。这一涌现是存在者从遮蔽之中冲出，由不在场而在场，并且在入场之初即与世界诸因素相聚集而成其本质。这既是一个解蔽过程，也是一个聚集的过程，只有当存在者从遮蔽中涌现并且成其本质后，才有澄明之境。

Ereignis 的第三个层面是遮蔽，是隐匿，是存在者从中而出的黑暗、是无。有无相生，有从无中来，在在场这一从隐而显的过程中，隐是一切的起源，它更为原始，"遮蔽乃是作为无蔽的心脏而属于无蔽"[①]，正是在这个心脏的庇护下，才有无蔽，在场者才能显出。Ereignis 有别于古希腊存在观的最大之处就在于对隐匿与遮蔽的探索。隐匿是 Ereignis 的本性，但这并不是说 Ereignis 就是"无"，它的三个层面是共属一体的，它既有"澄明"（有），也有"隐匿"（无），还有由隐到显和由显到隐的运作，它比有、无更原始。

Ereignis 这个概念更深刻的含义体现在"存在"与"时间"在这个概念处达到了统一。这个概念描述着一种时间化了的"存在"，在海德

---

① 《海德格尔选集》，孙周兴选编，上海三联书店1996年版，第1259页。

格尔看来存在总是体现为"曾在""现在""将在"。"存在"的这三种时间状态是彼此勾连,彼此传递而成为统一体。正是这种传递创造了三者本己的统一性,这种统一性就是本质的时间,由此这种传递也就成了本真时间的一个必不可少的维度。存在与时间交互规定着,存在者的存在——在场把时间定为四维的,而时间让存在者之存在自行澄明。时间和存在在相互转让、奉献。它们并不彼此给出,而是在相互转让和奉献中构成,并且共属于这种构成之物。这规定存在与时间两者入于其本己之中即入于其共属一体之中的那个东西,海德格尔称之为Ereignis。

Ereignis不是静止的,它是纯粹的运作,是时间之四维的勾连,是存在与时间的共属一体,是隐与显的交融。在这个概念之中包含着某种被海德格尔称为"诗意"的东西,这诗意就是天地神人四重奏。在Ereignis这种原始的统一性中,这四方是一个相互勾连的整体,你中有我,我中有你,"四方中的每一方都以它自己的方式映射着其余三方的现身本质。同时,每一方都以它自己的方式映射自身,进入它在四方纯一性之内的本己之中。这种映射不是对某个摹本的描写。映射在照亮四方的每一方之际,居有它们本己的现身本身,而使之进入纯一的相互转让之中。以这种居有着——照亮着的四方中的每一方都开放入其本己之中,但又把这些自由的东西维系为它们的本质性的相互并存的纯一性"①。四方中的每一方都不会固执于它自己的独特性,这种进入自由域的维系着的映射,海氏称为"游戏",在游戏中,四方的纯一性得到信赖。四方之游戏并非海市蜃楼,并非思想的游戏。它就是"物"之为"物","物居留四重整体,使之入于世界之纯一性的某个向来逗留之物中"②。

时间的三维到时与天地神人的四方一体,这构成了海德格尔的后期

---

① 《海德格尔选集》,孙周兴选编,上海三联书店1996年版,第1180页。
② 同上书,第1182页。

存在论——Ereignis。和以往的存在观相比，海德格尔对存在的理解有一种对存在问题的"诗化"倾向，这与黑格尔把"存在"逻辑化是相对的。但这套理论超越了"存在者之存在"而直接追问"存在"自身，可以说，除了中世纪的神学对上帝的存在的追问之外，所有关于存在的探索实际上都是在思考"存在者之存在"，是在为存在者的存在找根据，所以我们能够将之于"本质""形式""质料""相""实体""实存"等概念并列起来并且相互解释。而"存在"自身却是不可言的，就像上帝的存在一样，是最黑的黑暗，也是最亮的光明，是终极性的"一"，是不可言说的神秘。海德格尔第一次进行了这样一种言说，并且揭示出在存在问题的时间性，进而给出一个通达这种存在的路径。存在问题或许没有被彻底揭示，但存在问题的神秘与困难被彻底揭示了出来，这无疑是存在概念发展史上的一个里程碑。而且，海德格尔以存在问题为主线，对整个西方思想进行了再阐释，从而把世界史描述为"存在"的历史，使得思想的发展与世界的发展与"存在"概念的命运统一起来，体现出了理论的彻底性，也带来了全新的思想史观。在海德格尔看来，人类思想经历了如下三个阶段：一是思与存在的阶段；二是逻辑与形而上学的阶段；三是思与 Ereignis 的阶段。西方思想的发展历程在他眼中，就是从源头而出的两次转渡。这样，"存在"既获得了时间性，也获得了历史性，在黑格尔那里完全是逻辑性的东西，在海德格尔这里摆脱了逻辑的束缚而展现为时间性。

在海德格尔这里，"存在"概念具有黑格尔的绝对精神般的彻底性：世界是存在的显现，历史是存在的时间性，人是存在的看护者，精神的各个方面都可以成为"存在"的某个环节。从哲学史的角度来说，海德格尔在20世纪掀起了一场存在论的复兴。这场复兴在现象学近乎烦琐地分析认识的先验机制和语言哲学对语义的精致分析面前，显得玄奥而

第十二章 海德格尔的"此在"与"大道":形而上美学的复活

富于诗意。这种存在论具有东方气息,也具有一种"诗性",它的核心概念 Ereignis 无法以分析的方式展开,只能以诗性的方式或者说以意象化的方式被诠释。这就使得海德格尔的后期思想,非常依赖于艺术,或者说美学。

海德格尔从 20 世纪 30 年代中期开始从此在的基础存在向"大道"的存在论转向,转向是借助美学完成的。在进行转向的十年间,也正是海德格尔进行其艺术之思的十年,他关于艺术、美和诗的一系列思考大多集中在这十年间,比如《荷尔德林的赞美诗〈日耳曼人〉和〈莱茵河〉》(1934—1935)、《形而上学导论》(1935)、《荷尔德林与诗的本质》(1936)、《艺术作品的起源》(1936)、《作为艺术的强力意志》(《尼采》第一卷,1936—1937),还有在 40 年代初发表的一些关于荷尔德林诗歌的演讲。

转向的结果是:在《存在与时间》中,研究的中心问题是存在问题。对这个问题的切入是以此在为中心和视域而引出的对在场的"存在"的思考。这一思考力图从在场的时间性质来达到对存在的领会,此在之外的存在者的存在只有在进入此在的生存世界才能被带上前来,此在本身成为一个其他存在者得以存在的"可能性"之域。

同样是言说"存在",如果放弃以此在为中心,那将如何探索"存在"问题呢?在《形而上学导论》一书中,海德格尔认为希腊人对存在的原始经验就是他们的"思",而这种思往往是以诗的方式表达出来的,诗与思之间有一种内在的亲缘关系。思就是对存在之领会,思与存在是共属一体的,希腊人以诗的方式表达着他们对存在的领会。海德格尔找到了一条通达存在和言说存在的新路——诗。海德格尔说他的转向出于"实事本身",那么从此在的生存论分析到对诗的解构这一转变后面起作用的"实事本身"是什么呢?是存在的召唤和对这种召唤做出应答的要求。唯有诗才能道说"存在",诗是"存在"的语言,所谓语言学转向更确切地说是"诗的转向"。这一转向意味着,形而上学的语言被突破了。如果说这种语言决定着我们的思维与我们的生存世界,甚至我们自身,那么,一种新的可能的"存在"开始呼唤我们。

这种呼唤是从艺术作品中发出的,在《艺术作品的起源》一文中,海德格尔把对存在的研究从此在转向了对艺术作品的研究。这是一个存在论影响美学的生动案例。

可以先把"此在"和"艺术作品"作一个比较。在《存在与时间》中,此在具有存在论上的基础性地位,是唯一追问存在的存在者,此在的生存世界就是真理的澄明之境。而按此在的基础存在论来看,艺术作品就是普通之"物",是只有进入此在的生存世界后才能获得其存在之意义的一种存在者。就艺术作品是普通一物来说,艺术作品永不能摆脱"在世界中"的命运,艺术作品唯当其"现身"于世界中才成其为艺术作品,才能够"存在"。艺术作品总是以到时的方式,在此在的时间性的生存中显现出来。但在《艺术作品的起源》一文中,海德格尔却开始逼问艺术作品"自身",似乎认为艺术作品是独立于此在的生存世界的。这实质上反映了《存在与时间》和《艺术作品的起源》两文在思想方法上的根本不同:在《存在与时间》中,一切都被置于此在的生存中,存在者的存在被彻底现象化了。但是在《艺术作品的起源》中,对艺术作品之"自身"的追问更多的是把艺术作品作为现成存在,因为只有现成存在的东西我们才可以说它有"自身"。对这种差异我们可以作这样一种积极理解:海德格尔在此要借艺术作品来纠正《存在与时间》中的强烈的主观主义倾向,他对艺术作品自身的追问是在传达这样一种思想:存在者有其不关此在的本身存在。

对艺术作品自身的追求包含着这样一种意味:把艺术作品从与此在

第十二章 海德格尔的"此在"与"大道":形而上美学的复活

的关系中解放出来,不从关系的角度研究艺术作品的性质与意义,也就是斩断艺术作品和自身以外的所有关联。这其中也当然包括审美关系,直接逼向艺术作品的作品性,而这个作品性,海德格尔认为是真理之发生。如果说在《存在与时间》中,真理只能在此在的生存世界中发生的话,那么在《艺术作品的起源》中真理也同样可以在"艺术作品"中发生了。换言之,艺术作品取得了一种类似于此在的地位和性质。

艺术作品和其他存在者相比,有一种结构上的二重性,首先它是一"物",这是它和其他存在者相同之处;不同之处在于,艺术作品有一个自身的意义世界,如果说其他存在者只有进入此在的生存世界才能获得其意义的话,那么艺术作品本身包含一个作为因缘整体的意义世界。也就是说,它一方面有它处身于其中的此在的生存世界,另一方面有内在于它的"意蕴世界"。我们认为海德格尔之所以如此看重艺术作品,正是看到了这种二重性,因为借助于这种二重性,可以突破此在的基础存在论对"存在"问题的束缚。通过艺术作品这个桥梁,海德格尔达到了那聚天、地、神、人于一方的存在,让每一"物"都成为真理显现的方式。

海德格尔的思想总体上经历了"此在—艺术作品(也包括诗)—物"这样一个链条。这个链条实际上体现着海德格尔的思想在一个问题上的不断深化,这个问题就是"存在者的存在"如何显现出来,即存在的"意义"如何显现出来。此在和后期的物构成了对这个问题回答的两极,前者聚焦于一点(此在),后者化入无极之境,万物皆是存在之显现;前者拘泥于对此在之生存论的结构"分析",后者则化入了纯思之境,全然成为大道之"道说",全然是诗意的,不再受逻辑与理性的束缚。在这两极之间,起桥梁作用的是艺术作品和诗。正是借助于艺术作品的存在论意蕴,存在者的无蔽状态借艺术作品而发生了转变,它通过艺术作品而被带上前来，因此，此在的基础存在论地位被突破了，非此在式的存在者获得了存在论上的真理性；借助于诗，形而上学的语言被突破，形而上学式的运思方式被对存在的领会化入一种纯思之境，物之物性终于从工具性转变为"天地神人"的四方游戏。

以上是关于海德格尔的存在论思想，在这套思想的产生过程中，艺术和审美出其不意地参与了这个过程。海德格尔不是美学家，但由于他从存在论角度思考艺术、诗与美的问题，因此他的理论就从方法论和具体的艺术论与美论两个方面引导了20世纪美学的发展。应当说，这种引领是由存在论上的变化引发的。

对艺术作品的存在论分析对于20世纪的美学来说，是一个方法论上的启迪。在海德格尔的论证之中，艺术作品是作为一个具有超越性的存在者而存在的。这种超越体现在以下五点：艺术作品首先是作为器具而存在，艺术作品的存在是由于某种外在的功利目的，这个目的可以是经济目的，可以是实用目的，可以是宗教目的，可以是政治目的，也可以是审美目的。从这个目的性的角度来说，艺术的存在具有他律性，它的本质在它之外，这是其一。其二，艺术作品作为一种被创造存在，它是创作主体之主观性的物化与外化，被创造存在决定了它的本质只能从创作它的主体的角度来理解。其三，艺术作品的存在还具有这样一种自律性，也就是说艺术作品作为"作品"总有它的"作品性"的一面，总是有一种或几种属性使得我们可以把一件艺术作品与一个器物区分开来。尽管我们不能找到这样一个绝对的作品性（这种作品性在海德格尔看来是真理之发生），但这种作品性是艺术之为艺术的根本性质之所在。如果我们找不到艺术的这样一种本质规定性，那就意味着艺术作品本身不存在，但这一点是不能怀疑的，必须坚持艺术有其自律性。其四，任何一件伟大的艺术作品，都体现出某种有机整体性，而且，这个有机整

第十二章 海德格尔的"此在"与"大道":形而上美学的复活

体是为某种情感倾向而服务的,它传达着某种生命体验与情感倾向。换言之,艺术作品具有自身的生命性,它是活的,尽管它只是一"物",但这一"物"之所以被称为艺术作品,就是因为它没有生命却在传达生命的神秘。其五,艺术作品作为一物,它是一个意蕴整体,它的意义实质上是一个意蕴群,是世界一般情况与个体生命活力的有机整合。它的这种性质在海德格尔对于梵高的《农鞋》,对于希腊神庙这样的作品的分析中得到了淋漓尽致地体现,在这个层面是艺术、是真理或者说存在的显现,并因此而是美的。①

艺术作品在存在论上的这种独特性还建立在时间性之上。艺术作品的存在本身是一个过程,恰当的表达应当是"存—在"。过程就意味着,艺术作品一旦被创作完成,那么它的存在就应当是非时间性的,任何变化都意味着破坏。但作品自身的意义与价值又是时间性的,是随着它所处的历史文化状态而不断进行变化的。艺术作品的存在就其意义而言,总是处在一个不断的生成过程中。任何一件伟大的艺术作品,都是一口汲之不尽的井,充满着无尽的可能性,因此,一件艺术作品的本质就是它存在的历史。这个历史不是一个封闭的历史,艺术作品历史性的存在与它的意义的历史性的生成意味着,一件艺术作品的存在历史就是这件艺术作品与不同时代的读者、与其他作品、与不同的社会背景之间不断对话、交流的过程,是不断地在自身的存在与意义的历史生成之间不断地调解的过程、转换的过程。一部作品的意义不是来自它自身,而是来自它与整个时代、与读者、与其他作品之间的关系。随着这种关系的转变,艺术作品的意义呈现为一个充满解释之可能的域。

这种思想直接引发了解释学和接受美学,也把生成论的意识引入艺

---

① 关于艺术之"美",见刘旭光《存在之光——海德格尔美论研究》,《上海师范大学学报》2004年第4期。

术与美学研究中。由于海德格尔的这一思想,"艺术作品存在论"在对艺术的研究中,实际上超越了"艺术作品本体论",成为研究艺术的哲学基础。

从美学的角度来说,海德格尔虽然没有体系化的建构,但他的思想在新的存在观上,建立起了一套宏伟的美学。

这套美学主要有以下四个方面的内容:其一,美是存在的显现;其二,美学史是存在的历史的一个反映;其三,艺术的本质是"存在"的发生;其四,诗是"存在"的道说。显然,这套美学的核心是存在概念,是围绕着存在展开的。下面分四个部分予以论述。

第一方面,是关于美的本质。海德格尔认为"美既不能在艺术的问题中讨论,也不能在真理的问题中讨论。毋宁说,美只能在人与存在者本身的关系这个原初问题范围内讨论"[①]。也就是只能从存在论的角度从存在论/本体论的角度反思美的本质,这是欧洲美学的形而上学传统。这一传统总是从这样一个角度赋予美崇高意义,即作为世界的本原和本质。这些最高范畴以感性形式显现于诸存在者之中,就如神立身于凡人中时有光环显示他是神而非凡人一般。这些感性显现的范畴也有自己的光环,这一光环叫作"美"。这个传统赋予了美伟大意义,对形而上学之最高范畴的膜拜现在在现实生活中变成了对"美"的膜拜,美由于其本体,从来都不仅仅是为了娱乐,它成了一项崇高的事业,成为绝对与真理的显现方式。这个传统的现代版,就是海德格尔的"美是作为无蔽的真理的现身方式"。

"无蔽的真理"就是海氏所说的"存在"。他认为,对存在的观照是人的本质特有的,对人而言,存在的封闭性带来的结果是他被遗忘击

---

① Martin Heidegger. *Nietzsche Volume I*: *The Will to Power as Art*, trans D. F. Krell Routledge & Kegan Paul London and Henley, p. 187.

第十二章 海德格尔的"此在"与"大道":形而上美学的复活

中,常常处于存在的被遗忘状态,因此,必须保持对存在的观照。但是,它"很容易被搅乱并被损坏,因为它往往是需要重新恢复的东西"。因此,"需要那种使存在之观照的这种恢复不断复活与维护成为可能的东西,那只是某种直接的,在被遭遇之物的变动外表中显示存在的东西,完全陌生而又是易见到的东西。在柏拉图看来,这就是美"[1]。在海德格尔看来,也是这样。

显然"存在"既是美的本质,也是美的功用,人无法在流变的世界中领会与观照存在之本质,相反,存在的被遗忘状态却是生活的日常状态,需要打破这种遗忘状态。海德格尔将这个伟大的使命给了美,他认为"美是最直接提升我们、迷住我们的东西。美一方面作为一个存在者与我们相遇,同时又解放我们,使我们得以观照存在。美是一种在自身中不同的东西;它可以是直接感性外表,同时又向存在飞升;它既是迷人的,又是自由的。因为正是美将我们从存在的忘却中夺走,并肯定了对存在的观照"[2]。

从存在的角度反思美,海氏说:"就美最真实的本质而言,它是在感性王国中最闪亮光辉的东西,在某种意义上,它作为这种闪光而同时存在光耀(照亮存在)。存在是那种人们一开始就在其根本上对其抱有喜爱的东西;正是在走向存在的路上,人被解放了。"[3] 对美的本质的这种看法基于对于下面这句话的阐释:"只有美才享有这一点,即它是最光亮的和最值得爱的东西"(柏拉图《斐多篇》,250^{d7})。基于对柏拉图这句话的阐释,海德格尔把美的存在方式与光联系在一起。这一联系本身就是一个传统,是基督教哲学中的光的形而上学对美的存在方式的阐

---

[1] 以上引文见 Martin Heidegger, *Nietzsche Volume I: The Will to Power as Art*, trans D. F. Krell Routledge & Kegan Paul London and Henley, p. 189。
[2] Ibid., p. 190.
[3] Ibid., p. 191.

释。海德格尔就此存在方式这样认为:"美被称之为最光辉的东西,是在直接的、感性的多变外表中光耀四方的东西"①。

单看海德格尔所说的"美是存在之显现",在理论上他的确没有多少实际的创新,但如果我们把这种对美的认识和他的非现成识度,与思的纯显现境域相结合,那我们就能看出这里蕴含的新意所在:美不是显现的结果,而是"显—现"这个动态过程。形而上学的最高概念显现出来就是美,这种看法显然是把美视为一种现成存在,一种结果,是把美视为存在的凝固态。也就是说,美是一种主体可以对这进行观照的对象,但海德格尔显然不是这样认为的。美在海德格尔看来是这样一种过程:"美让对立者在对立者中,让其相互并存于其统一体中,因而从或许是差异者的纯正性那里让一切在一切中在场。美是无所不在的现身(Allgegenwart)。"② 正是这样一种"让并存于统一体中",决定了美不仅仅是某种显现或者光耀,而是生成意义上的"让……显现",是让作为整一的存在显现。这就是海德格尔对美下的另一个定义:"美是原始地起统一作用的整一。这个整一只有当它作为起统一作用的东西而被聚合为整一时才能显现出来。"③ 这个整一就是他所说的我们在第三章中解说过的"Ereignis""美乃是以希腊方式被经验的真理,就是对从自身而来的在场者的解蔽,即 Ereignis,对希腊人于其中并且由之而得以生活的那种自然的解蔽。"④ 这样一来,美和解蔽,和真理,和大道是共属一体的,是存在的一种样态。

第二方面,是海德格尔的美学史观。他认为"存在"经历过一个从

---

① Martin Heidegger, *Nietzsche Volume I: The Will to Power as Art*, trans D. F. Krell Routledge & Kegan Paul London and Henley, p. 191.
② [德] 海德格尔:《荷尔德林诗的阐释》,孙周兴译,商务印书馆 2000 年版,第 62 页。
③ 同上书,第 162 页。
④ 同上书,第 197 页。

第十二章 海德格尔的"此在"与"大道"：形而上美学的复活

非现成性的本源到形而上学，再到形而上学终结之后"大道"之思这样一个过程。按照存在的这一过程，海德格尔提出了一套相应的美学史观：前柏拉图时期的希腊——没有美学，因为存在本身还没有分化，处于浑然的统一状态；柏拉图与亚里士多德时期——对象化思维与确定性思维确立，事物被区分为内容与形式，这正是反思艺术之本质的基本理论工具，美学思想开始诞生；从笛卡尔到康德——主客二分的思维模式确立，主体性的建立意味着主体及其感受状态成为评价万物的尺度，这就促成了感性学（美学的诞生）；黑格尔——西方美学的高峰，艺术与存在的关系被揭示并且艺术意识到自己已不再成为存在的绝对需要因而走向终结；瓦格纳——美学走向终结的最后余晖，瓦格纳的"整体艺术"是挽救艺术的最后努力；尼采——美学由于摆脱了主体的感受状态而重新回归到存在，美学终结了。

海德格尔的这种美学史观是独特的。在他看来，哲学是对"存在"之意义的研究；艺术是对"存在"的赋形，艺术作品就是"存在"的形式；美学是对"存在"的感受状态。这样一来，以"存在"为核心，哲学、美学、艺术三者融为一体，从而在历史的演变中体现出一种同步性（尽管艺术与美学之间是一种此起彼伏的对抗关系）。比较海德格尔的思想史观和美学史观，我们发现其中包含着一种契合，这种契合实际上是存在之意义的流变史与对存在的感受史之间的契合，而这种契合的中介是艺术。也就是说，思想史与艺术史之间有一种契合。"西方艺术的本质的历史相应于真理之本质的转换"[1]，即艺术之本质的历史相应于"存在"范畴之意义的历史，而存在范畴之历史构成了海德格尔的思想史观。这样一来，思想史、艺术史与美学史三者间就有了统一与契合。这

---

[1] 《海德格尔选集》，孙周兴选编，上海三联书店1996年版，第302页。

就使对艺术问题与美学问题的追问获得了一个共同的基本着眼点,从而使我们有可能"在西方思想史中刻画出美学的本质和功能以及它与西方艺术史的关系"①。这也正是海德格尔的目的。

第三方面,海德格尔的存在论深刻地影响了对于艺术作品的认识。或者说,它开启了一种视野,在这一视野中,艺术作品被从存在论的高度进行审视,"艺术"与"存在"两个太过遥远的问题被联系在一起。艺术与存在的联系具体说有以下三点。

其一,"艺术是历史性的,历史性的艺术是对作品中的真理的创作性保存。艺术发生为诗。诗乃赠予、建基、开端三重意义上的创建。作为创建的艺术本质上是历史性的。这不光是说:艺术拥有外在意义上的历史,它在时代的变迁中与其他许多事物一起出现,同时变化、消失,给历史学提供变化多端的景象。真正说来,艺术为历史建基;艺术乃是根本性意义上的历史"。其二,"艺术让真理脱颖而出。作为创建着的保存,艺术是使存在者之真理在作品中一跃而出的源泉"。其三,"艺术作品的本源,同时也就是创作者和保存者的本源,也就是一个民族的历史性此在的本源,乃是艺术。之所以如此,是因为艺术在其本质中就是一个本源:是真理进入存在的突出的方式,亦即真理历史性地生成的突出方式"。②对艺术之本质,值得从以下三个方面谈论。

首先,海德格尔从两个方面开创了艺术作品之自我独立性的内在深度,一是认为真理之自行置入作品,即世界与大地的争执将自身置入艺术作品,艺术作品将这一争执开启出来;二是艺术作品开启出(或者创建)历史性民族的世界。一方面,真理借艺术作品而现身,由于这个

---

① Martin Heidegger. *Nietzsche Volume I*: *The Will to Power as Art*, trans D. F. Krell Routledge & Kegan Paul London and Henley, pp. 80 – 81.

② 以上引文见[德]海德格尔《林中路》,孙周兴译,上海译文出版社 2008 年版,第 61—62 页。

第十二章 海德格尔的"此在"与"大道":形而上美学的复活

"真理"并非是某种现成意义上的"符合",也不是永恒意义上的"绝对",而是生成意义上的"发生",是存在者使自身进入在场的澄明而又隐入深沉的自持,是存在者的自足状态,因而,无论是世界世界化还是大地大地化,以及二者之争执,都是浑然自持的。它既不是主观冥想,也不是主体的客观化,而是"大道"之发生,所以海德格尔强调真理"自行"置入艺术作品。另一方面,在艺术作品中发生的真理是历史性的,历史性的此在的生存世界借艺术作品而现身在场,在作品建立之际,此在之生存的意蕴整体被带上前来。这就是艺术作品对历史性民族之世界的开启,唯当艺术作品开启了这个世界之际,艺术作品才实现了自身的本真存在,才成其为自身。借这两个方面,艺术作品在内则有真理发生于其中,在外则能开启历史性民族之世界,内外相合,艺术作品获得了自我独立性。

其次,艺术之本质不在于"反映",不在于"摹写",而在于"筹划"。这就是说,艺术作品既不是对某种固定观念、固定模式的应和,也不是对已有之物的模拟,而是某种在筹划中的"发生",是某种新的东西作为真理而显现出来,生发出来。海德格尔强调说艺术的本质是诗,而诗作为大道之运化,本身是创造性的,因而在真正的诗与真正的艺术中定会有一种创造发生。海德格尔认为诗与艺术创造历史性民族的存在,这虽然有点夸张,但强调艺术的创造作用,强调诗与艺术在人的生活中的本真地位,这无疑是深刻而富有启发性的。

最后,艺术作品唯在保存中成其本质,艺术接受问题被从艺术作品的存在论高度提了出来。艺术作品第一次成了一个"事件"。事件意味着,事件的发生必会引起某种冲击与影响,而且参与这一事件之中的存在者会因这一事件而改变其存在状态。艺术作品的产生作为一个事件,它有自身的"冲力"与"投射"。这是艺术作品中的"真理之发生"的本质性结果,而这一事件只有在艺术作品的保存中才能体现出来。

第四方面,虽然一个哲学家对于艺术的思考,总是出于艺术之外的原因,但他们总能发现艺术自身包含着的但又超越于艺术的问题。比如海德格尔对于诗的解读,"诗乃是存在者之无蔽的道说"。这是在《艺术作品的起源》关于诗的一些片断式的思想。后来,海德格尔曾明确地说他是从"存在与道说的共属关系"来思考诗的①。并不是所有的诗都能从存在与道说的共属关系来思考,所以就需要一位诗人,需要一些作品,作为通达存在与道说的道路。这就是为什么海德格尔选择了荷尔德林及其作品,而不是或许更伟大的歌德、维吉尔、莎士比亚等诗人,这也就是为什么海德格尔强调他解读的那些诗作具有"历史唯一性"。他似乎认为只有荷尔德林以及很少一些诗人的作品才体现着存在与道说的共属一体的关系。在海德格尔看来,古代存在论首先存在于自古传下来的一些关于存在问题的文本,比如阿那克西曼德、巴门尼德、赫拉克利特、柏拉图、亚里士多德等一些哲学家的著作之中。所以海德格尔把对这些哲学家著作残篇的再阐释作为研究存在问题的重点,这里也就当然有了语言学问题。从海德格尔对一些诗人的作品的研究来看,他认为这些古代存在论也包含在古代的诗歌中。这就是我们在《形而上学导论》中看到的"解"诗。"解"一词体现出了海德格尔对古代文本、诗歌研究的主要方法。但为什么要"解"诗呢?这关系到海德格尔所说的"原始经验"问题。

这里所说的"原始经验"当然是指关于"存在"的经验,它们就是需要被破解的谜底。还是那个老问题,这些所谓的关于存在的

---

① 详见[德]海德格尔《林中路》,孙周兴译,上海译文出版社2008年版,第70页。

第十二章 海德格尔的"此在"与"大道":形而上美学的复活

原始经验到底是文本中就有的呢,还是"解构"这一行为的产品?且不问海德格尔的这一解构有多少合法性,我们关心的问题是,为什么他选择了诗作为解构的对象,为什么他认为诗中就有他要找的原始经验?

在海德格尔看来,希腊人对存在的原始经验就是他们的"思",而这种思往往是以诗的方式表达出来的,诗与思之间有一种内在的亲缘关系。思不是别的,就是对存在之领会,思与存在是共属一体的,希腊人以诗的方式表达着他们对存在的领会。这里真正决定性的是"思"的提出。我们曾问是不是还有别的言说存在的方式,这所谓的"思"就是对这个问题的回答。在《存在与时间》中主导性的思想方式是逻辑性的分析与推导,是对此在的生存的结构分析,但这种方法造成的误解是显然易见的。而且,存在问题在海德格尔看来是一个本原性的问题,和它相比,逻辑、理性以及所有被称为"方法"的东西,都是从中派生出来的,因而,借助于它们是达不到那个本原性的"存在"的。既然靠理性与逻辑无法把握存在(它们甚至遮蔽了存在),那如何才能通达存在呢?海德格尔认为在没有理性与逻辑之前,我们就已经处在一种对存在的领会之中了(这一点是海德格尔思想的不能再追问的起点)。这样一种领会海德格尔称之为"思",思才是通达存在的唯一道路,只有非理性、非逻辑的思,才可能达到那先于理性与逻辑的"存在"。在没有理性与逻辑的时代,人们也会有对存在的领会,也就是思,这样一种思是本真的,还没有受到理性与逻辑的遮蔽。那么,能不能回到那种本真的思之中呢?海德格尔认为能,道路是——解构古代文本,更明确地说,解构古代的诗与荷尔德林、里尔克等少数几位体现着存在之思的诗人的作品。对存在的领会集中在他们的诗之中,因为唯有诗具有"诗性",诗性意味着非理性、非逻

· 375 ·

辑，唯有它最可能是对存在的应答。

在此我们可以看出，海德格尔找到了一条通达存在和言说的新路——诗。唯有诗才能道说"存在"，诗是"存在"的语言，只有诗才能召唤"思"。这些命题与这些判断的内涵只能在海德格尔的思想体系中才能被理解，但这些命题在20世纪的美学中不断被引述和诠释着，这些命题已经走出了海德格尔而被美学和诗学广泛接受，把艺术、美、诗与存在结合在一起，变成了一种较为普遍的思想方法。

海德格尔的这一整套美学具有强烈的存在论性质，他讨论的每一个美学问题，最终都指向"存在"问题的某个环节，形而上学的最高概念与美和艺术再一次被紧密结合在一起，这种结合甚至只有上帝之"存在"与美的关系才能与之相比，这无疑是形而上学的存在论与美学结合之后的又一个成果。

结　语

保卫美，保卫美学

　　以上我们尝试了一个几乎不可能的任务——既描述形而上学的历史，又描述形而上学引领下的美学的发展史。前一个任务显然超出了作者的能力，毕竟，形而上学的大厦包含着西方人的精神世界中最深邃和最崇高的部分，仅仅读完以形而上学命名的著作就需要大贤巨匠的半世光阴。所以，本书的描述必然是不充分的，甚至是经不起批判的。同时，以这样的方式描述美学的"一种历史"，显然没有把美学作为一个有其内在逻辑的独立学科来看待。本书研究的是形而上学对美学的影响史，而不是美学自身的历史。那么，这种研究有什么意义？或者，读者能够从这本书中得到什么？

　　就美学自身的定位来说，人们普遍认为美学是哲学的一个分支，这是它在起源之时就被植入的基因，但是在美学的发展进程中，以及对美学史的不断重建中，文化的其他部门不断进入美学。比如，诗学从一开始就和美学是连体的，17世纪之后批评理论和美学很难切割，18世纪和19世纪虽然哲学和美学的关联被强化了，但是看看美学的命名者鲍姆嘉通的三本著作（《关于诗的哲学默想录》《形而上学》和《美学》），这生动地体现了美学在血统上的复杂性。还要看到，19世纪艺术史与艺术批评挤进了美学，而心理学和文化学也成了美学的资源。20世纪的情况更复杂，文明的各个部分都可以作为美学的前缀。这一方面说明着人类审美精神的发展与演进，另一方面也说明美学学科的尴尬——它的"自身"没有了。本书的立场是，美学的根基是哲学，美学的正统是"哲学美学"，而所谓"哲学美学"，就是从形而上学的体系出发对美学问题的思考。或许，本书的价值之一就是执着地切割出了"美学"这个大家族之中的哲学部分。做这种切割不是因为偏执，而是试图"还原"，虽然不敢说还原出的是"真相"，但至少，还原出的是这个学科的"理论理性"的部分。如果没有这一部分，这个学科会沦为诸种"意见"之和，而不能成为康德意义上的"科学"，因为美学只有这一部分是要依靠理性"推论"的。

给"哲学美学"画一张肖像并不是本书最初的目的，本书把美学架在形而上学这艘巨轮之上，一旦形而上学终结，那也就意味着哲学美学也就终结了。但正如本书在导论之中指出的，形而上学作为一种思维方式和对意义与价值的追寻，它是不会终结的，文明需要它，人类的精神生活需要它。在我们的时代中，精神生活的真正危机是：我们的肉体与官能渴望沉浸于享乐之中，以获得诸种欲望满足带来的快适，以及诸种本能受到刺激后的宣泄。这是一个享乐的时代！享乐的大行其道使得我们对肉身、对感性、对满足、对沉醉有一种挥之不去的迷恋。在这种迷恋面前，宗教沦为享乐之后的安慰剂而道德被解构了，文化生产变成了满足这种迷恋的手段——这就是我们的时代的危机。

审美现代性的出现是针对这一危机的，或许，整个形而上学都是为了克服这种状态的。德国古典美学为克服这种危机建构出一种"自由理性"（黑格尔），一种"自由愉悦"（康德），一种"自由游戏"（席勒）。这种行为不被功利性控制，不被欲念控制，并且让精神处在一种真正的"自由状态"。这种状态的实现被寄托给了两种行为:"审美"和"艺术"。这种审美现代性的建构,实际上是把审美形而上学化,而审美这一行为的形而上学化,最终会形成存在论意义上的"美",所以,"美"在近代以降被上升到与真与善同等的地位。

但正如本书描述的,"美"一直处在一种存在论的困境之中:如果把"存在"理解为存在者的实体性,那么"美"就会因不具备实体性而丧失本体性的基础,"美学"也就会丧失其对象,这就使得美和美学都需要为自己的存在而辩护;如果把"存在"理解为一种主体性对象的生成与显现的过程,理解为一种状态,那么它将缺乏明确的"对象性",因为它不是一个可以"直观的对象",而是一个"直观的结果",这就使得"美"根本不能成为一个认知的"对象"。这两种存在论都会使"美学"丧失其对象,从而丧失其学科性。这个问题意味着,美和美学本身包含着一种存在论上的暧昧——它缺乏实体性却在反思与表述中被实体化了。这种暧昧在这个分析与批判的时代,变成了毁灭的种子:对于"美"和"美学"的取消主义抓住了这种暧昧并进行攻击,使得"保卫美,保卫美学"这样的题目成了不得不作的文章。

从存在论角度对美和美学的取消,最基本的理论工具是维特根斯坦的分析理论。一些理论家沿着维特根斯坦的思想方法和与其关于美与美学的一些只言片语,演绎出一套对于美与美学之必要性的质疑,进而要求取消美与美学。其基本思路是:利用语言哲学的语义分析,消解"美"的存在论基础。但问题是,这种方法对于"美"来说,是不是适用?

对美的取消是按照这个思路展开的:第一步,英文中"美"(beautiful)本来是个感叹词,是为了表达某种愉悦感觉;第二步,在实际的语用之中,美从感叹词转换为形容词,被视为对象的某种性质;第三步,我们之所以发出"美"这样的赞叹一定是因为被赞叹的对象之中存在着一种共同的、刺激我们发出如此赞叹的性质,这种性质就是"美"的性质。而这一性质一定附于某个实体,由此就推论出有一个 beauty 的存在。在这一步,美从形容词向存在(名词)转换,从一个"感叹词"转变为一个存在的实体,成为美的事物的普遍本质,形而上学美学的误解由此诞生。而这个转变马上被指责为一个巨大的错误,美学研究的历史执着于对于美的普遍本质的追求,而这一追求正是建立在这一错误之上,所以推出第四步——"现代美学对它的质疑和抛弃",就很可以理解了。

按照这个逻辑,"美"就是一个"超级概念",而超级概念错误地把我们导向这样一种观念——它指称一个超级事实。问题是,并不存在这样一个超级事实,因此"美"就是一个语言的错误,而一旦美学把"美"作为研究对象时,它也是一个错误——这就是美学中的取消主义。

这个逻辑本身是值得怀疑的,它的第一步就有问题。我们在日常言语中说"美"这个词的时候,仅仅是一个感叹词吗?感叹词有许多个,为什么我们在有些场合下用"美",有些就不用?它作为感叹词究竟在感叹什么?"感叹"这个行为中难道不是已经包含着主体与对象之间的肯定性关系?没有无对象的感叹,无论这个对象是不是实体!因此,分析"美"的内涵时,不是要说由于它是感叹词而不具有实体性,而是要去追问——对象何以让我们感叹?"感叹"这个行为本身就已包含着某种反思性,它是一种判断的结果。实际上,感叹本身源自反思,也召唤着反思。因此"美"的原罪并不是因为它有一种感叹性,而在于当我们用"美"来感叹一事物时,这一感叹别有意味,而这一意味不同于官能满足,不同于欲求的实现,也不同于真理的发现。它似乎与这些满足无法撕扯开,却又别有况味,这种况味根本就不是某种愉悦的"感觉"。

"日常言语"(请注意,不是"语言")对这种况味有所传达,却无能辩明。

需要向维特根斯坦指出的是:我们用"美"来感叹的东西,恰恰是超越于日常语言的。当加西莫多(《巴黎圣母院》中的敲钟人)高喊"美呀,美"的时候,其中的况味是不能用别的感叹词来代替的。而当孔子说"尽美矣,又尽善也",老子说"天下皆知美之为美",泰戈尔说"世界坦荡地展示自己的美。整体即美……"这些语用案例当然是一种感叹,但问题在于,因何而叹?这根本不是"喜好"一词能指称的。所以,维氏对"美"的语用分析既没有前提,也没有内涵,仅仅将之归为一种愉悦的"感觉",显然没有关涉"审美"的特殊性——它不是单纯的感受性的,而是判断的结果。本应当追问判断的发生机制与尺度,却停留在笼统的"感受"层次上,从一开始就误解了审美活动的性质。或者说,日常的语用分析僭越到一个它根本达不到的反思判断的领域中,结果完全误解了"美"的意义。

在第二步中,"美"的形容词化同样是被误解了的。当我们感叹某个对象美时,并没有简单地将美归结为对象的某个属性,而是将之作为一种反思判断的结果。重要的是事物的何种性质引发了愉悦,而不是把这一性质简单地归为"美"。在这里要明确一点:美是判断的结果,而不是感知的对象,不是说我们因感知了美的事物或者事物的美的属性而获得了愉悦,而是说,通过情感体验与反思判断,某物给予了我们愉悦,进而我们判断此物是"美的"。

第三步也是僭越的结果。说某物是"美的"和回答"美"是什么,以及描述"美使我们……"这样的问题,并不是把"美"实体化,而是体现出一种"建构性"。说某物是美的,这一判断本身包含着"合目的性"。也就是说,预设出一个"目的"(从另一个层面说也就是尺度),当主体判断出某物与该目的相合时,该物就被判断为美的。在"美是什么"或"美使我们……"这样的问题中,要求一种建构,作为主语的"美"并不是句子的核心,核心恰恰是系词后面的表语。在这样的系表结构中,主语仅仅是一个容器或者承载者,重要的是它承载什么?因此,"美"的名词化并不是把"美"实体化了,而是在预设与建构的层次上要求给出对象,实际上是把美"现象化"了。这就形成了一种与描述性的日常语言相对立的表述方式,它不是分析出或者提炼出"美",而是建构出、反思出"美"。每一个说"美是什么"的命题,实际上都是建构,而不是分析。把一个建构与反思的结果当作一个分析的对象,这是以维特根斯坦为根据的分析美学的真正的错误。

关于美的反思与认识,根本就不是日常言语表述的对象,而试图通过对日常语用的分析获得美的内涵,本身就是缘木求鱼,语义分析在这里越界了。如果语义分析越界了,我们对美的体悟不是来自日常的"感叹",那么它来自哪里?本书的回答是:来自形而上学的推论和我们精神设定出的意义与价值。本书按形而上学史的演进逻辑给出的美学演进史,就是想说明,在什么意义上,我们的审美、我们对美的认识,是被我们的精神理想推动的,而不是日常感受。

形而上的美学史,就是对美的本质,对"美"这个超级概念进行规定的历史,尽管这种规定不具有概括性,也只是具有在它所从之出的形而上学体系中的普遍性与确定性,更不是具有实体性的分析对象。但这并不意味着这个概念没有"意义"。否定这个概念的理由,是因为它被还原为一个实际上没有内涵的"叹词",还因为"美"被设定为一切美的事物的内在一致性,而这种"一致性"实际上是虚假的,因这个概念由于没有确定的内涵而没有必要。这也是美学上反本质主义的基本主张。

这个否定的问题在于：这个超级概念究竟是抽象出来、概括出来的，还是建构出、推演出、反思出来的？如果是抽象出来，那么它一定以提炼出一般性与统一性为目的，但问题是，审美判断本身是反思判断，对美的本质的追问实际上是对反思判断的再反思，因而它本身就不是以统一性为目的的，而是以"合目的性"为目的。因此我们可以下结论说，对美的本质的设定根本就不是以统一性为目的的，所有"美是……"这样的判断，都指向一种合目的性，而不是统一性，它是推演的结果，而不是概括的结果。这样一种判断根本就不为维特根斯坦所指责的作为统一性的"美"的概念负责。

对美的本质的每一次规定，都是对一个价值理想的表达，在"美是……"这个命题中，重要的不是美，而是"……"指称的某种时代性的价值理想，正是这种价值理想，使得美学是一门具有鲜明的意识形态性的人文学科，而不是一门建立在概括与抽象基础上的经验科学。在对美学与美的否定中，实际上经验科学和逻辑学越过了自己的界限而产生了过度要求，这又是一个僭越。在这样一种价值与理想的设定过程中，体现着美学的深刻的理性内涵，这个本质实际上是被理性建构出的，是"自由理性"的结果。按黑格尔的观念，审美起于心灵自由的需要，他正确地指出："人的自由理性，它就是艺术以及一切行为和知识的根本和必然的起源。"[①] 而自由理性在进行建构和反思的时候，并不是以经验为前提的。人类的审美精神具有一种非对象性，它先于实在对象，并且以超越实在对象为自己呈现的方式。这种超越性就是把对象表象化，关乎其性象，寻求一种主观合目的性，而不在乎对象为何物，也不着意于

---

① ［德］黑格尔：《美学》第一卷，朱光潜译，商务印书馆1996年版，第40页。

寻求对象的圆满性。这种精神的根源就在于康德描述的理性本身的超越性与"理性的建筑术"。

理性除了追问"我能知道什么""我应当做什么"之外，还在追问——"我能希望什么"？我能希望的，恰恰是经验现实还提供不了的，是理性建构出的。这正是理性的超越性的体现，在对美的建构中，理性当然可以通过对以往的艺术史与审美活动史的概括与反思而获得美的定义，但这一定义仅仅为它依据的对象范围负责（如丹纳和温克尔曼对于美的认识），但理性也可以根据自己理解的时代需要去定义"美"，而无须为以往的历史负责。这既是理性的超越性的体现，也是"美"这个概念的超越性的体现。"美"就应当是一个抽象的本质，否则它就仅仅是"特征"，而不是"理想"。当取消论者指责"美"的概念不具有普遍性时，恰恰忽视了"美"的超越性以及由之而来的抽象性，而这一超级概念实际上是对审美活动的指引，而不是解释。

如果看不到"美"这个超级概念中的理想与价值这些精神性的内涵，就实际上否认了审美的精神性，而这正是美学之所以成为一个学科的原因。因此，"美"的概念缺乏普遍性不是美学的耻辱，而被要求这种普遍性却是美学的悲剧。

由于美的概念中包含着理想与价值，因而它就具有形而上学性，但这居然成了它的罪状！形而上美学的意义与价值是不容否定的。美学一直是形而上学的需要，而不是形而上学的结果。从形而上学的角度来说，必须让非感性的东西呈现出感性的面貌来，否则非感性的"最高概念"没有办法现身在场，而美学的感性学本源使得它必须解释非感性的东西如何感性化，并努力完成这一感性化。从这个意义上讲，美学与艺术是形而上学的庇护所。

在后形而上学的时代，在文化的后现代状态下，在一个强调差异、多元和反对元叙述的时代，研究美学和形而上学的关系，或许兴寄之意大于理论的需要。20世纪的美学家们没有把精神愉悦放在审美的核心目的的位置上，这是一件可耻的事情。官能刺激、欲望满足、感性快适都以各种各样的理由被置入"审美"之中，精神被还原为肉体的一种状态，生命被理解为诸种本能活动，现实的功利主义原则取代了形而上学的超越性维度，人类精神的独立性、自由与非功利性被一种建立在物质满足之上的幸福与快适所取代。这从根本上挖掉了近代或者说自柏拉图以来的人类审美精神的根基。在所有的人类知识的领域中，只有形而上学是纯然精神性的。它是一个精神王国，只有在这个精神王国中，才可能不"物于物"，不"囿于利"。尽管这种自由或许仅仅是短暂的幻象，但它可以作为一种精神追求而指引或者抚慰心灵。一种形而上学式的沉思与静观，应当是"审美"的根本状态。或许，人类正是因为需要这样一种超越性的精神愉悦，才会设定"审美"这样一种活动来。这种活动"应当"是这样一种状态：目遇形下之器，心会形而上之道，于细小处见卓异，于点滴中现深情。如果本书能够说明，那形而上之道，如何影响着我们对美学的建构与我们对审美的认识，这将是作者钻研形而上学的历史并且艰苦追问形而上学与美学之关系的回报。

参考文献

英文书目

DeRijk, L. M, On Boethius's Notion of Being, in *Meaning and Inference in Medieval Philosophy*, ed, By Kretzmann, N, Kluwer Acadamic Publishers 1988.

E. Gilsion, *History of Christian Philosophy in Middle Ages*, New Nork, 1955.

Kant, *Critique of Pure reason.* tr. by F. Max Miller, Anchor Books, Now York, 1966.

Martin Heidegger, *Nietzsche* Volume I: *The Will to Power as Art*, trans D. F. Krell Routledge & Kegan Paul London and Henley, 1981.

Martin Heidegger, *The basic problems of phenomenology*, Trans Albert Hofstadter, Blooming, Indiana University Press 1982.

Philip P. Wiener editor in chief, *Dictionary of the History of Ideas*, Vol. 2, New York, 1974.

W. C. F. Williams, *What is existence*, Oxford, Clarendon Press, 1981.

Schopenhauer, *On the Fourfold Root of the Principle of Sufficient Reason*, by Mme. Karl Hillebrand，London：George Bell&Sons，1903.

中文书目

［罗马］奥古斯丁：《忏悔录》，周士良译，商务印书馆1963年版。

［苏］巴克拉捷：《近代哲学史》，愚生译，上海译文出版社1983年版。

［英］鲍桑葵：《美学史》，张今译，商务印书馆1997年版。

［英］贝克莱：《人类知识原理》，关文运译，商务印书馆1973年版。

［古希腊］柏拉图：《巴门尼得斯篇》，陈康译，商务印书馆1982年版。

［古希腊］柏拉图：《柏拉图文艺对话集》，朱光潜译，人民文学出版社1963年版。

［古希腊］柏拉图：《泰阿泰德 智术之师》，严群译，商务印书馆1963年版。

曹俊峰：《康德美学引论》，天津教育出版社2012年版。

陈村富等：《古希腊名著精要》，浙江人民出版社1989年版。

［法］德勒兹：《尼采与哲学》，周颖、刘玉宇译，社会科学文献出版社2000年版。

［法］笛卡尔：《第一哲学沉思录》，庞景仁译，商务印书馆1986年版。

［德］费尔巴哈：《费尔巴哈著作选集》上卷，荣振华、李金山译，商务印书馆1984年版。

［德］费希特：《论学者的使命·人的使命》，梁志学、沈真译，商务印书馆1997年版。

傅乐安：《托马斯·阿奎那基督教哲学》，上海人民出版社1990年版。

［德］海德格尔：《存在与时间》，陈嘉映、王庆节译，生活·读书·新知三联书店1999年版。

［德］海德格尔：《海德格尔选集》，孙周兴编译，上海三联书店1996年版。

［德］海德格尔：《荷尔德林诗的阐释》，孙周兴译，商务印书馆2000年版。

［德］海德格尔：《林中路》，孙周兴译，上海译文出版社2008年版。

［德］海德格尔：《路标》，孙周兴译，商务印书馆2000年版。

［德］海德格尔：《尼采》，孙周兴译，商务印书馆2002年版。

［德］海德格尔：《形而上学导论》，熊伟译，商务印书馆1996年版。

贺来：《马克思哲学与"存在论"范式的转变》，《中国社会科学》2002年第5期。

［德］黑格尔：《逻辑学》上卷，杨一之译，商务印书馆1981年版。

［德］黑格尔：《美学》第三卷下，朱光潜译，商务印书馆1982年版。

［德］黑格尔：《小逻辑》，贺麟译，商务印书馆1980年版。

［德］黑格尔：《哲学史讲演录》，贺麟、王太庆译，商务印书馆1997年版。

［德］胡塞尔：《纯粹现象学通论》，李幼蒸译，商务印书馆1992年版。

［德］胡塞尔：《欧洲科学的危机与超验现象学》，张庆熊译，上海

译文出版社 1988 年版。

［德］胡塞尔：《现象学的观念》，倪梁康译，上海译文出版社 1986 年版。

［德］胡塞尔：《哲学作为严格的科学》，倪梁康译，商务印书馆 1999 年版。

［美］吉尔伯特、［德］库恩：《美学史》，夏乾丰译，上海译文出版社 1989 年版。

［德］伽达默尔：《真理与方法》，洪汉鼎译，上海译文出版社 1999 年版。

［德］卡西尔：《卢梭·康德·歌德》，刘东译，生活·读书·新知三联书店 2002 年版。

［德］康德：《纯粹理性批判》，蓝公武译，商务印书馆 1960 年版。

［德］康德：《道德形而上学原理》，苗力田译，上海人民出版社 2005 年版。

［德］康德：《判断力批判》，邓晓芒译，杨祖陶校，人民出版社 2002 年版。

［德］康德：《任何一种能够作为科学出现的未来形而上学导论》，庞景仁译，商务印书馆 2000 年版。

［德］康德：《实践理性批判》，蓝公武译，商务印书馆 1960 年版。

［德］康德：《宇宙发展史概论》，全增嘏译，王福山校，上海译文出版社 2001 年版。

［德］莱布尼茨：《人类理智新论》上卷，陈修斋译，商务印书馆 1996 年版。

［苏］列宁：《列宁选集》第 2 卷，中共中央马克思恩格斯列宁斯大林著作编译局译，人民出版社 1995 年版。

［苏］列宁：《列宁全集》第 18 卷，中共中央马克思恩格斯列宁斯大林著作编译局译，人民出版社 1988 年版。

［美］加罗蒂：《人的远景》，徐懋庸、陆达成译，生活·读书·新知三联书店 1985 年版。

［德］马克思：《1844 年经济学哲学手稿》，中共中央马克思恩格斯列宁斯大林著作编译局译，人民出版社 2000 年版。

［德］马克思、恩格斯：《马克思恩格斯选集》，中共中央马克思恩格斯列宁斯大林著作编译局译，人民出版社 1995 年版。

［德］马克思、恩格斯：《马克思恩格斯全集》，中共中央马克思恩格斯列宁斯大林著作编译局译，人民出版社 1974 年版。

［意］米兰多拉：《论人的尊严》，樊虹谷译，北京大学出版社 2010 年版。

［德］尼采：《悲剧的诞生》，周国平译，生活·读书新知三联书店 1986 年版。

［德］尼采：《看哪这人》，张念东、凌素心译，中央编译出版社 2000 年版。

［德］尼采：《快乐的科学》，黄明嘉译，漓江出版社 2007 年版。

［德］尼采：《偶像的黄昏》，周国平译，光明日报出版社 1996 年版。

［德］尼采：《权力意志》，张念东、凌素心译，商务印书馆 1998 年版。

［德］尼采：《曙光》，田立年译，漓江出版社 2000 年版。

［德］尼采：《苏鲁支语录》，徐梵澄译，商务印书馆 1992 年版。

［俄］普列汉诺夫：《普列汉诺夫哲学著作选集》第 1 卷，生活·读书·新知三联书店 1959 年版。

全增嘏主编：《西方哲学史》下册，上海人民出版社1985年版。

［德］舍勒：《舍勒选集》，刘小枫选编，上海三联书店1999年版。

［苏］舍斯塔科夫：《美学史纲》，樊莘森等译，上海译文出版社1986年版。

［奥］施太格缪勒：《当代哲学主流》，王炳文等译，商务印书馆1986年版。

［德］叔本华：《充足理由律的四重根》，陈晓希译，商务印书馆1996年版。

［德］叔本华：《作为意志与表象的世界》，石冲白译，商务印书馆1995年版。

［荷兰］斯宾诺莎：《伦理学》，贺麟译，商务印书馆1983年版。

［波兰］塔塔科维兹：《古代美学》，杨力等译，中国社会科学出版社1990年版。

［波兰］塔塔科维兹：《中世纪美学》，褚朔维等译，中国社会科学出版社1991年版。

［美］梯利：《西方哲学史》，葛力译，商务印书馆2000年版。

［波兰］提敏尼加：《从哲学角度看罗曼·英加登的美学理论要旨》，转引自《美学译文》第3期，中国社会科学出版社1984年版。

涂成林：《现象学的使命》，广东人民出版社1998年版。

汪子嵩等：《希腊哲学史》第一卷，人民出版社1997年版。

汪子嵩、王太庆：《关于"存在"和"是"》，《复旦学报》（社会科学版）2000年第1期。

王路：《"是本身"与"上帝是"》，《外国哲学》2003年第3期。

王晓朝：《读〈关于"存在"和"是"〉一文的几点意见》，《复旦学报》（社会科学版）2000年第5期。

［德］文德尔班：《哲学史教程》（上、下卷），罗达仁译，商务印书馆1987年版。

《西方哲学原著选读》下卷，北京大学哲学系外国哲学史教研室编，商务印书馆1982年版。

［德］西美尔：《叔本华与尼采》，莫光华译，上海译文出版社2006年版。

［德］谢林：《先验唯心论体系》，梁志学、石泉译，商务印书馆1997年版。

谢遐龄：《康德对本体论的扬弃》，湖南教育出版社1987年版。

［英］休谟：《人类理解研究》，关文运译，商务印书馆1982年版。

［英］休谟：《人性论》上册，关之骧、关文运译，商务印书馆1980年版。

［古希腊］亚里士多德：《范畴篇 解释篇》，方书春译，商务印书馆2003年版。

［古希腊］亚里士多德：《论生成与毁灭》325a17 - 21，诸种中译本，译文有综合。

［古希腊］亚里士多德：《尼各马可伦理学》，廖申白译，商务印书馆2003年版。

［古希腊］亚里士多德：《诗学》，陈中梅译，商务印书馆1996年版。

［古希腊］亚里士多德：《形而上学》，吴寿彭译，商务印书馆1997年版。

杨恒达：《尼采美学思想》，中国人民大学出版社1992年版。

杨学功、李德顺：《马克思主义与存在论问题》，《江海学刊》2003年第1期。

叶秀山：《叶秀山文集》哲学卷（下），重庆出版社2000年版。

余纪元：《亚里士多德论 ON》，《哲学研究》1995 年第 4 期。

俞宣孟：《本体论研究》，上海人民出版社 2005 年版。

张祥龙：《海德格尔与中国天道》，生活·读书·新知三联书店 1996 年版。

赵敦华：《基督教哲学 1500 年》，人民出版社 2007 年版。

赵敦华：《现代西方哲学新编》，北京大学出版社 2001 年版。

郑树森：《现象学与文学批评》，台湾东大图书公司 1984 年版。

朱光潜：《柏拉图文艺对话集》，商务印书馆 2013 年版。

朱光潜：《西方美学史》，人民文学出版社 1979 年版。

朱立元：《黑格尔美学论稿》，复旦大学出版社 1985 年版。

跋

昔有秦人，尝入神游之状，于缥缈中见一辉煌如神者，与之同入太虚之境。境中奇景叠见，清通峻拔，灵秀空远，一尘不染。时见佳人曼飞，绰约临风，自在自由，一任自然。秦人踯躅不能去，辉煌者强牵之而入太玄之境，见宫室巍峨，青峰崇高，更有大殿庄严。殿上群贤毕至，皆参经入史之辈，名垂千古之徒，所言之事，无涉烟火，不关尘事，白马绝对，齐物先天，玄玄乎不可解。然其乐融融，或歌或咏，或叹或笑，有罗汉之姿，而无罗汉之厉。嘈赞之际，忽有狮吼，一时诸境皆消，一片空寂，时有灵光或闪于前，欲从之而无迹，欲待之而无涯，高蹈凌空，化为无形，其天宇泰定时，夫复何求，秦人由是不能去。

俄然觉，怅然不止。其妻居于沪上者，讥其愚，以俗务累之。不时又入神游，其愚也可知。其人常作文，不过三五神游时窃于圣贤者，了无用处。人笑其痴，辩曰：非神游之境，何以安身！此之谓"秦人神游"。

天水　刘旭光记
2017年4月